"十三五"国家重点图书出版规划项目

城乡生态系统评价与可持续发展研究

——模式与案例

费明明　潘　懋　王宏昌　莫元彬　等著

北京大学出版社

PEKING UNIVERSITY PRESS

图书在版编目(CIP)数据

城乡生态系统评价与可持续发展研究：模式与案例/费明明等著. —北京：北京大学出版社，2017.12

(中国土地与住房研究丛书)

ISBN 978-7-301-29142-9

Ⅰ. ①城… Ⅱ. ①费… Ⅲ. ①城乡建设—生态环境—系统评价—研究—中国 ② 城乡建设—生态环境建设—可持续发展—研究—中国 Ⅳ. ①X321.2

中国版本图书馆 CIP 数据核字(2017)第 327835 号

书　　　名	城乡生态系统评价与可持续发展研究——模式与案例	
	Chengxiang Shengtai Xitong Pingjia yu Kechixu Fazhan Yanjiu	
著作责任者	费明明　潘　懋　王宏昌　莫元彬　等著	
责 任 编 辑	王树通	
标 准 书 号	ISBN 978-7-301-29142-9	
出 版 发 行	北京大学出版社	
地　　　址	北京市海淀区成府路 205 号　100871	
网　　　址	http://www.pup.cn　　新浪微博　@北京大学出版社	
电 子 信 箱	zpup@pup.cn	
电　　　话	邮购部 62752015　发行部 62750672　编辑部 62765014	
印 刷 者	北京飞达印刷有限责任公司	
经 销 者	新华书店	
	730 毫米×1020 毫米　16 开本　14.75 印张　300 千字	
	2017 年 12 月第 1 版　2017 年 12 月第 1 次印刷	
定　　　价	48.00 元	

"中国土地与住房研究丛书"
村镇区域规划与土地利用

编辑委员会

丛 书 总 序

　　本丛书的主要研究内容是探讨我国新型城镇化之路、城镇化与土地利用的关系、城乡一体化发展及村镇区域规划等。

　　在当今经济全球化的时代,中国的城镇化发展正在对我国和世界产生深远的影响。诺贝尔奖获得者,美国经济学家斯蒂格里茨(J. Stiglitse)认为中国的城镇化和美国的高科技是影响 21 世纪人类发展进程的两大驱动因素。他提出"中国的城镇化将是区域经济增长的火车头,并产生最重要的经济利益"。

　　2012 年 11 月,党的十八大报告指出:"坚持走中国特色新型工业化、信息化、城镇化、农业现代化道路,推动信息化和工业化深度融合、工业化和城镇化良性互动、城镇化和农业现代化相互协调,促进工业化、信息化、城镇化、农业现代化同步发展。"

　　2012 年的中央经济工作会议指出:"积极稳妥推进城镇化,着力提高城镇化质量。城镇化是我国现代化建设的历史任务,也是扩大内需的最大潜力所在,要围绕提高城镇化质量,因势利导、趋利避害,积极引导城镇化健康发展。要构建科学合理的城市格局,大中小城市和小城镇、城市群要科学布局,与区域经济发展和产业布局紧密衔接,与资源环境承载能力相适应。要把有序推进农业转移人口市民化作为重要任务抓实抓好。要把生态文明理念和原则全面融入城镇化全过程,走集约、智能、绿色、低碳的新型城镇化道路。"

　　2014 年 3 月,我国发布《国家新型城镇化规划(2014—2020 年)》。根据党的十八大报告、《中共中央关于全面深化改革若干重大问题的决定》、中央城镇化工作会议精神、《中华人民共和国国民经济和社会发展第十二个五年规划纲要》和《全国主体功能区规划》编制,按照走中国特色新型城镇化道路、全面提高城镇化质量的新要求,明确未来城镇化的发展路径、主要目标和战略任务,统筹相关领域制度和政策创新,是指导全国城镇化健康发展的宏观性、战略性、基础性规划。

　　从世界各国来看,城市化(我国称之为城镇化)具有阶段性特征。当城市人口超过 10% 以后,进入城市化的初期阶段,城市人口增长缓慢;当城市人口超过30% 以后,进入城市化加速阶段,城市人口迅猛增长;当城市人口超过 70% 以后,进入城市化后期阶段,城市人口增长放缓。中国的城镇化也符合世界城镇化的一般规律。总结自 1949 年以来我国城镇化发展的历程,经历了起步(1949—1957 年)、曲折发展(1958—1965 年)、停滞发展(1966—1977 年)、恢复发展(1978—1996 年)、快速发展(1996 年以来)等不同阶段。建国伊始,国民经济逐步恢复,尤其是"一五"期间众多建设项目投产,工业化水平提高,城市人口增加,拉开新中国城镇化进程的序幕。城市数量从 1949 年的 136 个增加到 1957 年的 176 个,城市人口从 1949 年的 5 765 万人增加到 1957 年 9 949 万人,城镇化水平从 1949 年的 10.6% 增长到 15.39%。1958—1965 年这一时期,由于大跃进和自然灾害的影响,城镇化水平起伏较大,前期盲目扩大生产,全民大办工业,导致城镇人口激增 2 000 多万,后期由于自然灾害等影响,国民经济萎缩,通过动员城镇工人返乡和调整市镇设置标准,使得城镇化水平回缩。1958 年城镇化水平为 15.39%,1959 年上升到 19.75%,1965 年城镇化水平又降低到 1958 年水平。1966—1977 年,"文化大革命"期间,国家经济发展停滞不前,同时大批知识青年上山下乡,城镇人口增长缓慢,城镇化进程出现反常性倒退,1966 年城镇化水平为 13.4%,1976 年降为 12.2%。1978—1996 年,十一届三中全会确定的农村体制改革推动了农村经济的发展,释放大量农村剩余劳动力,改革开放政策促进城市经济不断壮大,国民经济稳健发展,城镇化水平稳步提升,从 1979 年的 17.9% 增加到 1996 年的 29.4%,城市数量从 1978 年的 193 个增加到 1996 年的 668 个。1996 年以来,城镇化率年均增长率在 1% 以上。2011 年城镇人口达到 6.91 亿,城镇化水平达到 51.27%,城市化水平首次突破 50%;2012 年城镇化率比上年提高了 1.3 个百分点,城镇化水平达到 52.57%;2013 年,中国大陆总人口为 136 072 万人,城镇常住人口 73 111 万人,乡村常住人口 62 961 万人,城镇化水平达到了 53.7%,比上年提高了 1.1 个百分点。2014 年城镇化水平达到 54.77%,比上年提高了 1.04 个百分点;2015 年城镇化水平达到 56.10%,比上年提高 1.33 个百分点。表明中国社会结构发生了历史性的转变,开始进入城市型社会为主体的城镇化快速发展阶段。与全球主要国家相比,中国目前的城镇化水平已超过发展中国家平均水平,但与发达国家平均 77.5% 的水平还有较大差距。

　　探讨我国新型城镇化之路,首先要对其内涵有一个新的认识。过去一种最为普遍的认识是:城镇化是"一个农村人口向城镇人口转变的过程"。在这种认识的指导下,城镇人口占国家或地区总人口的比重成为了衡量城市化发育的关键,多数情况下甚至是唯一指标。我们认为:城镇化除了是"一个农村人口向城市人口转变的过程",还包括人类社会活动及生产要素从农村地区向城镇地区转移的过程。新型城市化的内涵应该由 4 个基本部分组成:人口;资源要素投入;产出;社会服务。换言之,新型城镇化的内涵应该由人口城市化、经济城市化、社会城镇化和资源城镇化所组成。

人口城镇化就是以人为核心的城镇化。过去的城镇化,多数是土地的城镇化,而不是人的城镇化。多数城镇化发展的路径是城镇规模扩张了,人却没有在城镇定居下来。所谓"没有定居",是指没有户籍、不能与城镇人口一样享受同样的医保、福利等"半城镇化"的人口。2013年中国"人户分离人口"达到了2.89亿人,其中流动人口为2.45亿人,"户籍城镇化率"仅为35.7%左右。人口城镇化就是要使半城镇化人变成真正的城镇人,在提高城镇化数量的同时,提高城镇化的质量。

城镇化水平与经济发展水平存在明显的正相关性。国际经验表明,经济发达的地区和城市有着较高的收入水平和更好的生活水平,吸引劳动力进入,促进城市化发展,而城市人口的增长、城市空间的扩大和资源利用率的提升,又为经济的进一步发展提供必要条件。发达国家城市第三产业达到70%左右,而我国城市产业结构以第二产业为主导。经济城镇化应该是城市产业结构向产出效益更高的产业转型,通过发展集群产业,带来更多的就业和效益,以承接城镇人口的增长和城市规模的扩大,这就需要进行产业结构调整和经济结构转型与优化。

社会城镇化体现在人们的生活方式、行为素质和精神价值观及物质基础等方面。具体而言,是指农村人口转为城镇人口,其生活方式、行为、精神价值观等发生大的变化,通过提高基础设施以及公共服务配套,使得进城农民在物质、精神各方面融入城市,实现基本公共服务均等化。

资源城镇化是指对土地、水资源、能源等自然资源的高效集约利用。土地、水和能源资源是约束我国城镇化的瓶颈。我国有500多个城市缺水,占城市总量三分之二;我国土地资源"一多三少":总量多,人均耕地面积少、后备资源少、优质土地比较少,所以三分之二以上的土地利用条件恶劣;城镇能耗与排放也成为突出之挑战。因此,资源城镇化就是要节能减排、低碳发展、高效集约利用各类资源。

从新型城镇化的内涵理解入手,本丛书的作者就如何高效集约的利用土地资源,既保证社会经济和城镇发展的用地需求,又保障粮食安全所需的十八亿亩耕地不减少;同时,以人为核心的城镇化,能使得进城农民市民化,让城镇居民安居乐业,研究了我国新型城镇化进程中的"人—业—地—钱"相挂钩的政策,探讨了我国粮食主产区农民城镇化的意愿及城镇化的实现路径。

在坚持以创新、协调、绿色、开放、共享的发展理念为引领,深入推进新型城镇化建设的同时,加快推进城乡发展一体化,也是党的十八大提出的战略任务。习近平总书记在2015年4月30日中央政治局集体学习时指出:"要把工业和农业、城市和乡村作为一个整体统筹谋划,促进城乡在规划布局、要素配置、产业发展、公共服务、生态保护等方面相互融合和共同发展。"他强调:"我们一定要抓紧工作、加大投入,努力在统筹城乡关系上取得重大突破,特别是要在破解城乡二元结构、推进城乡要素平等交换和公共资源均衡配置上取得重大突破,给农村发展注入新的动力,让广大农民平等参与改革发展进程,共同享受改革发展成果。"因此,根据党的十八大提出的战略任务和习近平同志指示精神,国家科学技术部联合教育部、国土资源部、中科院等部门组织北京大学、中国科学院地理科学与资源研究所、同济大学、武汉大学、东南大学等单位开展了新农村建设和城乡一体化发展的相关研究。本丛书展示的一些成果就是关于新农村规划建设和城乡一体化发展的研究成果,这些研究成果力求为国家的需求,即新型城镇化和城乡一体化发展提供决策支持和技术支撑。北京大学为主持单位,同济大学、武汉大学、东南大学、中国科学院地理科学与资源研究所、北京师范大学、重庆市土地勘测规划院、华南师范大学、江苏和广东省规划院等单位参加的研究团队,在"十一五"国家科技支撑计划重大项目"村镇空间规划与土地利用关键技术研究"的基础上,开展了"十二五"国家科技支撑计划重点项目"村镇区域空间规划与集约发展关键技术研究"。紧密围绕"土地资源保障、村镇建设能力、城乡统筹发展"的原则,按照"节约集约用地、切实保护耕地、提高空间效率、推进空间公平、转变发展方式、提高村镇生活质量"的思路,从设备装备、关键技术、技术标准、技术集成和应用示范五个层面,深入开展了村镇空间规划地理信息卫星快速测高与精确定位技术研究、村镇区域发展综合评价技术研究、村镇区域集约发展决策支持系统开发、村镇区域土地利用规划智能化系统开发、村镇区域空间规划技术研究和村镇区域空间规划与土地利用优化技术集成示范等课题的研究。研制出 2 套专用设备,获得 13 项国家专利和 23 项软件著作权,编制 22 项技术标准和导则,开发出 23 套信息化系统,在全国东、中、西地区 27 个典型村镇区域开展了技术集成与应用示范,为各级国土和建设管理部门提供重要的技术支撑,为我国一些地方推进城乡一体化发展提供了决策支持。

新型城镇化和城乡一体化发展涉及政策、体制、机制、资源要素、资金等方方面面,受自然、经济、社会和生态环境等各种因素的影响。需要从多学科、多视角进行系统深入的研究。这套丛书的推出,旨在抛砖引玉,引起"学、研、政、产"同仁的讨论和进一步研究,以期能有更多更好的研究成果展现出来,为我国新型城镇化和城乡一体化发展提供决策支持和技术支撑。

中国土地与住房研究丛书·村镇区域规划与土地利用

编辑委员会

2016 年 10 月

前　言

　　20 世纪 60 年代起,人类在追求经济快速增长同时,未高度重视和考虑经济、环境和社会的协调平衡发展,导致全球环境污染恶化,生态危机凸显,诸如气候变暖、臭氧层破坏、土地沙漠化、森林退化、资源枯竭、生物多样性锐减、自然灾害频发等等,为此人类已经付出了沉重的代价。人类意识到经济发展、社会进步和生态环境保护是个整体统一、动态发展的大系统,它们之间相互依存、相互制约、相互促进,三者之间协调发展与否,是关系到人类生存与发展的大问题。而在经济飞速发展的大城市,严重的城市生态环境问题也已引起世界各国的重新审视。当今世界超过 50％的人口居住在城市和城镇中,而这一数量仍在不断增长。维护城市生态平衡,实现城市的可持续发展尤为重要。目前,城市可持续发展思想已经得到了全球共识。

　　我国改革开放近 40 年来,在经济取得长足发展的同时,城市生态环境也遭到了一定破坏。据国家统计局 2016 年最新数据,我国城镇化率达到 57.35％,城镇化加速发展进程中,城市规划和建设存在盲目向周边"摊大饼式"的扩延,大量耕地被占,导致人地矛盾更尖锐等问题,部分城市已出现了"城市病",加剧了城市环境负担、制约了城镇化发展并引发市民身心疾病等。这些已引起国家和各界学者的热议和重视。在实现城镇化的同时,怎样建设一个宜居、和谐、平衡的城市生态环境,促进城市的畅通和可持续发展,实现社会、经济、环境协调同步发展已成为我国必须面对和解决的重要课题。可持续发展与环境保护二者的关系问题,是我国经济发展的首要解决问题。近些年,我国已把环境保护放到了国家战略层次的位置上,从"十一五"规划开始,我国已把生态文明建设作为重要内容纳入其中,强调加强能源资源节约和环境保护、增强可持续发展能力的重要性。最新中共中央发布的"十三五"规划建议中,明确提出了创新、协调、绿色、开放、共享五大发展理念,进一步确立了生态文明建设在中国特色社会主义"五位一体"中的战略地位。因此,本书编者顺应国家政策和研究热点,对城市生态环境系统及相关理论进行研究,并借鉴国内外城市生态环境建设经验,结合我国具有代表性城市进行案例分析,针对我国城市生态环境提出建设性建议,希望为我国城市生态环境改善、城市资源的合理开发和利用、城市生态文明建设贡献微薄之力。

当前,我国已经进入城镇化的战略转型期和全面推进城乡一体化的新阶段。加快推进新型城镇化,全面提高城镇化质量,实现更高质量的健康城镇化目标,是推进城镇化的重要任务。新型城镇化不单是一个城镇人口增长的过程,还表现在区域"城市性"程度的提升。当人口城市化率达到最高程度即"峰值"以后就不会增长,而区域"城市性"仍会持续提升。以人口城市化率的"峰值"为标志,新型城镇化演化过程可以分为两大阶段,即城市化率和城市性的双重提升阶段和"城市性"的持续提升阶段,前者可称为新型城镇化的城乡二元化阶段,后者可称为新型城镇化的城乡一体化阶段。作为新型城镇化的外延的人口城市化率反映的是新型城镇化的外在特征,而区域"城市性"才是新型城镇化的内涵,反映新型城镇化的本质特征。

未来新型城镇化总体趋势是体制变革,以人为本,城市转型的过程。虽然书名是"城乡生态系统评价与可持续发展研究",考虑到未来我国新型城镇化向"城市化"发展,因此本书不管是理论支撑,还是案例分析,都将把重点放在城市生态系统评价与可持续发展上。

本书集理论、模型、案例于一体,以可持续发展为指导思想,全面系统介绍了城市生态系统评价与可持续发展研究的基本理论知识和各种理论评价模型及相关经验、建议;既有坚实的理论体系,又有合理的模型,且将模型应用于具体城市案例中,为城市生态系统和环境可持续发展提出参考性建议;内容广泛,但各章之间具有独立性。全书共九章,第一章介绍了有关城市生态系统与可持续发展研究的理论基础,叙述了城市生态环境、城市生态系统与可持续发展的相关概念;第二章阐述了城市生态承载力、城市综合承载力及其与相关概念的联系与区别,论述了城市生态承载力和可持续发展的动力机制;第三章在城市生态系统管理内容、管理手段、管理流程、管理模式基础上,构建了城市生态管理综合评价体系,并以河北廊坊市生态管理为例进行了城市生态系统的管理评价;第四章建立了城市生态承载力评价指标体系,并以青岛市为例进行了生态承载力评价;第五章分析了城市生态环境评价质量的目的和意义、城市生态环境质量评价的内容,建立了城市生态环境质量评价体系,并以济南市为例进行了生态环境质量评价;第六章在城市生态系统可持续发展评价的基本要素和内容的基础上,建立了城市生态系统的可持续发展评价体系,并以太原市为例进行了城市生态系统可持续评价;第七章以复杂理论为基础,基于复杂系统的城市生态系统评价模型,从系统动力学出发,构建了城市生态系统评价模型,并以攀枝花市为例进行了城市生态复杂系统可持续发展评价;第八章为国内一二线、三四线以及资源型城市可持续发展实施经验及启示,并介绍了一些国外城市的可持续发展经验;第九章从国家、地方和企业三个层面提出了城市生态系统可持续发展建议,从加强城市生态环境建设、促进生态经济协调发展等方面提出城市生态环境可持续发展的建议,并在可持续发展视角下提出了生态承载力的导向措施,并基于可持续发展提出了城市生态承载力的推进路径。

本书的形成得益于这个时代赋予"生态"的历史使命,得益于在文献搜集、数据整理、实地调研等方面的实战经验,得益于团队之间的密切配合和协作。本书在撰写过程中参考了一些相关文献和资料,书中许多思路、思想和认识汲取了相关文献,谨在此致以谢意! 在此,感谢北京大学出版社、中国地质大学(北京)、北京交通大学等单位为此书给予的支持和帮助,还要感谢在背后默默支持和鼓励我的同事和朋友们,正因为大家的支持,本书才得以顺利完成,以更适合读者的面貌出现。

鉴于编写时间、作者水平和经验的限制,书中难免有许多不足之处,恳请同行专家、老师和科学工作者以及广大读者批评指正,在此对大家致以最真挚的谢意!

作　者

2017 年 6 月于北京

目 录

第一章

城市生态环境、系统和可持续发展

1.1 城市、生态和环境

1.1.1 城市

1. 城市的含义

城市是人类发展过程中的产物,是人类进步的标志。马克思和恩格斯认为:城市起源要从社会分工的扩大与商品经济的发展中探索,指出城市是生产力发展到一定历史阶段的产物。城市的产生由很多方面决定,例如自然、经济、社会、政治和文化等,从不同视角可以对城市做出不同定义。地理学家认为城市是地球表面的物质流集中的地区,是人类活动的区域空间和环境资源的聚集地。经济学家认为城市是密集的经济区域,是在一定空间范围内社会物质的生产和交换,是一种经济实体的生产和组织的地方,是区域的经济中心,是一个国家或地区的政治中心、文化中心和经济中心,人们的精神生活和物质生活的中心,是一个政治和社会实体,是一个地区最先进的生产力水平和经济发展地区。社会学家认为城市是一个众多人口从事工商业或其他社会活动的社区,人类在此生活和劳动。总之,城市是人类发展到一定阶段的产物,对于社会和经济发展具有很大的促进作用,同时社会发展又推动城市的发展。

2. 城市的本质和发展

美国著名的城市理论家刘易斯·芒福德(Lewis Mumford)认为城市的本质是其文化功能的体现。城市不仅是一组建筑,也是一个文化聚集地。城市的作用不仅在于它的物质功能,更在于它的文化功能。英国城市专家霍华德(Howard)对城市的本质做出解释,他指出城市是满足人们生活的需要、消除贫穷落后的聚集地,有利于人类的健康与发展。薛丽欣(2016)指出城市的本质是一定数量的人聚集和互动到一个更大的半整体社会组织,通过升级的规模或效率的资源分配,以解决资源稀缺的工具。从以上观点可以看出城市的本质是聚集,空间集聚,是包括了许多要素聚集的地区。城市通过人口的转移聚集从而改善居住环境,其本质是为了使人类生活更幸福,为了满足城市的需要,是人类生存、发展和创造的人工环境。

城市是政治、经济、贸易、金融和社科等功能于一体的聚集地,是立足于工业化、经济发展而形成的人类聚集地。城市的规模效益和聚集效益使城市成为人类聚居地的主要形式,其发展是在循序渐进中产生的。城市的发展是人类居住环境不断演变的过程,也是人类自觉和不自觉地对居住环境进行规划安排的过程。

1.1.2 生态

1. 生态的定义和概念

生态是指一切生物的生存状态以及它们之间和它与环境之间环环相扣的关系。生态也是人与自然、社会、经济之间的一种相互适应的系统,是物质流与生物流的连续变化。总而言之,生态是指所有生物的生存状态和它们与环境之间的相互联系的一种关系。

2. 生态与生态系统

英国的生态学家,阿瑟·乔治·坦斯勒爵士(Sir Arthur George Tansley)被公认为是生态系统概念的最早提出者。他在研究中提出生态系统这一概念:同住在某一区域的动植物及其环境结合在一起,它们通过相互影响共同组成一个系统集合,这便是生态系统。

生态系统是同住在某一区域的动植物和其环境结合在一起并且相互作用的整体,由无机环境、生产者、消费者和分解者四部分组成,其范围可大可小,生物圈是地球最大的生态系统。生态系统可以分成自然生态系统和人工生态系统两类。生态系统内部组成通过能量的传递和流动相互影响形成共存,此外生态系统通过物质的循环如大气循环和水循环等促成生态的平衡,这都是生态系统的功能。地球上的生物之所以能够长久共存,就是生态系统在维持保障。

1.1.3 环境

1. 环境的概念和内涵

环境是生物存在的基础,是人类生存和发展的承载者。环境存在于自然生物与自然资源的关系之上,是一个综合的调节和反馈系统。从微观粒子到宏观宇宙,从自然到人类社会,每种事物都是在一定的空间和时间中不断运动的,与周围环境相互作用,并存在着复杂的相互依存和相互制约、相互转化的关系。围绕中心客体生物,占据一定空间,形成主体条件的物质基础称为环境。从生物学的角度来看,生物的周围空间即为环境。环境既是一个空间实体,又是一个物质实体。从环境角度定义,环境是人类生存和发展的空间,是由各种性质不同、运动状态不一的物质所组成的一个有机统一体,是经过无机环境、生物系统到智能社会三个发展阶段,由土圈、水圈、大气圈、生物圈以及技术经济圈组成的复杂体系。环境因中心事物不同而不同,随中心事物变化而变化(史伟,2013)。

2. 环境的构成

人们通常将环境要素分为自然环境因素和社会环境因素两大类。自然环境因素包括水、大气、生物、阳光、岩石、土壤等。环境要素构成了环境的结构单元,环境的结构单元构成了整个环境或环境系统。

环境分类是根据空间的大小、环境因素的差异以及环境的性质为参照。按性质可分为物理环境、化学环境和生物环境。根据环境因素进行分类,可分为大气环境、水环境、地质环境、土壤环境和生物环境。

1.1.4 生态环境

总体上来看生态环境就是生物生存繁衍所需要的自然环境和条件的总和。生态与环境虽然是两个相对独立的概念,但两者又紧密联系、"水乳交融"、相互交织,因而出现了"生态环境"这个新概念。

所谓生态环境,是指影响人类生存与发展的水资源、土地资源、生物资源以及气候资源数量与质量的总称,是生物及其生存繁衍的各种自然因素、条件的总和,是一个由生态系统和环境系统中的各个"元素"共同组成的复杂大系统。生态环境与人类活动和社会发展密切相关,它们相互联系,相互影响。

1.2 城市生态环境

1.2.1 城市生态环境的提出和概念

国外关于城市生态的提出要追溯到20世纪20年代,1921年芝加哥学派的罗伯特·E. 帕克(Robert Ezra Park)在他的"城市"等文章中研究城市社会运用了生物群落的观点和原理,这是城市生态学的首次提出。而麦肯齐(Mckenzie)于1925年在《城市》一书中最先从狭义的角度对城市生态学做出了定义,即"城市生态学是对人们的空间关系和时间关系如何受其环境影响这一问题的研究",

从这个定义可以看出,它侧重于社会生态学。随着人们对城市生态学的了解和研究的深入,很多专家学者都对城市生态学进行了补充、发展和深化,城市生态学的概念也在不断发展。现代城市生态学的定义一般为:城市生态学是研究城市人类活动与周围环境之间关系的一门学科,城市生态学将城市视为一个以人为中心的人工生态系统,在理论上着重研究其发生和发展的动因、组合和分布的规律、结构和功能的关系以及调节和控制的机理;在应用上旨在运用生态学原理规划建设和管理城市,提高资源利用效率,改善系统关系,增加城市活力(陈郁,2011)。城市生态学的研究对象是人口密集的城市,城市作为一个复杂的生态系统,要对其内部结构、功能、特点和存在的问题进行分析和讨论。从生态学的视角分析问题,使用生态学的方法和概念原理,试图找到解决问题的出路和方法,从而实现城市生态系统的健康与稳定循环,保证城市的可持续发展,最终使人类的生存环境协调稳定。

城市生态环境是指城市系统内部与生物体相互作用的资源环境或与生物体进行物质循环和能量流动的各种因素的集合。城市生态环境系统不仅包括自然环境、人类生存和生活的自然要素,同时还包括对人类存在有利和不利影响的生态要素。因此,城市生态环境内涵丰富,直接影响着人类的居住和生活。20世纪以来,城市生态环境评价一直受到各学科学者的关注。研究方法也日趋多元化,城市生态环境评价指标体系也有明显的变化,已由单一的发展水平指标、单因素指标向着多层次、综合、跨学科的研究方向发展,为城市生态环境评价提供了理论依据和参考。

城市生态环境决定和制约着城市发展的质量和未来发展趋势,良好的生态环境能够给人们带来美好的生活,促进城市经济和人文的进步;反之肮脏的生态环境会给人们带来致命的健康问题,限制外来投资的流入。为了防止当前城市环境遭受更大的破环,尽量减少能源和资源消耗所造成的生态环境成本,有效改善城市生态环境治理绩效,为城市的可持续发展提供良好的环境支撑已经成为当前的一项紧迫任务。从城市生态学的角度来研究城市可持续发展是近期城市可持续发展研究的一般趋势。城市作为一类典型的"社会—经济—自然"复合生态系统,生态可持续发展是其可持续发展的物质基础和内在保障,因此从城市生态学的角度来研究城市可持续发展能力具有重要的现实价值。

1.2.2　城市生态环境的组成

城市生态环境的组成包括自然环境要素和社会环境要素。自然环境要素包括气候(气候类型及主要特征),水文(河流、水源等),地形(地形类型及地质),土壤(土壤类型及厚度肥沃程度),植被(植被类型及覆盖状况),自然资源等。社会环境要素包括影响人类生活和生物生存的有利和不利的生态因子。城市生态环境中有三种最基本的要素：空气、水、土地，而人类活动对这些要素造成了严重的污染。

1.2.3　城市生态环境的结构和功能

生态结构是生态系统的构成要素及其时空分布和物质、能量循环转移的途径，是可被人类有效控制和建造的生物种群结构。组成城市生态环境的各部分、各要素在空间上的配合和联系称为城市生态环境结构。城市生态环境内部结构和相互作用直接制约着其功能发挥。组成城市生态环境各要素之间、各部分之间的有机组合，使城市生态环境通过生物地球化学循环，投入产出的生产代谢以及物质供需和废物处理，形成一个内在联系的统一整体。城市生态环境是人们社会活动和生存的基础：一方面，城市自然生态环境以其固有的成分及其物质流和能量流运动着，并控制着人类的社会经济活动；另一方面，人类是城市生态环境的主人，人类的社会经济活动又可以不断改变能量流动和物质循环。人是城市环境和物质资源的主要消费者，也是环境污染的创造者，对城市的生态环境的变化和发展起着主导作用。这两个方面相互作用、相互制约，构成了一个人类社会经济活动中复杂的生态环境系统，这个系统结构复杂，功能多变，层次有序，等级分明，而且具有多向反馈的功能。

系统的功能总是与其结构相适应。城市自然生态环境具有资源再生功能和还原净化功能，它不但提供自然物质资源，而且能接纳、吸收、转化人类活动排放到城市环境中的有毒有害物质，在一定限度内达到自然净化的效果。自然环境中以特定方式循环流动着的物质和能量，如碳、氢、氧、氮、磷、硫、太阳辐射能等的循环流动，维持着自然生态系统的永续运动。城市自然生态环境的水、矿物、生物等其他物质通过生产进入经济系统，参与高一级的物质循环工程。

城市生态环境是人类生存和发展的基础，生态环境系统为城市居民提供生活的保障。城市生态环境中的自然环境和人工创造的社会环境、经济环境，分别承担着满足城市居民特定需要的功能，其中自然环境是城市产生和发展的物质基础，是人类生存和发展不可缺少的物质因素；社会经济环境具有生产、生活、服务和享受的功能。社会经济环境是在城市形成过程中，人类为了不断提高自己的物质文化生活而创造的。在这种创造过程中，人类既利用、改造了城市自然环境，又损耗和破坏了自己所生存的城市环境，并不断向其生存空间以外发展和开拓。因此，城市生态环境随着城市的发展而在不断地发生变化。

1.3 城市生态系统

1.3.1 城市生态系统概述

城市生态系统是以城市人群为主体,以城市次生自然要素、自然资源和人工物质要素、精神要素为环境,并与一定范围内的区域保持密切联系的复杂人类生态系统。在全球人的巨系统中,人与地的对立统一关系表现得最为强烈的所在是城市(孙玲,2004)。从生态系观点看,城市是人类的高级栖息地,是人类进行物质生产与消费,从事社会与文化活动的高效场所,城市化过程实际上是人类的栖息环境从自然向乡村,向集镇,再向城市演变的生态演替过程(王发曾,1997)。

城市生态系统的概念可界定为城市空间范围内的居民与自然环境系统和人工建造的社会环境系统相互作用而形成的统一体。城市生态系统是以人为中心的、人工化环境的、开放性的人工生态系统,包括生物因素、非生物因素,拥有可数量化的能流物流。在城市生态环境系统中以人为主体的生物群体与城市环境密切联系,彼此之间相互影响、适应、制约。城市生态环境系统可分为自然生态环境系统和城市人工生态环境系统。自然生态环境包括物理、生物环境,如阳光、空气、温度、土地、植物等;人工生态环境包括城市设施、社会服务、生产对象,如建筑物、道路、水、电、园林绿化、交通等。城市是一个以人为主体的环境系统,是物质和能量高度集中和快速运转的地域,是人口、设施和科技文化高度集中的场所。从生态学的角度,城市是经过人类创造性劳动加工而拥有更高"价值"的人类物质、精神环境和财富,是更符合人类自身需要的社会活动的载体场所,是一个以人类占绝对优势的新型生态系统(杨士弘,2004)。而生态环境是城市发展的基础,建立生态化城市是城市发展的必然。如果不强化生态环境建设,城市就无法长久适宜人类居留。

1.3.2 城市生态系统的主要特点

城市生态系统是一个规模庞大、结构复杂、功能全面,具有很高的自适应性和强大组织能力的以人类为中心的自然和社会结合的生态系统。自然生态系统是城市赖以生存和发展的物质基础,是城市不断发展和变化的主要动力。在城市发展初期,城市生态系统一般是平衡的,但在城市发展过程中,随着人口的增长和集聚,城市生态环境系统的负荷增加,超过了经济发展与环境的负载平衡水平,城市生态环境恶化后恢复的难度将加大,人类从自然界获取的资源数量与自然界的物质排放量逐年增加,削弱了城市生态系统的调节功能,破坏了城市生态环境系统。城市能源和物质流的要素,通过生命代谢、投入产出的生产链、物质交换的消费链、能量流、信息传递和相互作用,构成了具有一定结构和功能的有机整体。因此,它具有以下特点。

（1）城市生态系统是以人为主体和高度人工化的物质环境构成的人工生态系统,人发挥着主导作用。在城市生态系统中,资源、环境的开发利用,产业定位转型,居住区规划布局以及能源交通运输、施工等方面,都与人类的生产活动密切相关,人类的经济活动在城市生态系统中起着重要作用。

（2）城市生态系统的消费者和生产者呈现着倒金字塔的状态。在城市生态系统中,人在食物链的顶端,消费者的数量远远大于绿色植物的数量。因此,消耗有机物的消费者和承受太阳能生产有机物和氧气的生产者之间是倒金字塔形,生产者小于消费者,这与其他生态系统完全不同。

（3）城市生态系统是一个脆弱的开放的生态系统,独立性差、依赖性强。城市生态系统不是一个自律系统,它的物质循环大多数是线状而非环状,它对外界依赖性很强,永远不能脱离外界的其他生态系统而独立存在,需要不间断地从外界输入大量的物质与能量供城市居民使用,同时城市居民在生产和生活中产生的大量废弃物也不能完全在本城市系统内分解,必须输送到其他生态系统中。所以,城市生态系统不可能单独封闭地存在,必然与周围环境息息相关,其物质能量循环是开放式的,是一个具有耗散结构的开放系统。

（4）城市生态系统是一个动态、复合的系统,是一个在时间上、空间上不断演变发展的动态系统。该系统运行的环境有很长的时滞效应,很多破坏危害巨大,但后果不能立刻显示出来,如伐林建房对生态环境的破坏。因此政府调控时必须考虑目前虽未出现,但未来可能出现的干扰,并做出相应的反应,它要求控制本身应随时间而发展。

1.3.3 城市生态系统的结构

城市生态系统可分为社会、经济和自然三个亚系统,各个亚系统又可分为不同层次的子系统,彼此互为环境。城市生态学要研究的就是这些不同层次内各组分间相生相克的复杂关系。

（1）自然生态亚系统以生物结构及物理结构为主线,以生物与环境的协同共生及环境对城市活动的支持、容纳、缓冲和净化为特征。

（2）社会生态亚系统以人口为中心,它是高密度人口和高强度的生活消费为特征。

（3）经济亚系统以资源（能源、物资、信息、资金等）为核心,以物资从分散向集中的高密度运转,能量从低质向高质的高强度聚集,信息从低序向高序的连续累积为特征。

总之,自然子系统是基础,经济子系统是命脉,社会子系统是主导。它们相辅相成、相生相克,导致了城市这个复合体进行复杂的矛盾运动。

1.3.4 城市生态系统的基本功能

城市生态系统中的自然系统、人为的社会系统和经济系统具有满足城市居民特殊需要的功能。其中,自然环境是城市产生和发展的物质基础,是人类赖以生存和发展的重要物质要素。社会经济环境具有生产、生活、服务和娱乐功能。

姜仁良在其博士论文中总结城市生态环境系统具有如下几个功能:

(1)生产功能。生产功能是指城市生态环境利用城市和外来系统提供的物质和能量来生产产品,包括生物生产和非生物生产。生态系统中的生物,不断地把物质在环境中的能量吸收,转化为一种新的物质和能量形式,从而实现物质和能量的积累,保证生命的连续性和生长性,这个过程被称为生物生产,包括初级生产和次级生产。生态系统的初级生产本质上是一个能量转化和积累的过程,是绿色植物光合作用的过程。次级生产是指消费者或分解者对初级生产者生产的有机物以及贮存在其中的能量进行再生产和再利用的过程。城市生态系统具有利用城市内外环境所提供的自然资源及其他资源来生产出各类"产品"的能力,为社会提供丰富的物质和信息产品。

(2)生活功能。环境作为人类生态和经济发展的物质基础,是一种综合性资源,它既包括各种自然资源,也包括各种自然资源组成的结构和状态。良好的城市生态环境作为一种公共产品,是全体城市居民的共同利益需求。生态环境良好的区域,能保证城市水、优质空气的供给,提高城市居住环境的舒适度,为城市居民提供方便的生活条件和舒适的栖息环境,进一步起到吸引人口、加速城市化的作用。而城市生态环境的恶化会提高城市居民的生活成本,影响居民健康,甚至威胁着他们的生存。伴随对环境污染危害的了解及生活水平的提高,人们不再满足于基本的温饱生活,而对生活质量、身心健康的期望日益增强,对所处城市的要求也更高。

(3)能量流动功能。城市生态系统是一个开放性的系统,与城市以外的周边环境系统进行着广泛的人流、物流和能流交换。能量流动指生态系统中能量输入、传递、转化和丧失的过程。能量流动是生态系统的重要功能,在生态系统中,生物与环境、生物与生物间的密切联系,可以通过能量流动来实现。城市生态环境系统作用的发挥是靠连续的物质流、能量流等来维持的,任何阻碍能量流动的行为、因素都将影响整个系统的正常运转和发展。

(4)还原净化和资源再生功能。环境的价值之一是对生产过程造成的污染的消纳、降解和净化功能。正常情况下,受污染的环境经过环境中自然发生的一系列物理、化学、生物和生化过程,在一定的时间范围内都能自动恢复到原状,称为自然净化功能。城市生态环境系统不但提供自然物质来源,而且能在一定限度内接纳、吸收、转化人类活动排放到城市环境中的有毒有害物质,达到自然净化的效果;当超过这一限度时,就打破了城市生态系统的平衡,危害城市的生态环境。消除环境污染既需要自然净化,更需要人工调节。还原功能主要依靠区域自然生态系统中的还原者和各类人工设施,保证城市自然资源的永续利用和社会、经济、环境的协调发展。城市的自然净化功能是脆弱而有限的,多数还原功能要靠人类通过绿地系统规划与建设、"三废"防治与控制、工业合理布局和设备更新改造等途径去创造和调节。

1.4 可持续发展

1.4.1 可持续发展的概念

可持续发展(sustainable development)的概念在 1972 年斯德哥尔摩联合国人类环境大会上首次正式讨论。在 1980 年由世界自然保护联盟(IUCN)、联合国环境规划署(UNEP)、野生动物基金会(WWF)共同发表的《世界自然保护大纲》中,首次明确提出了可持续发展的概念。1987 年世界环境与发展委员会(WCED)发表了报告《我们共同的未来》,系统阐述了可持续发展概念,并被广泛接受。该报告将可持续发展定义为:"能满足当代人的需要,又不对后代人满足其需要的能力构成危害的发展。它包括两个重要概念:需要的概念,尤其是世界各国人们的基本需要,应将此放在特别优先的地位来考虑;限制的概念,技术状况和社会组织对环境满足眼前和将来需要的能力施加的限制"。1992 年 6 月,联合国在里约热内卢召开的"环境与发展大会",通过了以可持续发展为核心的《里约环境与发展宣言》《21 世纪议程》等文件。随后,中国政府编制了《中国 21 世纪人口、环境与发展白皮书》,首次把可持续发展战略纳入我国经济和社会发展的长远规划。1997 年的中共"十五大"把可持续发展战略确定为我国"现代化建设中必须实施"的战略。2002 年中共"十六大"把"可持续发展能力不断增强"作为全面建设小康社会的目标之一。

可持续发展注重的是人与自然的和谐相处,主要包括社会可持续发展、生态可持续发展和经济可持续发展。它们是一个密不可分的系统,既要达到发展经济的目的,又要保护好人类赖以生存的大气、淡水、海洋、土地和森林等自然资源和环境,使子孙后代能够永续发展和安居乐业。可持续发展的核心是发展,可持续的长期发展才是真正的发展。总之,可持续发展注重社会、经济、文化、资源、环境和生活等各方面协调"发展",要求这些方面的各项指标组成的向量的变化呈现单调增态势(强可持续性发展),至少其总的变化趋势不是单调减态势(弱可持续性发展)。

1.4.2 可持续发展的内涵

可持续性发展的内涵主要表现在:

一是突出发展的主题。发展与经济增长之间存在根本的差异,发展是集社会、科技、文化、环境等多项因素于一体的完整现象,是人类共同的和普遍的权利,发达国家和发展中国家都享有平等的不容剥夺的发展权利。

二是发展的可持续性。人类的经济社会发展不能超越资源和环境的承载能力。

三是人与人的关系上注重公平性。当代人在发展和消费中应努力为后代创造同样的机会,同一代人的发展不应损害他人的利益。

四是协调人与自然的共生关系。人类必须树立新的道德观念和价值观,学会尊重自然、保护自然、和谐共处。

1.4.3 可持续发展的特点

可持续发展注重保护人与自然的和谐相处,在保持经济社会发展基础上保护自然生态的和谐,具有可持续性、公平性、系统性和共同性等特点。

1. 可持续性

人类社会发展是一种长久维持的过程和状态,这是可持续发展的核心内容。具体来说又有三层含义:一是生态可持续性,即生态系统受到某种干扰时能保持其生产率的能力,这是实现可持续发展的必要条件;二是经济可持续性,即不能超越资源与环境承载能力的、可延续的经济增长过程,这是实现可持续发展的主导;三是社会的可持续性,即使社会形式正确发展的伦理,促进知识和技术效率的增进,提高生活质量,从而实现人的全面发展的能力,这是可持续发展的动力和目标。

2. 公平性

公平性是指人类分配资源和占有财富上的"时空公平",具体含义包括三层:一是国家范围内的同代人的公平,在贫富悬殊、两极分化的状态下是不可能实现可持续发展的;二是公平分配有限资源,主要是强调在发展中国家和发达国家之间公平分配世界资源;三是代际间的公平,当代人不能只顾满足自己的需求而忽视后代对资源、环境的要求和权利,当代人对资源的索取不能威胁到后代人发展的需要。

3. 系统性

应该把人类及其赖以生存的地球看作是一个以人类为中心、以自然环境为基础的系统。系统的可持续发展有赖于人口的控制能力、资源的承载能力、环境的自净能力、经济的增长能力、社会的需求能力和管理的调控能力的提高以及各种能力建设的相互协调。在发展中不能片面地强调系统的一个因素而忽略了其他因素的作用。

4. 共同性

尽管由于各国历史、文化和发展水平的差异,可持续发展的具体目标、政策和实施步骤不可能完全相同,但地球的整体性、资源有限性和相互依存性要求我们采取联合行动,在全球范围内实现可持续发展这一共同目标。总之,可持续发展是当前全球范围内共同追求的目标,已得到了广泛的关注和认可,我们应该按照可持续发展的方向去发展,从而促进人与自然的和谐共处。

1.4.4　可持续发展理论的意义

可持续发展理论的提出源于人类经济发展中遇到的环境瓶颈问题。生态环境伦理是可持续发展的理论基石,它是可持续发展理论体系最基础和最重要的理论起源。生态环境伦理为可持续发展理论提供了生态理性规范,它是可持续发展理论最基本的哲学理论。可持续发展理论的提出,克服了以往发展观的片面性,实现了发展理论从经济向社会、从单一性向多样性、从独立性向协调性、从主体单一化向主体多元化的转变。可持续发展理论主张经济利益、社会利益、生态利益的和谐性与持续性。资源的可持续利用和生态环境的保护是实现可持续发展的基础,而经济持续、快速、健康地增长是实现可持续发展的前提。在社会观上,主张公平分配,既满足当代人又满足后代人的基本要求;自然观上,倡导人类与自然的和谐。

可持续发展在经济增长中要注重生态的平衡和可持续。它要求保证当代经济发展与后代经济发展的协调关系,而不危及子孙后代的需要。最终目标是在保证自然资源和生态环境不被破坏的前提下,实现经济社会的全面发展。可持续发展是经济社会发展的长远战略,包括资源和生态环境的可持续发展、经济的可持续发展和社会的可持续发展。可持续发展模式是人与环境协调发展。可持续发展战略注重资源、环境与经济社会的和谐发展,这是人类社会进一步发展的必经之路。可持续发展理论主张,人类必须追求与自然和谐的关系,在当代人创造和追求发展中要保护后代人的权益。可持续发展理论对人类解决环境危机、生态危机和发展危机具有重要意义。

1.5　城市生态环境可持续发展

1.5.1　城市生态环境可持续发展的含义

关于城市生态环境的研究要追溯到 20 世纪 80 年代,从那时起才认识到城市生态环境重要性并重点进行研究,在随后的一段时间内,各学科专家学者广泛关注,取得了一系列丰硕成果。到了 80 年代初期,著名生态学家马世骏等在《社会-经济-自然复合生态系统》中第一次系统地阐明了生态系统理论,并提出了基于社会—经济—自然的复合生态系统的架构思想,不仅使城市生态学理论更加丰富,也为我国城市化与城市生态环境研究奠定了深远的基础。此后,有关城市化及其生态环境关系问题逐渐成为社会各领域研究的热点。21 世纪初,城市化研究开始进入多学科角度研究时期,不少学者探究了城市化与城市生态、健康城市、城市人居环境协调发展、宜居城市等课题,涌现出大量的研究成果。

城市生态环境可持续发展是一种生态的价值观和自然观。根据城市生态环境发展的内在要求,以可持续发展的理念为指导,解决城市发展过程中存在的问题,实现生态环境与城市发展的双赢,走生态环境互补型可持续发展道路。城市是人类的集中地,人口和资源总量、消费和需求等各个环节都要求城市具有可持续发展能力和水平。只有通过不断深入地学习,整合各学科的资源,创新城市发展规划体系、监督管理体系,才能促进城市自身不断完善问题、优化城市各方面的能力、创造新的发展机遇,最后才能形成循环良性流通体系,促进人与自然、人与社会、城市与自然的和谐。

1.5.2　城市生态环境研究的主要内容

城市生态环境的内容包括自然系统、居住系统、支撑系统、人类系统、社会系统五个部分。

1. 自然系统

自然系统是指气候、水、土地、动植物、地理、资源和土地利用等。它是人类一切活动的基础,是人类安身立命之所。从广义上来看,原始的系统都属于自然系统,它是自宇宙产生以来经过亿万年活动而天然形成的各种自我循环系统,例如生物、气象、海洋、地球、天体等。它是一种高级复杂的自我平衡系统,系统内的各种因素,按照自然进化规律,形成自然现象或自然特征,如地球的自转周期和季节的变化、动植物的疾病和死亡、各种生物的迁移等,它们通过平衡、自我适应、自我调整最终实现微观或宏观的平衡。广义的自然系统包括生态平衡系统、生命有机体系统、天体系统、物质微观结构系统和社会系统等。在自然界中,最重要的是物质流的循环和演化。自然系统庞大而复杂,它是地球上所有生命的基础,是由各种自然力形成的交织。

2. 人类系统

人既是自然界的改造者,又是人类社会的创造者。人类系统主要指作为个体的聚居者的物质需求、生理、心理、行为等各种因素。人作为社会化的高级动物以及生活历史活动的主体,具有一系列的基本要求,包括生理需要(对食物、水、氧气、睡眠的生理需要以及特殊的心理需要)、安全需要(生理安全及心理安全)、归属与爱的需要、尊重需要(自尊与被人尊重)以及自我实现的需要。生态学将生态系统定义为一定空间中的生物群落与其环境相互依赖、相互作用,形成的一个有组织的功能符合体。"人—社会—自然"构成的复合生态系统是生态学的世界观,它改变了人们认识世界的思维方式,使有机论在各门学科的研究中得到了应用。

3. 社会系统

社会一般是指由自我繁殖的个体构建而成的社群,占据一定的领土,并且逐渐形成其独特的文化和风俗习惯,它是人与人之间的关系形成的过程中相互交流和相互作用形成的关系。社会系统是以人类为主体,以社会为活动空间,相互作用形成的经济、政治、文化关系的系统,包括公共管理与法律、社会关系、经济发展等。人类社会是社会系统中最大的一个,它包含了家庭、公司、地区等多个国家的子系统,虽然这些子系统具有不同的结构、层次和类型,但它们相互之间存在一定的结构和秩序。任何社会系统与更高层次的社会系统之间均存在着明显的从属关系。每一个社会系统都处在不断演化中但都不可替代,它们彼此之间存在着多重的互相联系、制约以及共同发展的特点。

4. 居住系统

居住系统指住宅、社区设施、城市中心、人类系统和社会系统等需要利用的居住物质环境及艺术特征。随着人类科技和社会的高速发展,工业化和城市化的脚步越来越快,随之而来的环境问题越来越严重。面对这一严峻的现实,世界环境与发展委员会于1987年提出了"既能满足当代人的需要,又不对后代人满足其需要的能力构成危害的发展"这一注重长远发展的经济增长模式,即"可持续发展"概念。一些新兴的理论就在这样的背景下迅速发展起来,其中就包括生态建筑、生态园林等与居住系统息息相关的交叉学科。以生态学原理为指导的生态建筑、生态园林,为人们提供了健康、舒适、安全的居住、工作及活动空间,有效防治各种污染,最终达到人、建筑、自然和谐统一的目的。

5. 支撑系统

支撑系统主要指的是人居环境的基础设施,包括公共服务设施和污水处理系统、交通运输系统、通信系统等,它是为人类活动提供支持的人工和自然的联系系统、技术支持保障系统以及经济、法律、教育和行政体系等。

1.5.3　城市生态环境可持续发展的基本原则

城市生态环境可持续发展的基本原则主要有以下几种:

(1) 预防和保护原则。环境污染和资源破坏对许多城市的发展构成了威胁。自然生态的脆弱性警告人们单纯以经济增长和生活质量为目标的发展几乎走到了尽头。全球的土地资源流失与荒漠化、水资源短缺、水污染、空气质量退化、生物多样性减少、自然生态遭到严重破坏,人类社会难以为继。因此,预防和保护必须优先考虑保护自然资源,防止环境污染,停止对环境有潜在影响的活动,集中精力预防环境退化,限制城市居民对生物圈的影响。

(2) 质量与数量统一的原则。可持续发展的核心是发展,经济发展要稳步提高,还要提高可持续发展对城市生态环境建设的重要影响。城市经济要发展,就要秉持可持续发展的基本理念,调整城市经济增长的重点,发展绿色生产,绿色消费。只有这样,才能从根本上解决城市发展面临的问题。所以,可持续发展应追求质与量的统一。在城市发展的过程中,尽可能减少自然资源消耗,依靠科技进步不断提高利用自然资源的能力和效率;同时保证城市发展的强度适应城市发展的能力。

(3) 尊重自然原则。要实现城市生态的可持续发展,就必须从文化和社会道德层面进行加强,要把城市看作自然的组成部分,而不是将城市利益、社会利益置于环境之上。建立环境伦理道德,明确人类对于环境保护尊重的道德义务和责任,了解如何协调城市发展与自然环境的关系,促进社会与环境的协调发展。建立一个新的长期机制,使自然和社会、人类和城市共同走向可持续发展的方向。

(4) 全面协调发展的原则。城市生态环境要注重自然环境、社会经济这两者的综合发展。环境发展必须充分协调两者内部和外部关系。城市生态环境系统的完善发展可以有效促进各类城市资源的优化利用,促进城市社会经济的可持续发展。加强生态环境建设和自我调节能力建设,建立科学的城市运营、调控和管理制度,以保持城市生态环境的全面协调发展。

1.5.4　城市生态环境、城市生态系统和可持续发展的关系

城市生态环境是一个以人为主体的复杂生态系统,是自然环境、社会环境和

城市生活相互作用影响的统一体。它是人在自然界中存在的基础,是城市中人类生活和利用、改造自然的主要场所,是与人类生活密切相关的地表空间,是人类赖以生存和发展的物质基础、能量基础、生存空间基础和社会经济活动基础的综合体。因此,必须重视对城市生态环境的保护,走城市生态可持续发展的道路。

城市生态环境和城市生态系统都是以人为中心的,包括自然环境和社会环境。良好的城市生态环境是城市现代化和可持续发展的重要前提条件,也就是说,可持续的城市化会产生一个健全的生态城市。为了实现城市的可持续发展,需要确定城市生态系统承载力的消费标准范围,减少对资源和环境的压力;需要确立城市生态系统结构的合理和高效;需要在整体上把握城市和外部系统之间的协调发展。城市生态环境能否得到有效的解决,是促进城市可持续发展的关键和核心,是实现城市可持续发展的必由之路。可持续发展注重协调生态的平衡,注重在经济发展中对环境的保护。在走城市生态可持续发展的道路中要注重生态和经济的协调发展。城市生态系统和经济的发展相互影响、相互作用,两者可持续发展的互动应在两者之间形成一个良性循环、协调发展的模式,也就是通过生态系统有效治理推动环境质量不断提升,促进可持续发展,从而增强经济发展后劲和活力;反过来伴随经济的发展深入推进生态环境的建设。国内外学者对二者关系的协调处理进行了周详细致的研究。

1.5.5 城市生态可持续发展研究的意义

目前可持续发展和城市生态环境治理是理论界和实践界关注的重点问题,它们之间有着密切的关系。对于两者的研究如何实现和谐和交融是这个研究的难点,这是因为城市生态环境治理的复杂性和多因素影响性为理论及实践研究带来了一定程度的困难。如何认识可持续发展背景下的城市生态问题?如何利用可持续发展工具实现城市生态环境治理的预期目标?如何妥善处理二者之间的关系?为进一步深入认知和解决上述所提出的一系列问题,本研究针对可持续发展与城市生态环境治理问题展开系统理论分析。概括而言,其研究意义主要在于:

(1)将可持续发展理论引入城市生态环境治理领域,基于可持续发展理论产生背景深入探讨城市生态环境问题治理理论及应用问题,进一步延伸和拓展可持续发展理念,针对可持续型生态城市建设的类型、价值、经济学透视、路径等若干重要问题展开实质性研究工作,建立完善相关理论研究和方法体系,为可持续发展在城市生态环境治理中的实际运作提供理论依据。

(2)本研究旨在从动态和互动角度,揭示可持续发展和城市生态环境治理的相互关系,对二者的关联进行综合研究,探寻二者的结合点,并研究其关联理论。为此,一方面,分析可持续经济发展对城市生态环境治理创新的能动作用;另一方面,把城市生态环境治理的相关内容引入可持续发展理论中,进一步丰富和推动可持续发展。研究可持续发展战略、城市生态环境治理及其相互作用规律的目的,在于为提升城市环境质量和品位、规范城市环境管理长效机制、提高生态环境承载力和创新可持续发展制度制定相关政策与措施提供理论指导。因此本研究的理论意义在于促进可持续发展理论与有效的城市生态环境治理适宜地结合,以推动城市生态环境质量的不断改善和效益的显著提升。

(3) 为各级政府和部门制定相关政策和采取措施提供决策依据,为城市生态健康发展提供理论指导和决策分析工具。可持续发展与城市生态环境治理具有密切的关联,基于可持续发展的城市生态环境治理及其相互作用规律的目的,研究可持续发展与城市生态保护的关系。在于为提升城市环境质量和品位、规范城市环境管理行为,发挥可持续发展战略在治理城市生态、改善环境质量方面的作用,制定出恰当的发展政策,进而对完善城市生态治理模式具有重要的实践意义。

第二章

城市生态系统承载力和系统可持续发展的动力机制

2.1 生态承载力和可持续发展的关系

2.1.1 生态承载力概念的起源与发展

20 世纪中叶以来,人们开始关注资源承载力和环境承载力。Meadows 等所著的《增长的极限》批判了人类对资源的滥用,并唤醒人类保护资源的意识。1972 年开始,可持续发展的概念为各国政府所接受,承载力的研究也逐渐从单资源研究过渡到资源环境综合系统研究。

以生态承载力的研究情况来看,国外在环境科学、生态学和可持续发展领域的承载力研究利用非常多,承载力概念逐渐扩展为种群承载力、资源承载力(土地承载力、水资源承载力等)、环境承载力、生态承载力等,后一个概念都是在前一个概念的基础上充实和完善的,体现了生态学科及人类社会的不断发展,承载力理论研究越来越得到重视。国内外的学者对于生态承载力的研究主要集中在单资源承载力研究、复合承载力研究及区域生态承载力研究。

生态承载力概念最早的提出者是 Holling,将之定义为"生态承载力是生态系统抵抗外部干扰,维持原有生态结构和生态功能以及相对稳定性的能力"。1972 年,净第一性生产力计算模型由 Lieth 开始研究,并应用这个模型估测了全球生态系统净第一性生产力,对生态承载力进行了间接度量。可持续发展理论为承载力带来了全新的视角,促使人们对承载力的含义和要素做出更全面深刻的思考。"可持续发展的过程是连续,而不会中断的,它的重要品质也不会减弱。可持续性是人口处在或低于任何承载力水平的必要和充分条件。"生态承载力可以看作维持生态可持续发展和稳定的一种能力。1986年后,生态系统与社会经济的紧密联系得到了国内外学者的普遍关注,此时生态系统承载力的研究也得到重视。针对澳大利亚的生态承载力现状问题,Haberl(2001)运用生态足迹分析法对其进行了深入研究。Senbel(2003)采用指标分析法,并以资源使用效率、人类消费水平和生态系统生产能力为指标,对北美洲21世纪的生态承载力进行科学的预测和规划建议。

国内对生态承载力的研究始于20世纪90年代。国内早期的研究内容主要集中在生态系统的结构和功能上。王家骥在我国比较早地研究了生态承载力。在《黑河流域生态承载力估测》中,首次提出了生态承载力的概念:"生态承载力是自然体系调节能力的客观反映,地球上不同等级自然体系均具有自我维持生态平衡的功能"。到了1999年,随着生态足迹模型在国内得到广泛使用,生态承载力研究得到进一步发展。高吉喜在其著作的《可持续发展理论探索——生态承载力理论、方法与应用》一书中,把生态系统的弹性力作为核心,发展了生态承载力的概念,认为生态承载力是指生态系统的自我维持、自我调节能力、资源与环境子系统的供容能力及其可维持的社会经济活动强度和具有一定生活水平的人口数量。该研究是国内生态承载力研究的代表性成果之一,作者认为生态承载力是在可持续发展的基础上发展而来的,其内涵包括生态系统的弹性力大小、资源子系统与环境子系统的供容能力大小、系统可维持的具有一定生活水平的人口数量。近几年,随着GIS技术和计算机技术的兴起,生态承载力的研究在指标、研究手段、研究方法等方面均得到了空前发展。

2.1.2　生态承载力的内涵及特征

在对承载能力的问题研究过程中,主要是对资源承载能力和环境承载能力的单因素研究,所有的注意力都是承载体的作用,而缺乏对生态系统整体效应的考虑,不能反映生态系统的复杂性,忽略了人类活动对系统的影响。随着科学技术的发展和人类文明的进步,研究单个因素的生态承载力因为过于片面,并不能满足对整个生态系统功能状况的判断,由此生态承载力的概念产生了。从生态系统的角度和特点来看,每个生态系统都有一定的自我调节能力,在没有外力的干扰下,生态系统可以保持一个相对平衡的状态,其变化和波动范围也是在可承受的范围内,此时的生态系统是一种稳态。Holling认为,生态系统存在多重稳定状态,在每个稳定状态系统都表现出一定的稳定性和抗干扰能力。为此,Holling提出了多重稳定状态模型,指出干扰对生态系统的影响并不是简单导致生态系统的完全崩溃,而是使系统由一种稳态变化到另一种替代状态。从这一观点可以看出生态承载力是生态系统从某一稳态转变到另一状态的干扰强度。

生态学家 E. P. Odum 也有类似的观点,他认为系统超过承载力的稳态限度后,在从一种稳态走向另一种稳态时,这种转变过程是渐进的,被他称作稳态台阶。以此可以表明发展一定要控制在可承载力范围之内,保证系统的稳定平衡。

存在人类经济活动的生态系统是一个开放性系统,它必然与外界存在物质流、能量流、信息流、货币流以及其他生物流产生联系。余丹林(2000)根据许多研究者对生态承载力的理解,总结出了生态承载力的特征:

(1)资源性。生态系统是由物质组成的,而且对经济活动的承载能力也是通过物质的作用实现的。因而从物质的特性而言,生态承载力就是表征生态系统的资源属性。

(2)客观性。生态系统通过与外界交换物质、能量、信息,保持着结构和功能的相对稳定,即在一定时期内系统在结构和功能上不会发生质的变化,而生态承载力是系统结构特征的反映。因此,在系统结构不发生本质变化的前提下,其质和量的方面是客观的和可以把握的。

(3)变异性。主要是由生态系统功能发生变化引起的。系统功能的变化一方面是自身的运动演变引起的,另一方面是与人类的开发目的有关。系统在功能上的变化,反映到承载力上就是在质和量上的变异,这种变异通过承载力指标体系与量值变化来反映。表明人类可通过正确认识生态承载力的客观功能本质,正确适度使用生态承载力,建立可持续发展的社会。

(4)可控性。生态承载力具有变动性,这种变动性在很大程度上可以由人类活动加以控制。人类根据生产和生活的需要,可以对系统进行有目的的改造,从而使生态承载力在质和量上朝人类需要的方向变化,但人类施加的作用必须有一定的限度,因此承载力的可控性是有限度的可控性。[①]

2.1.3　生态承载力与可持续发展的关系

随着人类文明快速发展,资源开发也达到了前所未有的程度,生物物种灭绝,不可再生能源的消耗,河流和湖泊干涸,环境污染日益严重。人们逐渐认识到,经济的发展不能建立在资源枯竭和破坏性发展的基础上,可持续发展的理念正逐渐形成。1992 年在里约热内卢的联合国环境大会上,把可持续发展定义为既满足当代人的需求,又不对后代人满足其自身需求的能力构成危害的发展(林琳,2013)。虽然可持续发展和生态承载力的定义是不一样的,但它们都是在人类活动和资源环境发生冲突的时候提出来的,都是以系统的思维考虑全局发展的视角下产生的,最终目的是实现人的全面发展,是为了实现资源、环境、社会和

---

① 余丹林.区域承载力的理论方法与实证研究—以环渤海地区为例[D],2000.

经济的和谐发展。生态承载力与可持续发展,可以看作是一个事物的两个方面,前者是基础,根据自然资源承载力和环境承载力,确定人类活动强度;后者是以人为本的发展,自然资源和环境的保护是支持的必要条件。在对生态承载力进行指标定量的基础上,发挥人的主观能动性,使整个生态系统实现良性循环,使系统更加稳定,发展更高效、更持久,最终达到可持续发展的目标。因此可以说,生态承载力与可持续发展是相辅相成的关系,二者紧密相连,密不可分。

生态承载力是区域可持续发展能力的组成部分,可持续发展能力是指系统内部各要素,通过自身的发展及相互间的互动反馈作用,所拥有的支撑可持续发展的整体能力。[①] 生态承载能力和可持续发展是针对当代人类所面临的人口、资源、环境方面的现实问题提出的,都强调发展与人口、环境、资源之间的关系,解决的核心问题也都是发展与人口、环境、资源之间的关系问题。两者的不同点是考虑问题的角度不同,是一个问题的两个方面,可持续发展从一个更高的视角看待问题,强调发展的可持续性、协调性、公平性,强调发展不能脱离自然资源与环境的束缚;承载能力则是从基础出发,以可持续发展为原则,根据资源实际承载能力,确定人口与社会经济的发展速度与发展规模,强调发展的极限性。生态承载力是可持续性发展的重要判据,承载力的概念是建立在可持续发展基础之上的,承载力反映的是目前人类对资源、环境及生态系统的认识,在一个相对较短的时期内,人类的认识水平和技术水平可以看作一个相对常量,此时,承载力就具有一定的稳定性。生态承载力的不断提高是实现可持续发展的必要条件,一个区域的发展必定是以消耗一定的物质资源以及排放一定的污染物为基础的。从生态承载力的角度看,这种物质的消耗和污染物的排放必须限定在资源储量及环境容纳的阈值以内。毫无疑问,较高的生态承载力表明具有较丰富的资源、较大环境容量、较为适宜的人口规模以及较好的经济环境和较高的科技含量。所以,提高生态承载力,才能使可持续发展成为可能。

2.2 城市生态系统承载力

2.2.1 城市生态系统承载力概念的提出

目前,国内外学者很少将城市生态系统承载力作为一个明确的概念提出来,这主要是因为对于城市生态系统是否存在承载力仍有争议(如增长的极限理论与增长无限理论的争论),而城市复合生态系统的理论也刚刚处于起步阶段。在

---

① 邓波,洪绂曾,龙瑞军.区域生态承载力量化方法研究述评[J].甘肃农业大学报,2003.

国内,传统上的城市生态系统承载力研究基本上是抛开城市生态系统整体性的单要素研究,结果导致承载力研究的片面性,忽视了城市生态系统的平衡。直至城市复合生态系统理论被提出来后,才陆续有学者将城市生态系统承载力作为一个整体、系统的概念提出来,并进行了初步的探讨与应用。高吉喜在著作《可持续发展理论探索—生态承载力理论、方法与应用》中就应用生态承载力理论研究区域的可持续发展,他将生态承载力定义为:"生态系统的自我维持、自我调节能力,资源与环境子系统的供容能力及其可维育的社会经济活动强度和具有一定生活水平的人口数量",还探讨了生态承载力、环境承载力和资源承载力之间的关系。他应用层次分析方法和多个指数概念探讨了社会—经济—自然复合生态系统的承载力。然而由于中间过程过于复杂且定义了许多指数,其生态承载力评价仍没有脱离传统的"指标体系—指数—分级判断"的模式。

目前对可持续发展战略的研究重点多转向"能力建设"或"生态建设",我们需要结合城市发展阶段理论对城市生态系统承载力理论进行拓展,并全面地研究不同发展阶段城市生态系统承载力。

生态承载力包括两层基本含义:第一层含义是指生态系统的自我维持与自我调节能力以及资源与环境子系统的供容能力,为生态承载力的支持部分;第二层含义是指生态系统内社会经济子系统的发展能力,为生态承载力的压力部分。本书主要是基于系统角度的研究,故书中所提的生态承载力主要是指它的第一层含义,即书中的生态系统承载力。

城市生态系统承载力是对城市生态系统维持状态的阐述,一般来说,生态系统承载力被学者定义为生态系统的自我调节和自我维持能力,资源与环境子系统的供容能力及其可维持的社会经济活动强度和具有一定生活水平的人口数量。依照城市的发展状况和生态状况来看,城市发展支撑力和压力相互作用形成了城市的生态系统承载力,发展支撑力包括资源供给等自然生态的维护能力及社会经济协调发展能力。生态系统的压力分为内部压力和外部压力;内部压力是指在生产和生活活动中为满足生存和发展需要,对城市生态环境产生负作用的因子;外部压力指城市生态系统物质和资源输入时对自然环境的人为破坏。城市生态系统承载力是对城市发展支撑度的计量,在城市发展中一定要注重对城市生态承载力的把握。

城市生态系统承载力的内涵一般分为狭义和广义,狭义的界定侧重于研究城市生态系统能承受最大的环境污染能力;广义的城市生态系统承载力包括社会、经济和环境三个方面指标。它包含三层的基本含义如下:一是城市生态系统自我协调能力;二是城市资源相容能力,即城市资源和环境承载能力的大小;三是提高城市生态系统承载力水平和人的物质文化精神水平的能力。

2.2.2 城市生态系统承载力研究趋势

城市生态系统承载力目前尚处于初步研究阶段。从表征方式角度分析,其评价方法主要有三种,即人口承载力、生态足迹及相对承载力。人口承载力在传统的环境承载力与资源承载力的基础上展开研究,以人口数量表征;生态足迹考虑人类的生活方式,将人类所需占用的资源与排放的废物转换为土地面积,以生态生产性土地面积表征;相对承载力是将评价结果无量纲化的一类城市生态系统承载力评价方法。人口数量与生态生产性土地面积虽表征直观,但缺乏动态性描述;而相对承载力虽将城市生态系统承载力当作一种能力或潜力,考虑了相对承载力的动态变化趋势,但评价结果抽象,较难理解。通过对众多研究结果的探讨及对城市生态系统的分析,本研究认为城市生态系统承载力研究应重点从以下几方面进一步展开。

1. 城市生态系统承载力的系统分析方法研究

考虑到城市生态系统的复杂性、动态性等特征,应汲取环境承载力与资源承载力的经验,充分考虑城市的政治制度、文化背景、技术进步、分配方式、消费模式、价值判断、发展目标等因素,将城市当作一个复杂的生命体,在环境、生态、生物、政治、经济等学科的交叉研究中寻求突破点,运用系统分析方法建立多层次、动态性的城市生态系统承载力模型。

2. 城市生态系统承载力的阈值性研究

随着科学技术的进步,城市能够承载的人口数量越来越多,似乎城市生态系统承载力是无限的。然而,技术进步增加的只是资源利用效率,即使在理想的状况下,节能低耗技术也只能支撑既定的人口在更高的物质条件上或者既定物质水平上的更多人口,只是使"社会经济活动强度和具有一定生活水平的人口数量"越来越接近生态承载力的极限。在不同的人类活动强度下,城市生态系统承载力存在理论阈值,这既是研究的重点也是研究的难点。

3. 城市生态系统承载力的动态性研究

城市生态系统是一个开放的系统,它始终与外界进行着物质流、信息流等功能流交换,因此城市生态系统承载力不是一个绝对的、固定的值。城市生态系统承载力在城市不同的发展阶段各不相同,它与城市的动态发展息息相关,其理论阈值呈动态变化趋势。因此,城市生态系统承载力的研究应充分考虑其动态性。

4. 城市生态系统承载力的空间分异研究

据目前的研究结果,城市生态系统承载力评价结果多用整体的概念来表征,然而城市中各个地区的自然资源条件不同,人们的生活方式各异,其生态系统承载力也不一样。因此,可用地理信息系统(GIS)技术或公众参与等方式获取更加详尽的数据,以计算出城市中不同地区的生态系统承载力,运用 GIS 技术对其进行空间分析,使评价结果更具有实用性,为城市政府政策的制定提供依据。

2.3　城市综合承载力

2.3.1　城市综合承载力的产生

进入 21 世纪后,越来越多的国内外学者认识到城市承载力对城市可持续发展的重要性,把承载力概念应用到城市系统中。有学者提出并定义了城市生态系统承载力:在正常情况下,城市生态系统维系其自身健康、稳定发展的潜在能力,主要表现为城市生态系统对可能影响甚至破坏其健康状态的压力产生的防御能力、在压力消失后的恢复能力及为达到某一适宜目标的发展能力。也有学者认为城市土地综合承载指数不仅仅是自然地理环境特点和区位条件的反映,也取决于人类社会、经济技术的发展水平及人类对于土地资源的有效利用和生态环境的改善状况。

从这些研究可以看出,当前的城市承载力研究涉及了城市资源承载力、城市环境承载力、城市安全容量、城市生态系统承载力等研究。目前,对整个城市综合承载力的研究非常少,即把城市作为一个系统来分析其综合承载力的研究尚不多见。

2.3.2　城市综合承载力的内涵

对于城市而言,城市生态系统承载力是城市生态系统的一种客观属性,是其承受外部扰动的能力,也是系统结构与功能优劣的反映。生态承载力是生态系统物质组成和结构的综合反映。生态系统的物质资源及其环境的纳污能力具有一定限度,即一定组成和结构的生态系统,对于社会经济的发展支持能力有一个阈值,这个阈值即为生态承载力。城市生态系统承载力的落脚点是人类社会的经济活动,生态承载力的规定性同社会经济活动性质有关,如产业组成、结构等;而其量的规定性则与社会经济行为强度相连,如产业规模、速度等。生态承载力是人类社会经济活动与生态环境之间的联系界面,通过探讨社会—经济—自然复合生态系统中生态环境与经济活动之间的相互关系,表述生态环境对人类经济活动的支持力。

城市综合承载力的基本内涵应包括以下几点:

1. 城市资源承载力、城市环境承载力、城市生态系统承载力和城市基础设施承载力,它们构成了城市综合承载力的主要部分,起着决定性作用。城市资源承载力不仅包括土地资源、水资源、森林资源以及矿产资源等自然资源承载力，还包括经济资源承载力和社会资源承载力。

2. 城市安全承载力和公共服务承载力在城市综合承载力中起着越来越重要的作用，如就业岗位承载力等都是在城市综合承载力评价中必须考虑的关键因素。

3. 城市综合承载力主要包括：城市资源承载力、城市环境承载力、城市生态系统承载力、城市基础设施承载力、城市安全承载力和公共服务承载力这六种承载力。它们不是简单的相加，而是有机的结合。

2.3.3　城市综合承载力研究存在的主要问题

1. 概念、内涵还不够清晰

国内外很多学者针对城市综合承载力提出了不同的概念和内涵，但尚未对其内涵和外延加以准确界定。

2. 研究内容不够系统

目前，城市资源承载力、城市环境承载力和城市生态系统承载力已有了较为系统的研究，然而，较少学者注重对城市基础设施承载力、城市安全承载力、城市公共服务承载力的研究，特别是公共服务承载力的研究非常薄弱。城市综合承载力的研究还没有形成一个较完整的系统。

3. 城市综合承载力评价理论和评价模型不完善

由于城市综合承载力的概念、内涵的不确定性，城市系统的复杂性等因素的影响，目前还没有建立城市综合承载力评价指标体系和具体可实施操作评价模型。虽然谭文垦等创新性地构筑了城市综合承载力基本模型，但这种模型的框架很大，在具体的应用中还有许多具体的问题要处理。

2.3.4　城市综合承载力与相关概念的联系与区别

1. 城市综合承载力与城市可持续发展

可持续发展和承载力二者的关系已经被广大学者普遍肯定，认为二者相辅相成，在某种意义上是相一致的。可持续发展是一种哲学观，是关于自然界和人类社会发展的哲学观。可持续发展是城市综合承载力理论研究的指导思想和理论基础。对城市综合承载力的研究，要考虑到城市综合承载力研究的现实与长远意义，考虑到城市系统对地区人口、资源、环境和经济协调发展的支撑能力，把城市综合承载力置于可持续发展战略构架下进行，离开或偏离社会持续发展模式是没有意义的。城市综合承载力是可持续发展理论在城市系统的具体体现和应用，是经济社会可持续发展的重要指标之一。

2．城市综合承载力与城市综合竞争力

城市综合竞争力是指一个城市在国内外市场上与其它城市相比所具有的自身创造财富和推动国家、地区创造更多财富的能力。[①] 一个城市的综合竞争力离不开城市系统这个载体。城市综合承载力决定了城市的整体竞争力。提高城市竞争力是一种"需要"，而城市综合承载力则是一种"可能"，为满足"需要"，首先要创造"可能"。城市竞争力的强弱，关键在于衡量城市综合承载力的高低。因此，提高城市综合承载力是城市发展的首要任务。

3．城市综合承载力与城市功能

承载力一般表现为对承载主体所受到的内外压力的抵抗与恢复能力，因此是承载主体的一种内在功能（或者说是一种潜力）。在研究城市生态系统的抵抗与自恢复能力之前，首先要结合生态系统共有的自我调节的动态稳定特征来理解城市生态系统的平衡机制。

城市综合承载力是一个新概念，它不同于以前比较常用的"城市功能"一词，它比"城市功能"更全面、更直接。从宏观角度看，它既包括物质层面的自然环境资源承载力，如水土资源、环境容量、地质构造等；也包括非物质层面的城市功能承载力，如城市吸纳力、包容力、影响力、辐射力和带动力等。从微观角度上看，它是指城市的资源禀赋、生态环境、基础设施和公共服务对城市人口及经济社会活动的承载能力。

2.3.5　提高城市综合承载力的方法途径

1．加快推进经济结构调整，注重增长方式转变

由于城市资源的有限性、生态系统的脆弱性，因此必须从传统的资本拉动型、资源消耗型、管理粗放型的发展模式中走出来，把节约资源放在首位，发展循环经济，保护生态环境，落实节能减排工作，优化能源结构，开发可再生能源，注重城市建设和资源综合利用的有机统一，实现城市的可持续发展。

2．切实做好城市规划工作，注重城市的协调发展

在做城市规划时，根据城市的经济社会发展水平、区位特点、资源禀赋和环境基础等客观条件以及城市资源承载力和环境生态承载力来合理确定城市发展规模、发展目标和发展可能。从整体和长远利益出发，合理、有序地配置空间资源，发挥城市聚集效益和辐射效益，增强城市的辐射力和带动力。城乡区域统一规划，统筹发展，注重优化整合城市群，全面促进大中小城市和小城镇协调发展，同时处理好城市与乡村统筹发展的关系，实现城市的可持续发展。

---

① 戴陆寿，陆建云，王平．中国中部省会城市综合竞争力研究．统计公报论坛，2007-09-20．

　　3. 加强城市基础设施建设

　　完善的基础设施对加速社会经济活动,促进空间分布形态演变和提高城市综合承载力起着巨大的推动作用。建立完善的基础设施,特别要注重公共交通的建设,提高交通效率,加强地下管网设施和地下空间的开发利用,加大市政公用事业市场化改革力度,充分发挥市场配置资源的基础性作用,增加市政公用产品和服务供给能力。

　　4. 加强城市减灾防灾

　　环境污染、工业事故等人为因素和地震、天灾等自然灾害会影响到城市安全和城市的正常运行。提高城市公共危机决策的管理质量及综合能力,准备好减灾抗灾及实施救援的空间,建立健全各类预警、预报机制,提高应对突发事件和抵御风险的能力。

2.4　城市生态系统可持续发展的目标和路径

2.4.1　城市生态系统失衡的产生原因

　　城市生态系统中生产者与消费者的数量比例不协调,其稳定性完全受控于社会经济亚系统的能力与水平。人是高级消费者,也是城市生态系统中特殊的消费群体。作为人类生存必需的消费品绝大部分来自外界,人取代了自然界的众多动物,成为城市生态中单调的消费者。作为消费者,人类通过主观的意识和劳动,对食物进行选择和精细加工,而被加工的食品,其营养和能量几乎完全来自城市生态系统之外,稳定丰富的食品供应是城市生态平衡的物质基础。工业革命至今,社会生产力的迅速发展、人口的剧增和城市的膨胀,使消费水平大大提高,人类在发展的过程中,破坏了陆地表面许多动植物的生存环境,大量的消费者数量减少,尤其是野生动物濒临灭绝,甚至海洋生物也出现了危机,自然条件下的动植物已远远不能满足人类,只有通过农牧业的进步,增加产品的绝对量,才能满足人类的各种消费。人类作为最高层次的消费者,通过交通运输从系统之外为自身提供食物,而此供求关系不仅是一种生态关系,更是一种经济关系。人的消费又加入了更为复杂的社会关系,并通过各种生产活动,改变了城市及其周围的环境条件,在工农业生产中大量消耗资源和能源,使城市结构增加了许多复杂的矛盾,理化变化过程大大超过了生物的代谢过程。

　　城市分解者作用微弱使环境趋于恶化。人类在城市生态系统中通过复杂的消费方式,制造出大量的废弃物质,其中生活废物中的生物部分,多数可通过自然界的分解者返回环境。但必须运用交通工具,搬运到城市外面处理。作为分解者的微生物,在城市生态系统中几乎起不到任何作用。大量的工业和生活废弃物无法自净导致仅仅几十年的时间,城市垃圾的堆放和处理便成为当今世界十分头痛的问题。由于处理不当或不能处理,使城市空间、地表和地下水以及空气遭到污染,影响人类的健康。城市的环卫、供排水工程等,成为城市生态系统中分解者的替代部分,而分解过程中所产生的物理化学变化致使物质、能量不能进入以后的循环过程,形成污染的长久或永久性积累。分解者角色及功能的变化,是环境质量下降,城市生态恶化的根本原因。

非生物环境的人文化,削弱了生态系统的自我调节能力。通过生产者、消费者、分解者三种城市生态系统基本角色的分析发现,除了人口增加极大丰富了城市生态系统外,非自然的人造物大量充斥城市环境,人类的经济、科学、文化的积淀,让许多人怀疑用生态学的观点来分析城市环境是否可行。人类从烧火到广泛运用电力,从机械工程到生物工程,如今已深切体会到人类的智慧和劳动创造了大量的物质财富,也营造了城市这个禁锢生物和人类生存的矛盾空间。作为非生物环境,一定范围的空间地面。高耸的工厂厂房设备和高层建筑。纵横的交通线路和交通工具,使人造物全面置换了自然环境,改变了环境供应水和矿物质的形式,减少了阳光的照射。不同职能和规模的城市,上述各种情况表现程度有相当大的差别。经济职能为主的工商业城市,自我调节的功能相对较差,农矿产品的加工,石油、煤炭、电力的大量消耗,问题比较突出,必须针对性的强化环境监测,注意对传统大型企业的综合管理和生产设置的更新,进而达到城市规划和改造的目标。政治、文化职能为主的城市,如首都、旅游中心城市等,自我调节的功能要好一些,物质能量的流动和工业城市有一定区别,但生活消费中产生的各种污染物也有加剧积累的趋势。

2.4.2 城市生态系统失衡的影响因素和表现形式

造成生态失衡的因素有自然因素和人为因素。自然因素包括水灾、旱灾、地震、台风、山崩、海啸等,它们造成的生态平衡的破坏被称为"第一环境问题"。人为因素是造成生态失衡的主要原因,其造成的生态平衡破坏被称为"第二环境问题"。人为因素主要有以下三个方面:环境方面如人类生活和生产中的废气、废水、废物被排放到环境中;人类不合理利用或掠夺性使用自然资源,比如盲目开垦土地、砍伐森林、草原超载;环境质量的恶化产生近期或远期效应使生态失衡。

生态系统中生物物种的变化会导致生态失衡,一个物种的增加或减少可能破坏生态平衡。生物信息系统的破坏导致生物与生物之间彼此靠信息联系才能保持其集群性和正常的繁衍。目前,城市交通问题已经成为当前城市系统的严重问题,交通拥堵已不是个别大城市独有的现象,在中小城市也同样随处可见。我国城市交通规划及设计的滞后,已远远不能适应快速城市化的节奏。以煤炭为主的能源结构以及能源利用率低等因素使我国的区域性大气环境受到了严重污染,使生态遭到了严重破坏。据统计,在目前世界十个污染最重的城市中,我国就占了7个,"垃圾围城"现象也随处可见。在快速的城市化进程中,一些城市片面追求城市规模和发展速度扩张的存在,造成开垦、过度放牧、砍伐森林、滥用现象十分普遍,水生态系统、空气、土壤和植被等遭到严重破坏。

2.4.3 城市生态系统可持续发展的目标

城市生态系统是一个多元化、多介质、多层次的人工复合生态系统,各层次、各子系统之间和各生态要素之间的关系错综复杂。城市生态系统可持续发展坚持以整体优化、协调共生、区域分异、生态平衡和可持续发展的基本原理为指导,以环境容量、自然资源承载能力和生态适宜度为依据,进行生态功能合理分区和创造新的生态工程,其目的是改善城市生态环境质量,寻求最佳的城市生态位,不断地开拓和占领空余生态位,充分发挥生态系统的潜力,促进城市生态系统的良性循环,保持人与自然、人与环境的可持续发展和协调共生。城市生态规划是与可持续发展概念相适应的一种规划方法,它将生态学的原理与城市总体规划、环境规划相结合,同时又将经济学、社会学等多学科知识以及多种技术手段应用其中,对城市生态系统的生态开发和生态建设提出合理的对策,辨识、模拟、设计和调控城市中的各种生态关系及其结构功能,合理配置空间资源、社会文化资源,最终达到正确处理人与自然、人与环境关系的目的。在生态规划中,体现着一种平衡或协调型的规划思想,综合时间、空间、人三大要素,协调经济发展、社会进步和环境保护之间的关系,促进人类生存向更好的方向发展,实现人和自然的和谐共处。

首先,城市生态系统可持续发展要强调协调性,即强调经济、人口、资源和环境的协调发展,这是规划的核心所在;其次,强调区域性,这是因为生态问题的发生、发展及解决都离不开一定的区域,城市生态系统可持续发展是以特定的区域为依据,设计人工化环境在区域内的布局和利用;第三,强调层次性,城市生态系统是一个庞大的网状、多级、多层次的大系统,从而决定了其规划有明显的层次性。

城市生态系统可持续发展的目标更强调城市生态平衡与城市生态发展,认为城市现代化与城市可持续发展依赖于城市生态平衡和城市生态发展。发展目标是要实现人与自然的和谐,包括人与人的和谐、人与自然的和谐、自然系统的和谐三方面的内容。其中,追求自然系统和谐、人与自然和谐是基础和条件,实现人与人和谐是生态城市的目的和根本所在,即生态城市不仅能"供养"自然,而且能满足人类自身进化、发展的需求,达到"人和"。

2.4.4　城市生态系统可持续发展的路径

1. 依靠环保技术减少污染排放,并加大工业污染治理力度

科学技术是第一生产力,同样能够适用于环境保护工作,环境保护技术的改进是改善生态环境的重要手段。环境保护技术包括环境污染检测技术、环境污染控制技术和环境污染治理技术。在环境监测上应该促进技术的创新,监控系统的改进。特别是高污染、高排放监测企业的增加,一旦污染超标报警,就该启动急救机制,改进环境污染控制技术、引进先进的污染处理设备,提高独立的研究和开发能力,提高现有企业污染治理水平,使排放符合环保标准。在环境污染技术上,首先淘汰落后产能,开展水体环境修复工作,加强工业固体废物资源化处理。国家应加大对企业环保技术的促进力度,鼓励环保企业的发展,促进环保技术水平的提高。因此,政府应加强监督,从源头上控制污染,加大对违法排污的处罚力度,确保法律成为生态环境建设的有力保障。

2. 加大环保投资为度,引入社会资本参与环境保护

生态环境是社会赖以发展的基础,也是经济发展的重要保证。当前,我国的环保资金投入占 GDP 的比重不到 2%,还达不到生态环境改善的目的。因此,改善生态环境必须加大环保资金投入。考虑到我国地区发展不平衡,政府应该在公共资源配置中发挥主体作用,当环境保护和建设需要大量的投入,政府的力量有限时,应该引入社会力量,利用媒体、网络等途径,呼吁社会团体和群众为环保事业做贡献,可通过呼吁大众以植树或者捐款等方式参与环保事业,增大环保投资基数。

3. 加大教育投入力度,努力提高人口素质

发展的目的是实现人的发展,人口素质决定着人类的发展质量。加大教育经费投入,培养科技创新人才,为合理利用资源提供智力支持,拓展经济发展新空间,推动经济和产业技术升级,优化经济结构,促使公众环境保护意识的增强,提高人口整体素质,让公众更加注重资源节约和环境保护,为生态环境和社会经济环境的可持续发展提供保障。

2.5　城市生态系统可持续发展的动力机制

随着社会经济的快速发展和人口的增长,特别是随着发展中国家的城市化进程的加快,目前世界上有一半的人口居住在城市,预计在 2025 年将有三分之

二的人口居住在城市,因此城市生态环境将成为人类生态环境的重要组成部分。城市是社会生产力发展的产物,是商品经济发展的产物。在城市中,大量的社会物质财富和精神财富、古代文明和现代文明都聚集起来。同时,城市发展的各种矛盾也导致所谓的城市病,严重阻碍了城市的社会、经济和环境功能的正常发挥,甚至给人们的身心健康带来极大的危害。中国作为世界上人口最多的国家,城市环境问题也是全球环境问题的一个重要方面。因此,如何实现城市经济社会发展与生态环境建设的协调统一,已成为国内外重大的理论和实践课题。

随着可持续发展思想在世界范围的传播,可持续发展理论也开始由概念走向行动,人们的环境意识正不断提高。当今世界一些发达国家,伴随着现代生产力的发展和国民生活水平的提高,人们对生活质量提出了更高的要求,其中最重要的是对生态环境质量的要求越来越高,现代人对生态需求与消费比以往任何时期都显得重要。有关专家认为,21世纪是生态世纪,即人类社会将从工业化社会逐步迈向生态化社会。从某种意义上讲,下一轮的国际竞争实际上是生态环境的竞争。从一个城市来说,哪个城市生态环境好,就能更好地吸引人才、资金和物资,处于竞争的有利地位。因此,建设生态城市已成为下一轮城市竞争的焦点,许多城市把建设"生态城市""花园城市""山水城市""绿色城市"作为奋斗目标和发展模式,这是明智之举,更是现实选择。

可持续发展作为一个全球性的发展战略,在当今世界已越来越受到各国政府的重视。人类享有追求健康而富有的生活的权利,但在发展中应坚持环境、社会、经济三者的和谐统一,而不是凭借人们手中的投资采取耗竭资源、破坏生态和污染环境的方式来追求经济的发展,当代人在创造和追求今世发展与消费的时候,应当努力做到使自己的机会与后代的机会相平等,不能允许当代人一味片面地追求短期的超高速发展与消费而剥夺后代人本应合理享有的同等发展与消费机会。

促进城市生态系统平衡,既是顺应城市演变规律的必然要求,也是推进城市的持续快速健康发展的需要:

一是抢占科技制高点和发展绿色生产力的需要;发展建设生态型城市,有利于高起点涉入世界绿色科技先进领域,提升城市的整体素质、国内外的市场竞争力和形象。

二是推进可持续发展的需要。党中央把"可持续发展"与"科教兴国"并列为两大战略,在城市建设和发展过程中,当然要贯彻实施好"可持续发展"这一重大战略。

三是解决城市发展难题的需要。城市作为区域经济活动的中心,也是各种矛盾的焦点。一个城市的发展会导致一系列问题,如人口拥挤、住房紧张、交通拥挤、环境污染、生态破坏等,这些问题都是城市经济和城市生态环境发展之间的矛盾的反映。建立自然和谐、生态和谐的城市,可以有效地解决这些问题。

四是提高人们的生活质量的需要。随着经济的不断发展,城市居民生活水平的逐步提高,城市居民对生活的追求将从数量到质量、从物质到精神越来越高,生态休闲越来越成为人们日益增长的生活需求。

第三章

城市生态系统的管理评价和案例

3.1　城市生态系统的管理内容和手段

城市发展是我们应该关注的问题。随着工业革命进程的发展,我国城市发展取得了很大的进步,但是却受到了越来越多的相关问题的干扰。比如水资源短缺、环境污染等问题,都对城市的可持续性发展带来了巨大的挑战。因而我们需要对城市生态系统进行管理并做出合理的评价,从而引导城市更加健康地发展。所谓城市生态系统管理指的是在某个特定的城市中,通过相应的手段将各个系统元素安排得当,从而使得人类的经济活动与环境协调发展,即经济活动能够达到对城市的整体环境有益的水平,进而实现城市的可持续发展。城市生态管理重点是通过从生态环境的角度考虑如何对城市进行管理,是实现城市生态上可持续发展的管理。城市生态管理的目的是通过有效的管理来规范、引导人群的生态行为,来进一步改善城市生态结构,达到城市生态环境系统的可持续发展。现在很多城市兴办的生态省、生态城市的建设项目以及生态示范区、生态工业园都是城市生态管理的内容之一。

3.1.1　管理对象

以人类生产与生活为中心的城市,是由居民与城市环境两部分组成的,包括自然、社会、经济复合而成的生态系统。城市主要包括三方面的生产活动,即经济再生产、社会再生产和环境再生产,这三种再生产分别产生了经济效益、社会效益和环境效益。尽管城市是在自然环境的基础上加工产生的人工生态系统,但它仍然还具有明显的复合生态系统特征,即"社会—经济—自然复合生态系统"。

城市生态系统借助于其内部与外部的物质流、信息流、能量流、人口流及货币流的相互作用与交换,进而实现社会生产,极大地方便了居民生活,为国民经济与社会发展提供基本的保障。城市生态管理贯穿于城市发展的全过程,因此城市生态管理的对象从总体上来说就是城市复合生态系统与城市的全部社会活动及其运行过程。城市生态管理的对象包含了三个方面内容:城市社会管理、城市经济管理和城市生态环境管理。

3.1.2 管理内容

城市生态管理的内容是针对管理对象而提出的,具体分析如下。

1. 城市经济系统管理

一个城市的主要活动就是其经济活动,因而经济管理在此显得十分重要。经济活动是一个城市发展的直接动力,城市的经济建设与管理水平决定着城市可持续发展的方向和速度。为了保证城市可持续发展,必须选择与城市生态环境相协调的经济发展模式。选择相应的城市发展模式后,还需要对其进行有效监督,防止经济模式出现偏差,影响可持续发展。制定经济发展计划并且对经济活动进行有效的监督均属于城市经济系统管理,其重要任务包括以下三方面。

(1) 转变经济发展方式。以前我国经济增速每年在10%左右,主要是粗放型的经济发展模式,是以大量消耗资源、能源为代价,这种经济模式将会导致资源枯竭、环境污染和生态破坏,是不可持续的经济增长方式。随着时间的推移,这种经济模式暴露出的环境问题越来越多,我们亟须抛弃粗放型增长的传统经济,发展集约型经济。生态经济是以新型能源和原料为基础,在遵循生态规律和经济规律发展的前提下,发展的一种集约内涵式的可持续经济。

(2) 优化产业结构,进行经济转型。2014年,习近平在河南考察时,提出中国发展要适应当前的阶段性特征。目前经济发展已经呈现出新常态,从高速增长转为中高速增长,经济结构优化升级,从要素驱动、投资驱动转向创新驱动。我国经济发展不应该继续追求总量的增加,而是调整结构的稳定增长。因此,继续优化产业结构是我们第二个重要任务。优化产业结构主要是指增加第三产业占比,降低第二产业比重,此举措可能短时间使得我国的经济发展增速较缓,但是从长远来看,是有利于我国经济的可持续发展的。

(3) 发展高新技术产业。技术发展水平代表了一个城市的竞争力水平。在现代化发展的情况下,应该大力倡导发展高新技术产业。与传统工业相比,高新技术产业作为工业企业发展的技术动力,提高了产品的附加值与科学技术含量。工业部门结构也会发生重大变化,比如环境污染严重的生产工艺被淘汰、环境友好的高新技术企业以及环保产业将会蓬勃发展。

2. 城市生态环境系统管理

生态环境系统管理指的是运用相关的政策法规、经济手段、技术手段以及教育与行政等方法对城市的生态网络进行协调控制,使得经济发展与环境关系相一致,对于危害或者是损害环境质量的行为应该进行限制或者是禁止。

(1)坚持实施相关环境保护制度。在生态管理实施的过程中,政府扮演着重要的角色。其制定的相关保护环境质量的措施应该坚决实施,并进行有效的监督,对违反者加大惩罚力度。环境影响评价制度、"三同时"制度、排污收费制度、环境保护目标责任制度、城市环境综合整治定量考核制度、排污许可证制度、污染集中控制制度以及污染限期治理制度等八项制度,是我国经过几十年的实践和探索形成的环境管理制度体系,仍将是城市强化生态管理的主要内容。

(2)加大政府投入,加强生态环境建设。在生态建设过程中,需要大量的财力、物力投入。比如相关的环境基础设施的建设以及绿化带的铺设,或者是污染治理的相关技术设备的购买,都需要政府加大投资力度。前期的准备工作做好了,才能更好地管理环境,获得高质量的生态产出。

(3)加强环境科学研究,积极发展环保产业。为促进城市生态管理,我们需要积极发展环保产业,提高相关的环境生态研究,从而不断提高相关技术水平,比如清洁生产、污染处理等。在应用的过程中,要加大对环保产业的投入,将各个科研成果转化到实际生活中。

(4)加强环境教育,提高居民生态意识。应该定期举办生态讲座或生态广告宣传等,提高居民的生态道德和生态意识水平。人们在思想上的转变才是最有效的方式之一,因为这决定了他们的生产和生活方式。生态化的生产、生活方式不仅能够降低资源消耗量、减少废物排放量,还可以增加城市物资、能量、信息的摄入量,保持城市的动态平衡。加强环境教育,致力于发展绿色化教育,提高居民特别是青年人的生态意识,是城市可持续发展的根本保障。

3. 城市社会系统管理

在城市生态系统中,社会系统处于重要位置,经济管理与环境管理都是以服务社会发展为目的,社会管理是城市生态管理的重要内容。城市社会管理内容十分繁杂具体,涉及城市社会的方方面面,本书仅就几个重要领域进行探讨。

(1)控制人口数量,优化人口结构。目前很多国家或者城市的发展都面临着人口老龄化等方面的问题,人口因素能够影响城市经济的发展。因而我们要重视人口问题,这是制约城市可持续发展的基本问题。以前,我国一直严格控制人口增长,但是注重人口问题,不仅要关注于人口的数量变化,也要重视人口的质量问题。要提高人口质量,应该同步发展教育行业,增加高技术人才在人口中的比重。

（2）完善法律体系,实现法律生态化。在生态管理的过程中,只靠公众的素质是不行的,为了实现城市的可持续发展,也需要配套相关的法律法规来规范人们的行为。生态法律体系赋予了公众一定的权利,但是也要履行一定的义务,只有结合这种强制性的保障措施,才会使得管理效果更加明显。

（3）建设生态文化,培育生态文明观。生态文化是建设社会主义精神文明的基础,其对社会进步有重要的推动作用。生态文化建设包括相关的文学、艺术表演等方面。另外,还要借鉴国外的优良做法,吸收其生态文化建设的精髓部分,从而建设适合我国的生态文化。为建立生态文明观,应鼓励生态科学的研究,将研究结果转化到实际生活中,最终建立有利于城市可持续发展的生态文明观。

（4）发展绿色教育,实现绿色化教育。倡导绿色教育,有利于培育人们生态环保意识,从而对建设社会主义精神文明产生促进作用。与传统教育不同,绿色教育是以生态学原理和规律为指导,培育公众的绿色环保意识。

（5）健全社会保障体系,保持社会稳定。社会保障能够为相关的弱势群体提供一定的物质支持,减少社会矛盾,是社会文明的标志,为实现城市可持续发展提供了必要的支撑。

（6）改善社区服务体系,促进人的全面发展。我国一直推崇以人为本的发展理念,因而在社区管理中要重视人的地位,需要做到满足人们的物质生活需求、精神服务需求以及其个性化发展需求。完善社区服务体系,为居民提供居住、就业、教育、医疗、保健和娱乐等各项服务。

3.1.3 管理手段

城市生态管理涉及社会、经济、环境三大系统的复合,是一项比较复杂的工程,并且生态管理的内容具有综合性,因而在管理方式的选择上要考虑多种方法。传统的生态管理手段主要包括五种,分别是:法律手段、经济手段、行政手段、宣传教育手段和科学技术手段,它们也是城市生态管理的主要手段,具体介绍如下:

（1）法律手段。法律具有强制性,通过相关的立法活动,能够对城市生态管理起到很大的帮助。法律手段是城市生态管理的基本方法。城市生态管理的前提就是要完善法律体系,另外还要做到严格执法、严格惩治,从而更好地实现生态管理。

（2）经济手段。经济手段指的是按照经济学发展规律,运用经济杠杆进行城市的生态管理。通过经济手段,有效地协调各个系统间的关系,充分调动其积极性,进而提高各个系统间的效率,为城市的可持续发展提供保障。

（3）行政手段。行政手段是指城市行政机关根据国家法律和行政法规所赋予的权力，运用决议、命令、规章、制度、纪律和指示等强制方式，直接组织、指挥、监督城市内各部门和各种社会经济活动的管理手段。行政方法是城市管理的基本方法，也是城市生态管理采取的基本管理手段。

（4）宣传教育手段。宣传教育手段是指通过宣传、沟通等方式，提高人们的生态意识，进一步激发其积极性与创造性，使得其行为态度发生改变。这一方式在如今的互联网时代更加容易进行。通过大量宣传，逐渐建立生态文明价值观，促进城市的可持续发展。

（5）科学技术手段。科学技术手段是指依托相关的法律法规来提高环境保护的科学水平与技术水平。科学技术通过研发新材料、新工艺等来减少相关的经济活动对环境的破坏程度，从而促进人与自然的协调发展，实现城市的可持续发展。

3.2　城市生态系统的管理流程和模式

3.2.1　基本流程

生态管理就是根据城市发展的理想目标与城市现实发展情况存在的差距，找出产生差距的原因，然后进行相应的处理来促进城市可持续发展。具体流程如下：

（1）通过调查问卷的方式，发现某一城市发展存在的问题；

（2）根据历年该城市的发展情况以及相关的政策规划等，设定该城市的发展目标；

（3）根据发展目标制定解决方案，并从各个方案中选择最优的解决方案；

（4）根据最优方案，制定执行步骤，在执行过程中，可以根据实际情况进行调整方案。

3.2.2　基本框架

城市生态管理以城市可持续发展为目标，其核心内容是考虑社会、经济、环境三大系统，协调三者之间的关系。在具体的原则与目标的规范下，我们将根据不同的管理对象，制定不同的生态管理方法，从而调整三大系统间的关系，促进城市的可持续发展。此过程就是城市生态管理的基本框架。

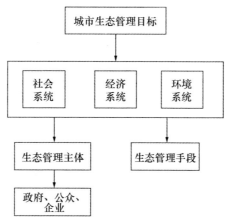

图 3-1　城市生态管理的基本框架

3.2.3　基本模式

城市生态管理的目标是促进城市的可持续发展。随着社会进步和经济发展,若三大系统之间不能保持协调发展,将不利于城市的可持续发展。因此,生态管理就是协调三者间的关系,并且加强管理。生态管理的基本模式涉及管理的主体、管理的对象以及手段与目标,管理全体有以下两种:

(1)管理主体——相关政府机构,将有两种途径实现对管理对象的管理。一是直接对三者进行管理;二是间接的方法,通过法律、经济等手段对城市产业发展进行管理,从而实现三者系统间的协调发展。

(2)管理主体——居民、环保组织等,其行为或者是思想态度也将影响三者之间的关系。

不同管理主体间通过各司其职,相互协商,采用多种方法,对城市、经济、环境系统进行管控,从而使得各系统间的关系趋向协调,从而实现城市的可持续发展。

3.2.4　基本特点

通过上面的分析可以得出,城市生态系统管理具有以下几个特点:

(1)管理对象的综合性。本书的生态管理对象涉及社会、经济以及环境三大系统,是一个复杂的复合系统。任一系统与其他系统的不协调,或者是其中的几种因素改变,都会对整个城市发展产生不利影响。因此,生态管理具有管理对象的综合特性。

(2)管理手段的综合性。管理对象是社会、经济与环境系统复合的复杂系统,每个系统中的要素呈现不确定性的关系,因而不能采用简单的管理手段进行管理与调控,需要管理手段的综合性。

（3）管理内容的综合性。在不同发展时期,社会、经济、环境的复合系统的变化不同,但是它不会以人们的意志为转移。人们只能通过不断学习、认识发展规律,通过改变自身的行为来改变规律的发展方向。

（4）生态环境保护的社会化。为实现城市可持续发展的最终目标,在进行城市生态管理的时候要引导公众积极参与,而不是自己孤军奋战。比如,在制定相关环保政策或者措施时,要询问公众的意见。

3.3　城市生态管理综合评价理论

3.3.1　城市生态管理综合评价方法

本书在进行生态管理评价时,查阅相关资料,最终采用层次分析法和模糊综合评价的方法进行研究。

1. 层次分析法

层次分析法是一种主观与客观相结合的评价方法,采用定性与定量分析多目标决策过程,其一般评价流程分为:

（1）建立层次结构模型

在构建层次模型之前,首先要分析系统中各个要素间的关系,确定相应的指标分级,即目标层、系统层、准则层、指标层,从而根据指标体系的逻辑关系构建层次结构模型。

（2）构造判断矩阵

构建指标体系以后,需要根据上一层指标,确定下一层中两两指标的重要程度,并用相应的数据表示,最终写成矩阵的形式,构建的矩阵就是判断矩阵。在构建判断矩阵时,通常采用 T. L. Saaty 建议的 1—9 标度法来表示,具体的判断过程见表 3-1。

表 3-1　1—9 标度方法

标度	含义
1	行元素与列元素相比,两者同等重要
3	行元素与列元素相比,前者相对后者元素稍微重要
5	行元素与列元素相比,前者相对后者元素明显重要
7	行元素与列元素相比,前者相对后者元素强烈重要
9	行元素与列元素相比,前者相对后者元素极端重要
2,4,6,8	介于相邻判断的中间值

其中,标度的倒数值表示的是列元素相对于行元素的重要性。

运用表 3-1 确定的方法,进行两两比较,可以获得若干个两两比较判断矩阵。比如,在确定目标层的判断矩阵时,选定上层的目标层,然后两两分析其下层系统层指标对目标层的重要性,根据 1—9 标度法给出评分,从而构建判断矩阵。假设系统层指标为 $B_1, B_2, \cdots, B_k$,而目标层用 A 表示,则判断矩阵形式如表 3-2 所示。

表 3-2　判断矩阵

A	B_1	B_2	$\cdots$	B_k
B_1	a_{11}	a_{12}	$\cdots$	a_{1k}
B_2	a_{21}	a_{22}	$\cdots$	a_{2k}
$\vdots$	$\vdots$	$\vdots$	$\vdots$	$\vdots$
B_k	a_{k1}	a_{k2}	$\cdots$	a_{kk}

（3）确定层次权重值

下一步将求取各指标的权值,即判断矩阵的最大特征向量。以判断矩阵 A 为例,其特征值满足

$$AW = \alpha W$$

其中 W 是矩阵 A 的特征向量,α 表示的是特征值。当 α 最大时,得到的 W 就是 B 相对 A 的权重值。在这里,运用 MATLAB 进行编程求取权重值。采用上述方法分别计算准则层权重向量、指标层权重向量。

（4）判断矩阵一致性检验

在构建判断矩阵的过程中,有些因素往往会引起判断矩阵偏离一致性,其中原因之一就是人们的主观思维判断不一致,另外表 3-1 的评价比较得分也是引起判断矩阵偏离一致性的原因。通常我们采用一致性比例值来检验判断矩阵的一致性程度。其具体公式为

$$CR = \frac{CI}{RI}$$

其中,当 $CR < 0.1$,判断矩阵有可以接受的不一致性;否则,就认为判断矩阵偏离一致性程度过大,不能令人满意,需要重新赋值与修正,直到一致性校验通过为止。CI 为一致性指标,其值可以检验思维判断的不一致性,CI 越小,其一致性程度越高。[1]

CI 的计算公式为

① 王晓蝉.基于可持续发展的城市生态管理研究.大连理工大学硕士论文,2008.

$$CI = \frac{-1}{n-1}\sum_{i=2}^{n}\alpha_i = \frac{\alpha_{\max} - n}{n-1}$$

其中，n 为判断矩阵的阶数，$\alpha_{\max}$ 判断矩阵的最大特征值。

RI 称为平均随机一致性指标，用来修正判断矩阵的阶数对一致性校验临界值的影响，不同矩阵阶数的经验数据见表 3-3。[①]

表 3-3   RI 值

阶数	1	2	3	4	5	6	7	8	9	10
RI	0	0	0.58	0.9	1.12	1.24	1.32	1.41	1.45	1.49

2. 模糊综合评价方法

模糊综合评价法是一种基于模糊数学的综合评价方法。该综合评价法根据模糊数学的隶属度理论把定性评价转化为定量评价，即用模糊数学对受到多种因素制约的事物或对象做出一个总体的评价。它具有结果清晰、系统性强的特点，能较好地解决模糊的、难以量化的问题，适合各种非确定性问题的解决。其计算的一般步骤如下：

（1）首先对评价系统进行分层，分为目标层、系统层、准则层和指标层。[②]

（2）确定权重。权重值包括系统层相对于总目标层的权重集，准则层相对于系统层的权重集以及指标层相对于准则层的权重集。运用层次分析法可确定权重值大小。

（3）确定评语等级标准。用矩阵 V 来表示评语等级标准，具体如下：

$$v = \begin{bmatrix} V_{1111} & \cdots & V_{11115} \\ \vdots & \ddots & \vdots \\ V_{imm1} & \cdots & V_{imn5} \end{bmatrix}$$

其中，V_{imnp} 表示第 i 个系统层的第 m 准则层下的第 n 个指标对应的第 p 级评价标准。

根据以往的研究，p 的取值范围一般为在 $[3,7]$ 的整数。如果 p 过大，我们将很难描述并判断等级归属；如果 p 值过小，则不太满足评价的质量标准。另外，p 值一般会选择奇数。

（4）建立隶属度矩阵。根据各指标特征，拟定各指标的隶属函数，建立隶属度矩阵，进而得到模糊关系矩阵 R

$$R = (R_1, R_2, R_3, R_4)$$

---

① 王晓蝉.基于可持续发展的城市生态管理研究.大连理工大学硕士论文,2008-12-01.
② 于亚男.特种设备全生命周期风险辨识技术研究.中国地质大学(北京)硕士论文,2012-05-01.

$$R_i = \begin{bmatrix} r_{i111} & \cdots & r_{i115} \\ \vdots & \ddots & \vdots \\ r_{imn1} & \cdots & r_{imn5} \end{bmatrix}$$

其中 r_{imn5} 为第 i 个系统层的第 m 准则层下的第 n 个指标对应的第 p 级的隶属度。

隶属度是刻画模糊集合中每一个元素对模糊集合的隶属程度的,一般表示成隶属函数的形式。如果一个元素属于某个模糊集合,其隶属函数值越大,则这个元素的隶属度就越大,它属于这个集合的程度就越大。隶属度介于 $[0,1]$ 之间,其中 1 代表的是十分理想的状态,而 0 代表的是城市生态管理水平最差的状态。[①] 在计算隶属度时,首先要将研究指标分为正向指标与负向指标。正向指标值越大代表城市生态管理水平就越好,反之为负向指标。

① 对于正向指标的隶属度求解如下:

当 x_{imn} 的实际值大于第 Ⅰ 级标准时,则有它对第 Ⅰ 级的隶属度为 1,而对其他的隶属度为 0。当 x_{imn} 的实际值在第 x 级与 $p+1$ 级标准之间时,即 $V_{imnp+1} < x_{imn} < V_{imnp}$,有它对 $P+1$ 级的隶属度为

$$r_{imnp+1} = \frac{v_{imnp} - x_{imn}}{v_{imnp} - v_{imnp+1}},$$

对第 p 级的隶属度为 $r_{imnp} = 1 - r_{imnp+1}$。它对其他级的隶属度全为 0。当 x_{imn} 的实际值小于第 Ⅴ 级标准时,它对于第 Ⅴ 级标准的隶属度为 1,其他的为 0。

② 对于负向指标的隶属度求解如下:

当 x_{imn} 的实际值小于第 Ⅰ 级标准时,它对于第 Ⅰ 级标准的隶属度为 1,其他的为 0。当 x_{imn} 的实际值在第 p 级与 $p+1$ 级标准之间时,即 $V_{imnp} < x_{imn} < V_{imnp+1}$,有它对 $p+1$ 级的隶属度为

$$r_{imnp+1} = \frac{x_{imn} - v_{imnp}}{v_{imnp+1} - v_{imnp}}。$$

当 x_{imn} 的实际值大于第 Ⅴ 级标准时,则有它对第 Ⅴ 级的隶属度为 1,而对其他的隶属度为 0。

(5) 分级模糊综合评价。评价前首先进行模糊变换,因而要选择合适的模糊逻辑算子,本书的模糊逻辑算子"○"采用 $M(\cdot, \oplus)$。具体的运算如下所示:

对于变量 $x_1, x_2, \cdots, x_t$,有 $x_1 \oplus x_2 \oplus \cdots \oplus x_t = \min\{1, \Sigma x_i\}$。

利用 $M(\cdot, \oplus)$,比如准则层对系统层的综合评价有

---

① 王茜.北方典型生态城市构建与环境管理研究——以北京密云县为例.学术论文联合比对库. 2012-04.

$$B_k = \{1, \Sigma \min(w_j, r_{jk})\}。$$

3.3.2　城市生态管理评价指标的设置原则

（1）科学性。为了更好地评价生态系统管理水平，在选取指标时，要注意指标定义的科学性，指标体系的建立要有一定的理论基础，尽量能够准确、全面地反映生态管理系统水平。

（2）系统性。在进行体系评价时，指标体系应该涵盖社会、环境、经济三个方面，并且将三者进行有机联系。

（3）代表性。在描述某一方面时，可选取的指标是比较多的，选择哪个指标进行分析，应该仔细把握。

（4）可操作性。进行指标体系构建时，要从实际出发，考虑指标的可获得性；指标选取要有规范性，要符合相关的国内外标准要求。

3.4　案例：河北省廊坊市生态管理

3.4.1　廊坊市简介

河北省廊坊市现辖两区、两县级市、六县以及廊坊经济技术开发区，总面积6429 km²，市区占地面积54 km²。廊坊是京津冀城市群的地理中心，位于京津两个国际都市之间，素有"京津走廊、黄金地带"之称。为推进京津冀一体化、疏解北京首都功能，规划将北京新机场建设在大兴，临近廊坊市。

廊坊市"十三五"规划、《廊坊市城市总体规划（2016—2030 年）》等文件中都对廊坊市的定位、发展做出规划。因此，本书应用基于可持续发展的生态管理理论对廊坊市进行分析，以期对其今后的可持续发展提供科学的决策依据，并检验该指标体系在实际应用中的实用性，以待进一步完善和改进。

3.4.2　廊坊生态管理现状分析

2012 年初，廊坊市启动了国家生态城市创建工作，这对提升廊坊市经济、社会、环境等方面起到关键作用。《廊坊市 2015 年国民经济和社会发展统计公报》指出，全年市区空气质量综合指数为 7.89，空气质量二级以上天数为 185 天，城市空气质量达标率为 50.7%，比上年提高 8.8 个百分点。但是廊坊市部分基层党委、政府存在大气污染防治认识不到位、履职不到位等问题，《京津冀大气污染防治强化措施（2016—2017 年）》落实缓慢，尤其是部分"散乱污"企业集群违法排污问题突出。对此，环保部决定对廊坊市大气环境问题进行挂牌督办。要求廊坊市人民政府和有关部门严格落实《中华人民共和国大气污染防治法》《大气污染防治行动计划》《京津冀大气污染防治强化措施（2016—2017 年）》《京津冀及周边地区 2017 年大气污染防治工作方案》。[①]

3.4.3　AHP——多级模糊综合评价模型的应用

1. 评价指标体系和层次结构建立

通过借鉴大量的国内外相关资料，本书分析了生态管理指标含义与设计原则，采用层次分析法构建了城市生态管理综合评价指标体系。城市的可持续发展是社会、经济与环境统一的发展，因此本书构建了城市经济系统、城市环境系统、城市社会系统和生态管理系统 4 个二级指标以及 9 个三级指标，最终确定 32 个 4 级指标。具体的指标见表 3-4。

表 3-4　城市生态管理层次分析表

目标层	系统层	准则层	指标层	单位
A 城市可持续生态管理指标体系	B1 城市经济系统	C1 经济发展水平	D1 人均 GDP	元
			D2 GDP 增长率	%
			D3 人均社会消费品零售额	元
		C2 经济结构性质	D4 第三产业占 GDP 比重	%
			D5 进出口总额占 GDP 比重	%
			D6 固定资产投资占 GDP 比重	%
			D7 高新技术产业产值比重	%
			D8 人均实际利用外资	元
		C3 资源利用效率	D9 单位 GDP 电耗	$kW/$元 GDP
			D10 单位 GDP 水耗	$t/$万元 GDP
	B2 城市环境系统	C4 生态环境建设	D11 人均公共绿地面积	m^3
			D12 建成区绿化覆盖率	%
			D13 市区交通等级声效	dB
			D14 城市维护建设资金支出	万元
		C5 污染控制处理	D15 污水处理厂集中处理率	%
			D16 生活垃圾无害化处理率	%
			D17 一般工业固体废物综合利用率	%

---

① 王昆婷. 环保部挂牌督办廊坊大气环境问题. 中国环境报,2017-05-11.

（续表）

目标层	系统层	准则层	指标层	单位
A 城市可持续生态管理指标体系	B3 城市社会系统	C6 社会进步	D18 城镇失业率	%
			D19 在岗工人平均工资	元
			D20 人口密度	人/km^2
			D21 每万人在校大学生数	人
			D22 城镇基本医疗保险参保人数	人
		C7 基础设施水平	D23 人均居住面积	m^3
			D24 人均道路面积	m^2
			D25 万人拥有医院、病床数	张
			D26 每万人拥有公共汽车	辆
	B4 生态管理系统	C8 政策法规	D27 战略规划情况	分值
			D28 综合决策水平	分值
			D29 准入考核体系	分值
		C9 管理体系	D30 环境保护机构建设健全度	分值
			D31 信息系统建设	分值
			D32 环境管理水平	分值

2. 数据说明与数据来源

本书采用 2014 年廊坊市相关数据进行分析,为了获得真实可信的一手数据,本书参考了大量资料,其中有些数据是根据相关数据计算整理而得。数据来源于《中国城市统计年鉴 2014》《廊坊市总体规划(2012—2030)》以及廊坊市环保局网站等。各指标值将列于表 3-5。另外,本书所建指标体系中生态管理指标为定性指标,由于定性分析与定量分析相比具有很大的不确定性和主观性,因此以现状为基础进行评价打分确定分值。[①]

（1）战略规划情况

《廊坊市城市总体规划 2012—2030》中明确提出市域生态建设保护规划,旨在形成"四区、三主廊、四核"的城乡生态结构。另外,规划还对工业布局、空间管制等方面提出了具体的要求。廊坊市环保局对环境保护做了大量工作,制定相关的政策规章,对违规的企业等进行严惩,加大生态建设力度。京津冀一体化要求廊坊市进行重新定位,承接首都向外疏散的功能。因此,廊坊市整体战略规划目前处于中上水平,根据现状以及几位相关领域的专业人士分析,该指标评分为 0.6 分。

---

① 王晓蝉. 基于可持续发展的城市生态管理研究. 大连理工大学硕士论文,2008-12-01.

（2）综合决策水平

树立现代决策理念、提高决策水平,是贯彻落实可持续发展思想的重要体现,也是影响生态管理水平的重要因素。近年来,廊坊市为适应京津冀一体化新形势和新任务的要求,坚持科学决策、民主决策、依法决策,有效提高了廊坊市的决策水平。但是仍然存在着决策管理机构亟待强化、部门间的统一协调能力较弱、决策统计信息不完整、决策信息交流渠道不通畅等问题。因此,廊坊市综合决策水平目前处于中等偏上水平,指标评分为 0.5 分。[①]

（3）准入考核体系

廊坊市环保局就企业许可列出了目录,并说明哪些是环保产业,对污染大的企业或者项目做出相关规定。政府单位对招商引资等提供相关说明,总体来看,准入考核系统位于中等水平,评分为 0.45 分。

（4）环境保护机构建设健全度

廊坊市环保局就环境保护给出了明确的政策与措施,对生态可持续有较大的作用。但是各个单位之间的协调还需要进一步加强,总的来说,环境保护机构建设健全度为 0.5 分。

（5）信息系统建设

信息系统建设是生态管理顺利实施的必要保障,只有通过各企业间、企业与政府间信息的及时传递才能保证城市生态系统的有效运行,保证各系统之间的良性循环。廊坊市工业和信息化局网上服务平台为各企业间、公众与政府、政府与企业间的及时沟通与交流提供了便利性。另外,廊坊市政府服务网,也为大家提供相关的信息,方便进行交流。尽管取得了一定的成果,但是还未形成完善统一的公共信息服务平台。总体上,廊坊市信息系统建设处于中等水平,综合来看指标评分为 0.45 分。

（6）环境管理水平

廊坊市环保局网站为环境保护与环境管理提供了相关的政策法规,对生态建设起到重大作用。随着经济发展,城市规划等方面的变化,环境管理也会发生相应的变化,环保局配套制定相关的措施。另外,《廊坊市国民经济与社会发展统计公告》中介绍了廊坊市的环境变化。总的来看,该城市的环境管理水平还需要发展建设。因而,本书认为该指标处于中下水平,评分为 0.4 分。

---

① 　王晓蝉.基于可持续发展的城市生态管理研究.大连理工大学硕士论文,2008-12-01.

表 3-5 城市经济管理层次分析表

A 目标层	B 系统层	C 准则层	D 指标层	单位	指标值
A 城市可持续生态管理指标体系	B1 城市经济系统	C1 经济发展水平	D1 人均 GDP	元	46 046
			D2 GDP 增长率	%	8.29
			D3 人均社会消费品零售额	元	15 265
		C2 经济结构性质	D4 第三产业占 GDP 比重	%	37.16
			D5 进出口总额占 GDP 比重	%	16.7
			D6 固定资产投资占 GDP 比重	%	79.32
			D7 高新技术产业产值比重	%	19.7
			D8 人均实际利用外资	元	974.04
		C3 资源利用效率	D9 单位 GDP 电耗	kW/元 GDP	0.13
			D10 单位 GDP 水耗	t/万元 GDP	4.41
	B2 城市环境系统	C4 生态环境建设	D11 人均公共绿地面积	m^3	10.06
			D12 建成区绿化覆盖率	%	44.15
			D13 市区交通等级声效	dB	67.1
			D14 城市维护建设资金支出	万元	112 809
		C5 污染控制处理	D15 污水处理厂集中处理率	%	91.12
			D16 生活垃圾无害化处理率	%	27.16
			D17 一般工业固体废物综合利用率	%	98.9
	B3 城市社会系统	C6 社会进步	D18 城镇失业率	%	2.85
			D19 在岗工人平均工资	元	49 630.59
			D20 人口密度	人/km^2	661.83
			D21 每万人在校大学生数	人	156.11
			D22 城镇基本医疗保险参保人数	人	605 200
		C7 基础设施水平	D23 人均居住面积	m^3	0.27
			D24 人均道路面积	m^2	10.74
			D25 万人拥有医院、病床数	张	1.55
			D26 每万人拥有公共汽车	辆	8.42
	B4 生态管理系统	C8 政策法规	D27 战略规划情况	分值	0.6
			D28 综合决策水平	分值	0.5
			D29 准入考核体系	分值	0.45
		C9 管理体系	D30 环境保护机构建设健全度	分值	0.5
			D31 信息系统建设	分值	0.45
			D32 环境管理水平	分值	0.4

资料来源:作者整理。

3. 层次分析法结果

根据前文的计算公式,可以得到 B 系统层相对于 A 的判断矩阵:

表 3-6　A 判断矩阵

A	$B1$	$B2$	$B3$	$B4$
$B1$	1	0.5	2	1
$B2$	2	1	3	2
$B3$	0.05	0.33	1	1
$B4$	1	0.5	1	1

资料来源:作者整理以及 MATLAB 运行结果。

进一步求得最大特征向量

$$w = (0.2314 \quad 0.4259 \quad 0.1481 \quad 0.1946)$$

其对应最大特征值为 4.0434。

进行一致性校验,可得 $CI = 0.014$。取 $RI = 0.9$,则

$$CR = CI/RI = 0.016 < 0.1,$$

即一致性校验通过。因而,B 系统层的权重系数如表 3-7:

表 3-7　系统层的权重系数表

B 系统层	权重值
$B1$	0.2313
$B2$	0.4259
$B3$	0.1482
$B4$	0.1946

资料来源:MATLAB 运行结果。

按照上述同样的步骤,可以求出准则层与指标层的权重系数如下所示。

(1)城市经济系统

表 3-8　准则层的权重系数表 1

$B1$	$C1$	$C2$	$C3$	W_t
$C1$	1	2	2	0.5
$C2$	0.5	1	1	0.25
$C3$	0.5	1	1	0.25

资料来源:作者整理以及 MATLAB 运行结果。

（2）城市环境系统

表 3-9　准则层的权重系数表 2

B2	C4	C5	W_i
C4	1	2	0.6667
C5	0.5	1	0.3333

资料来源：作者整理以及 MATLAB 运行结果。

（3）城市社会系统

表 3-10　准则层的权重系数表 3

B3	C7	C8	W_i
C6	1	2	0.6667
C7	0.5	1	0.3333

资料来源：作者整理以及 MATLAB 运行结果。

（4）生态管理系统

表 3-11　准则层的权重系数表 4

B4	C9	C10	W_i
C8	1	1	0.5
C9	1	1	0.5

资料来源：作者整理以及 MATLAB 运行结果。

（5）经济发展水平

表 3-12　目标层的权重系数表 1

C1	D1	D2	D3	W_i
D1	1	1	2	0.4
D2	1	1	2	0.2
D3	0.5	0.5	1	0.2

资料来源：作者整理以及 MATLAB 运行结果。

（6）经济结构性质

表 3-13　目标层的权重系数表 2

C2	D4	D5	D6	D7	D8	W_i
D4	1	2	2	3	2	0.3488
D5	0.5	1	1	2	2	0.2095
D6	0.5	1	1	2	2	0.2095
D7	0.33	0.5	0.5	1	1	0.1103
D8	0.5	0.5	0.5	1	1	0.122

资料来源:作者整理以及 MATLAB 运行结果。

（7）资源利用效率

表 3-14　目标层的权重系数表 3

C3	D9	D10	W_i
D9	1	1	0.5
D 10	1	1	0.5

资料来源:作者整理以及 MATLAB 运行结果。

（8）生态环境建设

表 3-15　目标层的权重系数表 4

C4	D11	D12	D13	D14	W_i
D11	1	1	2	0.5	0.2322
D12	1	1	2	0.5	0.2322
D13	0.5	0.5	1	0.5	0.1404
D14	2	2	2	1	0.3952

资料来源:作者整理以及 MATLAB 运行结果。

（9）污染控制处理

表 3-16　目标层的权重系数表 5

C5	D15	D16	D17	W_i
D15	1	1	3	0.4436
D16	1	1	2	0.3876
D17	0.33	0.5	1	0.1688

资料来源:作者整理以及 MATLAB 运行结果。

（10）社会进步

表 3-17　目标层的权重系数表 6

C6	D18	D19	D20	D21	D22	W_i
D18	1	0.5	3	2	2	0.2556
D19	2	1	3	2	2	0.3385
D20	0.33	0.33	1	0.33	0.33	0.074
D21	0.5	0.5	3	1	1	0.166
D22	0.5	0.5	3	1	1	0.166

资料来源：作者整理以及 MATLAB 运行结果。

（11）基础设施水平

表 3-18　目标层的权重系数表 7

C7	D23	D24	D25	D26	W_i
D23	1	2	3	2	0.4099
D24	0.5	1	3	2	0.2896
D25	0.33	0.33	1	0.33	0.0958
D26	0.5	0.5	3	1	0.2047

资料来源：作者整理以及 MATLAB 运行结果。

（12）政策法规

表 3-19　目标层的权重系数表 8

C8	D27	D28	D29	W_i
D27	1	2	1	0.4
D28	0.5	1	0.5	0.2
D29	1	2	1	0.4

资料来源：作者整理以及 MATLAB 运行结果。

（13）管理体系

表 3-20　目标层的权重系数表 9

C9	D30	D31	D32	W_i
D30	1	3	2	0.54
D31	0.33	1	0.5	0.1629
D32	0.5	2	1	0.2971

资料来源：作者整理以及 MATLAB 运行结果。

根据表 3-6～3-20 求得的权重系数，计算 C 层和 D 层相对于 A 的权重系数，并进行相应的排序。具体如表 3-21。

表 3-21　指标权重值结果

A	B	C	$W_{C\text{-}B}$	$W_{C\text{-}A}$	排序	D	$W_{D\text{-}C}$	$W_{D\text{-}A}$	排序
A 城市可持续生态管理指标体系	B1 0.2313	C1	0.5	0.1157	3	D1	0.4	0.0463	5
						D2	0.2	0.0231	15
						D3	0.2	0.0231	15
		C2	0.25	0.0578	7	D4	0.3488	0.0202	10
						D5	0.2095	0.0121	16
						D6	0.2095	0.0121	16
						D7	0.1103	0.0064	24
						D8	0.122	0.0071	23
		C3	0.25	0.0578	7	D9	0.5	0.0289	2
						D10	0.5	0.0289	2
	B2 0.4259	C4	0.6667	0.2839	1	D11	0.2322	0.0659	13
						D12	0.2322	0.0659	13
						D13	0.1404	0.0399	21
						D14	0.3952	0.1122	3
		C5	0.3333	0.142	5	D15	0.4436	0.063	4
						D16	0.3876	0.055	6
						D17	0.1688	0.024	19
	B3 0.1482	C6	0.6667	0.0988	2	D18	0.2556	0.0253	14
						D19	0.3385	0.0334	9
						D20	0.074	0.0073	26
						D21	0.166	0.0164	20
						D22	0.166	0.0164	20
		C7	0.3333	0.0494	6	D23	0.4099	0.0202	8
						D24	0.2896	0.0143	12
						D25	0.0958	0.0047	25
						D26	0.2047	0.0101	18
	B4 0.1946	C8	0.5	0.0973	4	D27	0.4	0.0389	7
						D28	0.2	0.0195	17
						D29	0.4	0.0389	7
		C9	0.5	0.0973	4	D30	0.54	0.0525	1
						D31	0.1629	0.0159	22
						D32	0.2971	0.0289	11

资料来源：作者整理。

4. 模糊综合评价

评价标准的制定会直接影响评价结果的科学性和可信性。本书在确定指标评价标准时,定量指标参照现有的国家、地方、行业标准或规范,或借鉴相关历史资料和文献研究成果。定性指标的评价标准参照已有的研究成果,采用定性描述的方法来确定。

(1)评价指标分析及评价标准说明

城市生态管理水平的量化标准是随着技术的进步、环保观念的变化而动态变化的,但在一定历史条件下,它又是相对明确而固定的。在目前的技术背景和认识水平下,根据国内外相关经验,对城市生态管理指标体系各指标确定评价标准。[①]

(2)城市经济系统

① D1 人均 GDP

GDP 是以购买者价格计算的某国所有居民和非居民创造的价值的总增加值之和加上直接税收,减去不包括在产品价值中的任何补贴。人均 GDP 指的是每个人所创造的财富值,即国内生产总值除以平均常住人口而得。从国家统计局网站可查得,2014 年我国的人均 GDP 为 47 203 元,并且近两年的 GDP 增速为 7% 左右,在 2015 年,我国人均 GDP 为 50 251 元。

② D2 GDP 增长率

GDP 增长率是衡量一个国家或地区经济发展速度的标准,具体指国内生产总值一年的增长率,以百分比为单位。2013 年以前,我国 GDP 增速在 10% 左右,近两年随着经济结构调整等政策,我国 GDP 增速仍然稳中求进,在 7% 左右。

③ D3 人均社会消费品零售额

社会消费品零售额指各种经济类型的行业对城乡居民和社会集团的消费品零售额以及农民对非农业居民零售额的总和。其反映一定时期内人民物质文化生活水平的提高情况。2014 年,我国人均社会消费品零售额为 19 878.06 元,并呈现上升的趋势,表明我国人民的生活水平是提高的,但是我国贫富差距却是存在的,如何变得更加公平是我们下一步的工作方向之一。[②]

④ D4 第三产业占 GDP 比重

该指标指的是第三产业的产值占国内生产总值的大小。2013 年,第三产业占 GDP 比重为 46.7%,在 2014 年第三产业占 GDP 比重达到 47.8%,而在 2015

---

① 王晓蝉. 基于可持续发展的城市生态管理研究. 大连理工大学硕士论文, 2008-12-01.
② 同上。

年第三产业占 GDP 比重为 50.2%。在近几年的发展中,我国越来越重视服务业,不断调整产业结构,经济结构得到优化。

⑤ D5 进出口总额占 GDP 比重

进出口总额指实际进出我国国境的货物总金额。随着经济的全球化,世界上城市之间的经济联系越来越频繁,发展外向型经济已成为时代潮流,此指标反映的是城市经济系统的外向性。国家统计局数据显示,近几年我国进出口贸易也呈现出上升趋势,在 2014 年我国进出口总额占 GDP 比重为 16.7%,2015 年数据额稍微有所下降,总额为 245 502.93 亿元。[①]

⑥ D6 固定资产投资占 GDP 比重

固定资产投资是指建造和购置固定资产的经济活动,它是社会增加固定资产、扩大生产规模、发展国民经济的重要手段,也是提高人民物质文化生活水平的条件。固定资产投资占 GDP 比重是反映固定资产投资规模、速度、比例关系和使用方向的综合性指标。过去几年间,我国过分依赖固定资产投资拉动经济增长,固定资产投资占的比重较发达国家的比重要高。在交通领域,我国每年投资很大,从铁路的"十三五"规划来看,我国将每年投资 8000 亿,数额是比较大的,但是这种投资是不可持续的。

⑦ D7 高新技术产业产值比重

高新技术产业产值比重反映的是一个国家和地区实现高新技术产业化、促进经济增长和社会持续发展的有效指标。2011 年,我国高新技术产业产值比重约为 18.24%。随着工业化、信息化发展,我国高新技术产业产值的增加是比较明显的,但是标准的确定应考虑到各地发展状况及投资环境的差异。

⑧ D8 人均实际利用外资

利用外资主要反映新批准的利用外资的签约合同数及签约外资额和实际利用的外资额,人均实际利用外资反映的是利用外资的规模。2014 年,我国人均实际利用外资为 974 元,相比发达国家水平还是比较低的。

⑨ D9 单位 GDP 电耗

单位 GDP 电耗为用总用电量与 GDP 的比值。之前我国一直保持着较高水平的发展,产业结构不合理,背后实际上是对环境产生了巨大了伤害与压力。我国应着眼未来,走可持续性发展道路,打造资源、环境友好型社会。

⑩ D10 单位 GDP 水耗

单位 GDP 水耗为用总用水量与 GDP 的比值,反映的是一个地区的发展质

---

① 王晓蝉. 基于可持续发展的城市生态管理研究. 大连理工大学硕士论文,2008-12-01.

量,是体现资源利用效率的重要指标,降低水耗是缓解严峻的水资源危机的有效途径。2014 年,我国单位 GDP 水耗为 4.41 t/万元,在水资源利用方面所做的工作还远远不够。

⑪ D11 人均公共绿地面积

人均公共绿地面积指的是向公众开放的市级、区级、居住区级各类公园、街旁游园,包括其范围内的水域。人均公共绿地面积是反映城市绿化水平和城市环境质量的重要指标。2014 年,我国人均公共绿地面积为 10.06m²。"十三五"规划中提出"创新、协调、绿色、开放、共享"的发展理念,其中坚持绿色发展,才能构建美丽中国,为全球生态做出贡献和表率。

⑫ D12 森林覆盖率

森林覆盖率亦称森林覆被率,指一个国家或地区森林面积占土地面积的百分比,是反映一个国家或地区森林面积占有情况或森林资源丰富程度及实现绿化程度的指标。[①] 廊坊市严格按照河北省绿色河北攻坚工程总体部署,紧紧围绕创建国家森林城市目标,拓宽思路、科学谋划、精心组织、创新机制、加大投入,连续两年将"春季植树集中行动"纳入全市"十项集中行动",重点实施了"两年攻坚战、造林一百万"工程,共完成植树造林 98.77 万亩,预计 2014 年秋冬季造林 17.23 万亩,年底森林覆盖率将达到 29% 以上,全市造林绿化水平迈上了一个新台阶。[②]

⑬ D13 市区交通等级声效

噪声指振幅和频率杂乱、断续或统计上无规律的声震动。城市噪声污染源主要有交通噪声、工业噪声、社会生活噪声和建筑施工噪声。根据《城市区域环境噪声标准》确定评价标准。

⑭ D14 城市维护建设资金支出

城市维护建设资金支出主要用于城市基础设施建设、绿化等环境保护方面。近年来我国大部分地区都出现环境恶化问题,尤其是北京、河北等地区。廊坊市环保局调整了用于环境建设的预算。2014 年,廊坊市相关资金支出达到 112 809 万元。

⑮ D15 污水处理厂集中处理率

可持续发展的城市,生活污水处理率的理想值应为 100%。

---

① 王云霞,陆兆华.北京市生态弹性力的评价[J].东北林业大学学报,2011-02-25.
② 马眠璐.我市造林绿化工作成绩斐然.廊坊日报,2016-01-07.

⑯ D16 生活垃圾无害化处理率

生活垃圾无害化处理率是指城市生活垃圾无害化处理量占垃圾产生总量的比例。目前采用《生活垃圾焚烧污染控制标准》(GB-18485-2001)和《生活垃圾填埋污染控制标准》(GB-16889-1997)。可持续发展的城市,生活垃圾无害化处理率理想值应为100%。[①]

⑰ D17 一般工业固体废物综合利用率

可持续发展的城市,一般工业固体废物综合利用率的理想值应为100%。

⑱ D18 城镇失业率

城镇失业率是指失业人口占劳动人口的比率,可用于衡量闲置中的劳动产能。目前我国使用的城镇登记失业率概念,其计算公式为

$$城镇失业率 = \frac{城镇登记失业人口}{城镇从业人数 + 城镇登记失业人口} \times 100\%。$$

2014 年,廊坊市城镇登记失业率为 2.85%。一般认为,充分就业的数量标准是失业率控制在 3%~5% 之间。

⑲ D19 在岗工人平均工资

在岗工人平均工资一定程度上反映了经济发展情况,代表了人民生活水平。2014 年,廊坊市在岗工人平均工资为 49 630.59 元,近几年在岗工人平均工资数是呈增加趋势的。

⑳ D20 人口密度

人口密度是单位面积土地上居住的人口数,是表示人口密集程度的指标。通常以每平方千米或每公顷的常住人口为计算单位。中国城市发展报告指出相对于国外城市,我国城市人口密度过大,密度大对城市的交通拥堵、居住等产生影响,不利于城市的可持续发展。

㉑ D21 每万人在校大学生数

每万人在校大学生数通常作为衡量某一地方高等教育的发展水平的指标之一。一个国家或者地区的发展必然与人才相关,国家也越来越重视人才培养。

其他的指标说明也是采用相同的标准,本书不再重复。因而,得到标准分级表见表 3-22。

---

① 王晓蝉. 基于可持续发展的城市生态管理研究. 大连理工大学硕士论文,2008-12-01.

表 3-22　指标标准分级

评价指标	单位	评价等级				
		I	II	III	IV	V
D1 人均 GDP	万元	6	5	4	3	2
D2 GDP 增长率	%	10	8	6	5	4
D3 人均社会消费品零售额	万元	2.5	2	1.5	1	0.5
D4 第三产业占 GDP 比重	%	60	50	40	30	20
D5 进出口总额占 GDP 比重	%	20	18	16	14	12
D6 固定资产投资占 GDP 比重	%	20	40	60	70	80
D7 高新技术产业产值比重	%	40	30	20	10	1
D8 人均实际利用外资	元	1200	1000	800	700	600
D9 单位 GDP 电耗	kW/元 GDP	0.05	0.1	0.15	0.2	0.25
D10 单位 GDP 水耗	t/万元 GDP	2	4	6	8	10
D11 人均公共绿地面积	m³	16	14	12	10	8
D12 建成区绿化覆盖率	%	80	60	40	30	20
D13 市区交通等级声效	dB	20	40	60	70	80
D14 城市维护建设资金支出	亿元	5	10	15	20	25
D15 污水处理厂集中处理率	%	100	90	80	70	60
D16 生活垃圾无害化处理率	%	100	90	80	70	60
D17 一般工业固体废物综合利用率	%	100	90	80	70	60
D18 城镇失业率	%	2	3	4	5	6
D19 在岗工人平均工资	万元	6	5	4	3	2
D20 人口密度	人/km²	400	600	800	900	1000
D21 每万人在校大学生数	人	500	400	300	200	100
D22 城镇基本医疗保险参保人数	万人	80	70	60	50	40
D23 人均居住面积	m³	0.6	0.4	0.3	0.2	0.1
D24 人均道路面积	m²	40	30	20	10	5
D25 万人拥有医院、病床数	张	5	4	3	2	1
D26 每万人拥有公共汽车	辆	12	10	8	6	4
D27 战略规划情况	分值	0.75	0.5	0.35	0.25	0
D28 综合决策水平	分值	0.75	0.5	0.35	0.25	0
D29 准入考核体系	分值	0.75	0.5	0.35	0.25	0
D30 环境保护机构建设健全度	分值	0.75	0.5	0.35	0.25	0
D31 信息系统建设	分值	0.75	0.5	0.35	0.25	0
D32 环境管理水平	分值	0.75	0.5	0.35	0.25	0

资料来源:作者整理。

根据前面的公式,可以计算指标的隶属度矩阵。以人均 GDP 为例,说明隶属度的整个求解过程。

表 3-23　指标评价等级

评价指标	单位	评价等级					
		Ⅰ	Ⅱ	Ⅲ	Ⅳ	Ⅴ	实际值
D1 人均 GDP	万元	6	5	4	3	2	4.6

由表可知，$x_{111}=4.6$，$V_{1111}=6$，$V_{1112}=5$，$V_{1113}=4$，$V_{1114}=3$，$V_{1115}=2$，即可得到 $V_{1112}=5>x_{111}=4.6>4=V_{1113}$，因而可以得到

$$r_{1113}=\frac{V_{1112}-x_{111}}{V_{1112}-V_{1113}}=\frac{5-4.6}{5-4}=0.4$$

$$r_{1112}=1-0.4=0.6$$

$$r_{1111}=r_{1114}=r_{1115}=0$$

根据上述公司的计算，可以得到人均 GDP 的隶属度为 $[0,0.6,0.4,0,0]$。根据相似的步骤可以求出其他指标的隶属度，具体数值见表 3-24。

表 3-24　隶属度矩阵

评价指标	单位	隶属度矩阵				
		Ⅰ	Ⅱ	Ⅲ	Ⅳ	Ⅴ
D1 人均 GDP	万元	0	0.6	0.4	0	0
D2 GDP 增长率	%	0.145	0.855	0	0	0
D3 人均社会消费品零售额	万元	0	0	0	0.53	0.47
D4 第三产业占 GDP 比重	%	0	0	0.716	0.284	0
D5 进出口总额占 GDP 比重	%	0	0.35	0.65	0	0
D6 固定资产投资占 GDP 比重	%	0	0	0	0.068	0.932
D7 高新技术产业产值比重	%	0	0	0.97	0.03	0
D8 人均实际利用外资	元	0	0.87	0.13	0	0
D9 单位 GDP 电耗	kW/元 GDP	0	0.4	0.6	0	0
D10 单位 GDP 水耗	t/万元 GDP	0	0.795	0.205	0	0
D11 人均公共绿地面积	m³	0	0	0.03	0.97	0
D12 建成区绿化覆盖率	%	0	0.21	0.79	0	0
D13 市区交通等级声效	dB	0	0	0.29	0.71	0
D14 城市维护建设资金支出	亿元	0	0.944	0.056	0	0

(续表)

评价指标	单位	隶属度矩阵				
		I	II	III	IV	V
D15 污水处理厂集中处理率	%	0.112	0.888	0	0	0
D16 生活垃圾无害化处理率	%	0	0	0	0	1
D17 一般工业固体废物综合利用率	%	0.89	0.11	0	0	0
D18 城镇失业率	%	0.15	0.85	0	0	0
D19 在岗工人平均工资	万元	0	0.96	0.04	0	0
D20 人口密度	人/km²	0.38	0.62	0	0	0
D21 每万人在校大学生数	人	0	0	0	0.56	0.44
D22 城镇基本医疗保险参保人数	万人	0	0.052	0.948	0	0
D23 人均居住面积	m³	0	0	0.7	0.3	0
D24 人均道路面积	m²	0	0	0.074	0.926	0
D25 万人拥有医院、病床数	张	0	0	0	0.55	0.45
D26 每万人拥有公共汽车	辆	0	0.21	0.79	0	0
D27 战略规划情况	分值	0.4	0.6	0	0	0
D28 综合决策水平	分值	0	1	0	0	0
D29 准入考核体系	分值	0	0.67	0.33	0	0
D30 环境保护机构建设健全度	分值	0	1	0	0	0
D31 信息系统建设	分值	0	0.67	0.33	0	0
D32 环境管理水平	分值	0	0.6	0.4	0	0

资料来源:作者整理。

5. 多级模糊综合评价

(1)一级模糊综合评价

以准则层"C3 资源利用效率"为例,根据上述的公式与表格,可以得到:

$$C_3 = W_{D3} \bigcirc R_3 = (0.5 \quad 0.5) \bigcirc \begin{bmatrix} 0 & 0.4 & 0.6 & 0 & 0 \\ 0 & 0.795 & 0.205 & 0 & 0 \end{bmatrix}$$

$$= (0, 0.5, 0.5, 0, 0)$$

表 3-25　准则层评价结果

准则层 C	评价结果				
	I	II	III	IV	V
C1 经济发展水平	0.145	0.4	0.4	0.4	0.4
C2 经济结构性质	0	0.2095	0.3488	0.284	0.2095
C3 资源利用效率	0	0.5	0.5	0	0
C4 生态环境建设	0	0.3952	0.2322	0.2322	0
C5 污染控制处理	0.1688	0.4436	0	0	0.3876
C6 社会进步	0.15	0.3385	0.166	0.166	0.166
C7 基础设施水平	0	0.2047	0.4099	0.3	0.0958
C8 政策法规	0.4	0.4	0.33	0	0
C9 管理体系	0	0.54	0.2971	0	0

资料来源：MATLAB 运行结果。

　　根据表格做出如下图形：得出廊坊市 C8 政策法规属于第 I 级，发展水平很高；而 C3、C4、C5、C6、C9 属于第 II 级，发展水平较高；C2、C3、C7 属于第 III 级，发展水平一般；C1 属于第 IV 级，发展水平较低。

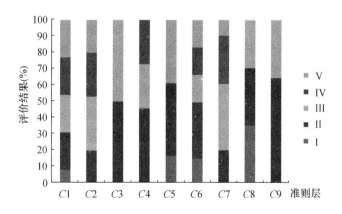

图 3-2　一级模糊综合评价结果

资料来源：作者整理。

（2）二级综合评价

表 3-26   二级综合评价结果

系统层 B	评价结果				
	I	II	III	IV	V
B1 城市经济系统	0.145	0.4	0.4	0.4	0.4
B2 城市环境系统	0.1688	0.3952	0.2322	0.2322	0.3333
B3 城市社会系统	0.15	0.3385	0.3333	0.3	0.166
B4 生态管理系统	0.4	0.5	0.33	0	0

资料来源：MATLAB 运行结果。

我们可以发现，廊坊市 B1 城市经济系统、B2 城市环境系统、B3 城市社会系统、B4 生态管理系统属于第 II 级，发展水平较高。

（3）三级综合评价

表 3-27   三级综合评价结果

目标层 A	评价结果				
	I	II	III	IV	V
生态管理	0.1946	0.3952	0.2322	0.2322	0.3333

资料来源：MATLAB 运行结果。

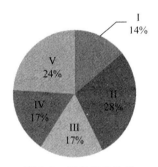

图 3-3   三级评价结果

廊坊市生态管理水平中有 14％发展水平很高，属于第 I 级；28％属于第 II 级，发展水平较高；17％属于第 III 级，发展水平一般；17％属于第 IV 级，发展水平较差；24％属于第 V 级，发展水平很差。

第四章

城市生态承载力评价和案例

4.1 城市生态承载力评价指标体系

4.1.1 城市生态承载力的影响因素

城市生态承载力主要指的是生态系统具有自我调节能力,当受到外界干扰时,生态系统所能承受的最大范围。超出该范围,生态系统遭到破坏,不利于城市的可持续发展。城市生态承载力主要包括:资源环境对生产和消费两个过程产生的废物同化能力、人们对物质需求以及精神需求的期望、对生产原材料和生活用品的分配方式以及基础设施水平。因而影响生态承载力的因素分为三个方面:经济社会因素、自然条件因素以及污染治理因素。

4.1.2 城市生态承载力评价指标

城市生态承载力评价涉及社会、自然、经济三大系统,是一个比较复杂的复合系统,因而在进行评价时不能用少数的几个简单指标进行描述,需要选择一个多指标组成的有机整体,即建立指标体系进行分析。

1. 指标体系建立原则

指标体系确定了指标间的结构关系以及指标名称。生态承载力评价指标体系的建立应该遵循以下几个原则:

(1)科学性。为了更好地评价生态系统管理水平,在选取指标时,要注意指标的定义的科学性,指标体系的建立要有一定的理论基础,尽量能够准确、全面地反映生态管理系统水平。

(2)系统性。在进行体系评价时候,指标体系应该涵盖社会、环境、经济三个方面,并且将三者进行有机的联系。

(3)代表性。在描述某一方面时,可选取的指标是比较多的,选择哪个指标进行分析,应该仔细把握。

(4)可操作性。进行指标体系构建时,要从实际出发,考虑指标的可获得性;指标选取要有规范性,符合相关的国内外标准要求。

总的来说,城市生态承载力评价的指标体系应该能够反映出各个子系统的状况以及之间的协调程度,从而才能够保证生态承载力评价顺利进行。在选择评价指标时:第一,选择的指标数量大,种类多,承载力的范围也是比较广泛;第二,由于统计资料的原因,可选择的指标与时间段可能会受到相应的限制。考虑这两种情况,本书只是选择简明、便于计量但内容丰富的指标。

2. 指标体系的选取

根据有关文献资料,本书将分三个层面,选择 16 个指标进行城市生态承载力的评价。具体的指标名称见表 4-1。

表 4-1 城市生态承载力指标体系表

目标层	准则层	指标层		单位
生态承载力	弹性度	P1	年平均降雨量	mm
		P2	GDP	亿元
		P3	工业总产值	亿元
		P4	外贸出口	亿美元
		P5	港口货物吞吐量	万吨
		P6	绿化覆盖率	%
	承受度	P7	森林覆盖率	%
		P8	耕地面积	万公顷
		P9	污水处理率	%
		P10	生活垃圾处理率	%
		P11	一般工业固体废物综合利用率	%
	压力度	P12	空气质量优良率	%
		P13	人口数	万人
		P14	人均用水	t/人
		P15	人均道路面积	m²/人
		P16	人均用电	kW/人
		P17	第三产业占比	%

（1）弹性度子系统

弹性度指的是系统受到外界各种压力的干扰时,其自身的维持与调节能力。由于生态系统是处于不断运动的过程中的,受到外界干扰,生态系统会偏离原有的状态;而弹性度能够使得系统重新回到原来的位置,从而维持系统的稳定。但是如果干扰过大,超出了弹性度调节范围,系统会退化、衰退。本书中选择的弹性度指标包括 6 个:

① P1 年平均降雨量。降雨量的大小能够起到影响作物增长,补充水资源等作用,降雨量的多少对城市的可持续发展有一定的影响。

② P2 GDP。GDP 能够衡量一个国家的经济活动情况。它的数值往往是宏观经济统计中最关注的数字。它反映出经济的规模,GDP 越大,越是有能力为城市的可持续发展提供物质保障。

③ P3 工业总产值。工业总产值反映出企业的经营情况。工业总产值越大,说明企业经营的较好,经济形势比较良好,为城市的可持续提供物质保证。

④ P4 外贸出口。外贸出口反映了一个地区与国外地区间的交流情况。外贸出口量越大,表明经济发展较好,能够为城市的可持续发展提供保证。

⑤ P5 港口货物吞吐量。港口货物吞吐量反映了城市经济活动情况。吞吐量越大,表明与其他城市或者国家的交易比较频繁,对城市的可持续发展提供物质保证。

⑥ P6 绿化覆盖率。绿化覆盖率反映了一个城市的绿化程度,绿化面积越大,对改善空气质量、减少交通噪声等方面有正向的作用,有利于城市的可持续发展。

（2）承受度子系统

承受度系统指的是在不超出弹性度的前提下,城市中各种资源的供给能力以及城市污染治理能力。本书将选择以下 6 个指标来表示承受度系统。

⑦ P7 森林覆盖率。森林覆盖率反映出城市的树林的资源情况,树林具有防风、防尘、净化空气等作用;城市的森林覆盖率越高,越有利于城市的可持续性发展。

⑧ P8 耕地面积。耕地面积指的是可以种植各种庄稼的土地的面积。随着城市化、工业化的不断发展,耕地面积比重越来越少。由于土地是不可再生的资源,又是人们赖以生存的基本条件之一,因此,耕地面积的大小可以反映出农业的可持续性,对城市的可持续有一定的影响。

⑨ P9 污水处理率。污水处理率越高,排放到社会中的污水量就越少,对环境的污染程度就越少,有利于生态系统的良性循环。

⑩ P10 生活垃圾处理率。生活垃圾处理率越高,排放到社会中的垃圾量就

越少,不仅能够减少对环境的污染,而且还有利于生活垃圾进行资源化处理,促进生态系统的良性循环。

⑪ P11 一般工业固体废物综合利用率。一般工业固体废物综合利用率反映了工业固体废物的处理程度。工业固体废物的处理率越高,工业产生的废物量就越少,越有利于城市的可持续发展。

⑫ P12 空气质量优良率。空气质量优良率反映出空气质量情况,即生产和消费过程对环境造成的危害程度。空气质量优良率越高,表明环境就越好,有利于城市的可持续发展。

(3)压力度子系统

经济的进步是以消耗一定资源为代价的,对环境会产生一定的压力。压力度子系统指的是生态系统维持社会可持续的能力以及供应的一定数量的人口,反映了人民生活水平的提高对环境产生的压力。压力度子系统包括 4 个评价指标:

⑬ P13 人口数。人口数指实际经常居住在某地区一定时间半年及以上的人口数量。一个地区的人口数量越大,该地区所消耗的各类资源就越多,对生态环境产生的影响就越大。

⑭ P14 人均用水。人均用水是通过总生活用水量除以总人口数得到。人均用水的大小反映出了对水资源的压力情况。我们一直倡导节约用水,用水量越多,越不利于城市的可持续发展。

⑮ P15 人均道路面积。人均道路面积反映的是每个人拥有道路的多少和人们拥有土地资源的情况,人均道路面积越大,对生态系统的压力就越小。

⑯ P16 人均用电。节约用电也是构建可持续发展城市的必要条件之一。人均用电量越大,对总的供电系统的压力就越大。

⑰ P17 第三产业占比。第三产业主要是以服务业与信息业为主的产业,其一般是高产值、低能耗的环境友好型产业。它是衡量产业结构的重要指标,其数值越大,表明经济结构越好。第三产业的发展能够改善环境压力,促进城市的可持续发展。

4.1.3　城市生态承载力评价流程

本书在研究城市生态承载力时,将选择主成分分析的方法进行研究。此方法最开始是由美国统计学家皮尔逊(Pearson)创立的,最初是用于解决心理学和教育学方面的问题。近年来,主成分分析法是运用较多的分析事物的一种多元统计方法,此方法主要是通过合适的数学变换,对选择的指标体系进行变形与简化,从而形成彼此相互独立的主成分,即通过较少的几个变量来代表了总信息量中的较大比例的信息,其主成分是原来变量的线性组合。其中,主成分在变差信息量的比例越大,其在综合评价中起的作用就越大,原来的指标所代表的变差信息息已由主成分来表示。本书应用 SPSS 统计软件进行主成分分析,对青岛市的生态承载力进行客观的评价。

在选取指标体系的时候,由于各个系统之间会存在错综复杂的关联性,从而使得选择的指标存在一定的相关性,即信息重叠。根据数学相关知识,主成分分析方法进行分析就是要求变量间存在相关性,并且变量间相关程度越高,主成分分析的效果就越好,因而相对于其他方法,主成分分析可以减少指标选择的工作量。

在主成分分析法中,主成分是按照其方差的大小进行排列的,这表明第一主成分所代表的变差信息量最多,往下逐渐次之。在分析实际问题时,一般只用前 k 个主成分来代表元变量的差变信息,一般选择 85% 的特征根的累积贡献率,因而此方法减少了计算的工作量。

主成分分析法的关键步骤如下:

(1) 进行数据的标准化。由于原始数据是带单位的,因而根据这些数据计算的相关矩阵或者是协方差都会受到其单位的影响,即不同量纲的数据得到的协方差或者是相关矩阵将不同。因此,为了避免由于数据量纲原因引起的计算的误差,保证过程的准确性与科学性,在计算之前,我们将进行归一化处理。具体公式如下:

$$x_{ij} = \frac{X_{ij} - \bar{X}}{S}$$

其中,x_{ij} 为进行标准化后的数据;X_{ij} 为原始数据;

$$\bar{X}_j = \frac{1}{P}\sum_{j=1}^{P} X_{ij},$$

$\bar{X}$ 为第 j 个指标的平均值;

$$S = \sqrt{\frac{1}{P}\sum_{j=1}^{P}(X_{ij} - \bar{X}_j)^2},$$

S 为第 j 个指标的标准差,

(2) 求指标变量的相关矩阵 R。其中,相关矩阵

$$R = \begin{bmatrix} r_{11} & \cdots & r_{1n} \\ \vdots & \ddots & \vdots \\ r_{n1} & \cdots & r_{nn} \end{bmatrix}。$$

(3) 求相关矩阵 R 的特征值与相应的特征向量。

（4）求方差累积贡献率,确定主成分的个数。特征值按照值大小进行依次排列,则第 g 个主成分的方差贡献率为 $\alpha_g \left/ \sum\limits_{g=1}^{n} \alpha_g \right.$。主成分一般是选择累积贡献率达到 85% 以上的前几个主成分,并要尽可能多地代表原信息量。

（5）将均值化的变量转化为主成分:根据数学知识,每个特征根对应一个特征向量

$$L_g = (L_{g1}, L_{g2}, \cdots, L_{gn}),$$

那么有

$$F_g = L_{g1} * R_1^* + L_{g2} * R_2^* + \cdots + L_{gn} * R_n^*,$$

其中 R_n^* 为均值化的结果,F_1 为第一主成分,F_2 成为第二主成分,F_g 为第 g 主成分。

（6）各指标在前 k 个主成分的贡献矩阵 L_k 的归一化值就是相应的权重。

（7）对前 k 个主成分进行综合评价。

4.2　案例:青岛市生态承载力评价

4.2.1　青岛市生态环境现状

青岛市地处山东半岛东南部,东、南濒临黄海,东北与烟台市毗邻,西与潍坊市相连,西南与日照市接壤。总面积为 11 282 km²。其中,市区(市南、市北、李沧、崂山、黄岛、城阳等六区)为 3293 km²,即墨、胶州、平度、莱西等四市为 7989 km²。

青岛为海滨丘陵城市,地势东高西低,南北两侧隆起,中间低凹。其中,山地约占青岛市总面积的 15.5%,丘陵占 2.1%,平原占 37.7%,洼地占 21.7%。

青岛地处北温带季风区域,属温带季风气候。市区由于海洋环境的直接调节,受来自洋面上的东南季风及海流、水团的影响,故又具有显著的海洋性气候特点。空气湿润,雨量充沛,温度适中,四季分明。[①]

青岛市的空气环境质量整体水平较好,从 2012 年起,该城市的空气环境质量出现下降的趋势,在 2014 年其空气环境质量指数为 70 左右。

---

① 青岛概况,网络 http://blog.sina.com

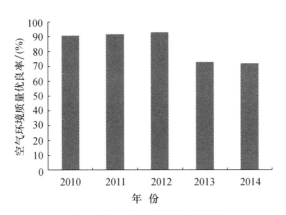

图 4-1　空气环境质量优良率柱状图

资料来源：作者整理。

表 4-2　城市空气环境质量优良率

年　份	2010	2011	2012	2013	2014
空气环境质量	90.7	91.5	92.9	72.9	71.8

资料来源：青岛市国民经济和社会发展统计公报（2010—2014）。

4.2.2　指标体系的建立

一般采用主成分分析法对此三类子系统指标信息进行综合评价，然后用其计算的分值得到生态承载力的综合评价值，以反映城市的整体情况，另外，我们将进行多年的纵向分析比较，从而突出青岛市的生态系统的主要问题方面，确定城市生态环境对开发活动强度和规模的可接受能力，为青岛市的可持续发展以及生态系统治理与保护提供相应的政策与建议。

本书在进行城市生态承载力评价时需要建立指标体系来进行描述，从而在此基础上再进行承载力的研究。关于生态承载力刻画的指标广泛，内容繁多，另外，由于资料等数据的可获得性有限，有些指标虽在理论上可以计量，但是并没有在资料中列出，从而不能出现在指标体系中。因而，本书借鉴之前的研究，选择针对性强、便于计量的内涵丰富的指标作为指标体系。时间跨度为六年。

4.2.3　生态承载力综合评价

1. 弹性度子系统评价

（1）弹性度子系统原始数据

考虑到青岛市的自然资源特性、生态环境现状以及经济社会等现状和其他方面的实际情况,我们参照国内外相关学者的研究建立了青岛市生态承载力的指标体系,具体见表4-1。弹性度子系统的原始数据值具体见表4-3。其中,数据来源于《青岛市国民经济和社会发展公报》(2010—2015)、《青岛市环境状况公报》(2010—2015)、《中国城市统计年鉴》(2010—2015)等文件。

表 4-3　弹性度子系统的原始数据值

指标层	单位	2010	2011	2012	2013	2014	2015
P1 年平均降雨量	mm	769.39	591.3	582.6	580.3	518.8	433.8
P2 GDP	亿元	5666.19	6615.6	7302.11	8006.6	8692.1	9300.07
P3 工业总产值	亿元	11 264.04	12 273.8	13 751.98	15 283	16 143.9	16 811.83
P4 外贸出口	亿美元	570.6	721.52	732.08	779.12	798.9	839.09
P5 港口货物吞吐量	万吨	35 012	37 971	41 464.82	45 000	48 000	50 000
P6 绿化覆盖率	%	43.43	44.62	44.66	44.66	44.68	44.7

资料来源:《青岛市国民经济和社会发展公报》(2010—2015)、《青岛市环境状况公报》(2010—2015)、《中国城市统计年鉴》(2010—2015)。

(2) 进行数据的标准化处理

根据上面的公式进行原始数据的标准化处理。这里,要注意区别正向指标与逆向指标。对于逆向指标,首先变化成正向指标,在本书中通过取其倒数,然后再进行归一化处理。具体的计算结果如表4-4所示。

表 4-4　弹性子系统指标数据标准化结果

指标层	单位	均值	标准差	2010	2011	2012	2013	2014	2015
P1	年平均降雨量	mm	579.37	100.93	1.7	−0.18	−0.27	−0.3	−0.95	−1.44
P2	GDP	亿元	7597.11	1227.84	−1.35	−0.54	0.04	0.64	1.22	1.39
P3	工业总产值	亿元	14 254.76	2011.89	−1.22	−0.72	0	0.76	1.18	1.27
P4	外贸出口	亿美元	740.22	85.56	−1.67	0.01	0.13	0.65	0.87	1.16
P5	港口货物吞吐量	万吨	42 907.97	5313.58	−1.24	−0.67	0	0.67	1.25	1.33
P6	绿化覆盖率	%	44.46	0.46	−1.79	0.38	0.46	0.46	0.49	0.52

资料来源:作者整理。

(3) 计算相关矩阵以及方差贡献度

采用 SPSS 软件,对弹性度子系统的数据指标计算其相关矩阵与方差贡献度,具体的结果见表4-5与表4-6。

表 4-5　弹性度子系统的数据指标的相关矩阵表

	$P1$	$P2$	$P3$	$P4$	$P5$	$P6$
$P1$	1	-0.922	-0.874	-0.979	-0.889	-0.907
$P2$	-0.922	1	0.993	0.947	0.997	0.763
$P3$	-0.874	0.993	1	0.917	0.998	0.714
$P4$	-0.979	0.947	0.917	1	0.922	0.92
$P5$	-0.889	0.997	0.998	0.922	1	0.719
$P6$	-0.907	0.763	0.714	0.92	0.719	1

资料来源:SPSS 运行结果。

表 4-6　弹性子系统数据指标的方差贡献度

成份	初始特征值			提取平方和载入		
	合计	方差/(%)	累积/(%)	合计	方差/(%)	累积/(%)
1	5.496	91.596	91.596	5.496	91.596	91.596
2	0.45	7.503	99.099			
3	0.047	0.791	99.89			
4	0.006	0.104	99.995			
5	0	0.005	100			
6	$-2.49E-17$	$-4.16E-16$	100			

提取方法:主成分分析法

资料来源:SPSS 运行结果。

其中,表中的第一栏的第一列是其特征值,第二列为方差的贡献度,第三列为累积方差贡献度。根据第二栏,可以发现,第一成分的方差贡献度为91.596%>85%,因而提取了一个主成分,其特征值为5.496。根据 SPSS 软件,第一主成分的载荷矩阵 h 见表4-7。

表 4-7　弹性子系统数据指标载荷矩阵表

	h
$P1$	-0.970
$P2$	0.981
$P3$	0.960
$P4$	0.990
$P5$	0.965
$P6$	0.872

提取方法:主成分分析法

a. 已提取了 1 个成分

资料来源:SPSS 运行结果。

将表 4-7 中的各元素的载荷矩阵归一化得到弹性度子系统的权重值,具体见表 4-8。

表 4-8 弹性度子系统的权重表

主因子	主因子权重	指标	指标权重
		P1	−0.41
		P2	0.42
		P3	0.41
Z1	0.91	P4	0.42
		P5	0.41
		P6	0.38

资料来源:作者整理。

根据表 4-8,第一主成分,

$Z1 = -0.41P1 + 0.42P2 + 0.41P3 + 0.42P4 + 0.41P5 + 0.38P6$,

弹性度子系统综合评价值为 0.91Z1。

表 4-9 弹性度子系统综合评价值

年　份	第一主成分	综合评价值
2010	−3.65	−3.32
2011	−0.57	−0.52
2012	0.36	0.33
2013	1.42	1.29
2014	2.45	2.23
2015	2.93	2.66

资料来源:作者整理。

根据表 4-9,我们可以绘制出青岛市 2010—2015 六年的弹性子系统综合评价值,从图 4-2 可以发现,其弹性度子系统的综合评价值是逐年增加的。

2. 承受度子系统评价

根据查找相关资料,本文将选择以下六个指标来描述承受度,选取 2010—2015 年的时间跨度,具体见表 4-10。

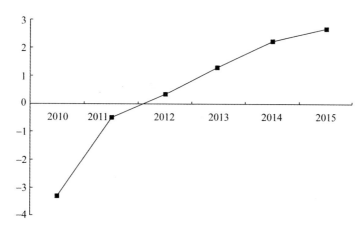

图 4-2　青岛市弹性度子系统综合评价值

资料来源:作者整理。

表 4-10　青岛市承受度子系统原始指标数据

	指标层	单位	2010	2011	2012	2013	2014	2015
$P7$	森林覆盖率	％	36.9	37.77	38.6	39.4	39.5	40
$P8$	耕地面积	万公顷	42.04	41.98	49.97	46.22	43.33	49.3
$P9$	污水处理率	％	85.29	91	91.34	95.3	98.63	95.86
$P10$	生活垃圾处理率	％	99	99	100	100	100	100
$P11$	一般工业固体废物综合利用率	％	98.6	98.32	95.9	94.87	95.65	93.76
$P12$	空气质量优良率	％	90.7	91.5	92.9	72.9	71.8	80.3

资料来源:《青岛市国民经济和社会发展公报》(2010—2015)、《青岛市环境状况公报》(2010—2015)、《中国城市统计年鉴》(2010—2015)。

为了消除数据间单位的差异性,将原数据进行标准化处理,具体结果见表 4-11。

表 4-11　青岛市承受度子系统标准化指标数据

	指标层	单位	2010	2011	2012	2013	2014	2015
$P7$	森林覆盖率	％	−1.39	−0.6	0.15	0.87	0.96	1.21
$P8$	耕地面积	万公顷	−0.78	−0.8	1.54	0.44	−0.4	1.17
$P9$	污水处理率	％	−1.4	−0.26	−0.19	0.6	1.26	0.69
$P10$	生活垃圾处理率	％	−0.12	−0.12	0.08	0.08	0.08	0.71
$P11$	一般工业固体废物综合利用率	％	1.15	0.98	−0.46	−1.07	−0.61	−1.39
$P12$	空气质量优良率	％	0.63	0.71	0.84	−1.04	−1.14	1.21

资料来源:作者整理。

根据承受度子系统的相关原始数据以及标准化数据,利用 SPSS 统计软件 Facotr 分析,计算得出承受度子系统中各指标的相关系数矩阵、各因子对总体方差贡献率,如表 4-12 与表 4-13 所示。

表 4-12　承受度子系统数据指标相关系数矩阵

	P7	P8	P9	P10	P11	P12
P7	1	0.576	0.939	0.713	−0.956	−0.375
P8	0.576	1	0.303	0.652	−0.741	0.274
P9	0.939	0.303	1	0.515	−0.801	−0.541
P10	0.713	0.652	0.515	1	−0.77	0.287
P11	−0.956	−0.741	−0.801	−0.77	1	0.267
P12	−0.375	0.274	−0.541	0.287	0.267	1

资料来源:SPSS 运行结果。

表 4-13　承受度子系统数据指标的方差贡献度

成分	初始特征值			提取平方和载入		
	合计	方差/(%)	累积/(%)	合计	方差/(%)	累积/(%)
1	3.865	64.423	64.423	3.865	64.423	64.423
2	1.614	26.896	91.319	1.614	26.896	91.319
3	0.403	6.72	98.038			
4	0.115	1.918	99.956			
5	0.003	0.044	100			
6	−1.70E-16	−2.84E-15	100			

提取方法:主成分分析法

资料来源:SPSS 运行结果。

其中,表中的第一栏的第一列是其特征值,第二列为方差的贡献度,第三列为累积方差贡献度。根据第二栏,我们可以发现,第一成分的方差贡献度为 64.423%,第二成分的方差贡献度为 26.896%,两者的累积贡献度为 91.319%>85%,因而提取了两个主成分。其特征值分别为 3.865 和 1.614。第一主成分的特征值对应的特征向量为

$$h1 = (0.982, 0.703, 0.86, 0.8, -0.986, -0.235).$$

第二主成分的特征值对应的特征向量

$$h2 = (-172, 0.545, -429, 0.465, -0.004, 0.947),$$

SPSS 运行结果见表 4-14。

表 4-14 承受度子系统数据指标的载荷矩阵

	成分	
	$h1$	$h2$
$P7$	0.982	-0.172
$P8$	0.703	0.545
$P9$	0.86	-0.429
$P10$	0.8	0.465
$P11$	-0.986	-0.004
$P12$	-0.235	0.942

提取方法:主成分分析法

a. 已提取了 2 个成分

资料来源:SPSS 运行结果。

从表 4-14 中可以看出,第一主成分与 $P7$, $P8$, $P9$, $P10$, $P11$ 有较强的相关性,而第二组成分与 $P12$ 有较强的相关性,将表 4-13 中的贡献度进行归一化处理得到主因子的权重,并将表 4-14 中的载荷矩阵进行归一化处理,得到指标数据的权重值。具体结果见表 4-15。

表 4-15 承受度子系统的各指标的权重

主因子	主因子权重	指标	指标权重
		$P7$	0.5
		$P8$	0.36
$Z1$	0.92	$P9$	0.44
		$P10$	0.41
		$P11$	-0.51
$Z2$	0.39	$P12$	0.94

资料来源:作者整理。

根据表 4-15,我们可以写出第一主成分,
$$Z1 = 0.5P7 + 0.36P8 + 0.44P9 + 0.41P11 - 0.51P12.$$
第二主成分
$$Z2 = 0.94P12,$$
因而承受度子系统的综合评价值 $q = 0.92Z1 + 0.39Z2$。计算结果见表 4-16。

表 4-16　青岛市承受度子系统综合评价值

年　份	第一主成分	第二主成分	综合评价值
2010	−2.23	0.59	−1.82
2011	−1.25	0.67	−0.89
2012	0.81	0.79	1.06
2013	1.44	−0.98	0.94
2014	1.23	−1.07	0.72
2015	2.33	1.14	2.59

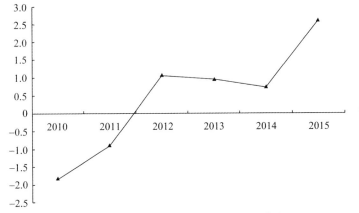

图 4-3　青岛市承受度子系统发展水平曲线

资料来源:作者整理。

从图 4-3 可以发现,青岛市承受度子系统的综合评价曲线整体是呈现上升的趋势的,在 2012 年有所下降,但是从 2014 年又开始上升,这种变化主要是由于第二主成分的下降所引起的。

3. 压力度子系统评价

根据相关的资料,本书选择以下 5 个指标来描述压力度子系统,选取青岛市 2010—2015 年的时间跨度,具体的数值见表 4-17。

表 4-17　青岛市压力度子系统原始数据指标值

	指标层	单位	2010	2011	2012	2013	2014	2015
$P13$	人口数	万人	763.64	766.36	769.56	773.7	780.6	781.86
$P14$	人均用水	t/人	24.1	22.57	27.68	15.33	19	19.67
$P15$	人均道路面积	m²/人	21.39	23.84	20.69	21.45	21.34	21.3
$P16$	人均用电	kW/人	3836.49	4089.98	4132.23	2630.1	2576.16	2903.38
$P17$	第三产业占比	%	46.4	47.8	49	50.1	51.2	52.79

资料来源:《青岛市国民经济和社会发展公报》(2010—2015)、《青岛市环境状况公报》(2010—2015)、《中国城市统计年鉴》(2010—2015)。

为了消除数据间单位的差异性,将原数据进行标准化处理,具体结果见表 4-18。

表 4-18　青岛市压力度子系统标准化数据指标值

指标层	单位	2010	2011	2012	2013	2014	2015
$P13$　人口数	万人	−1.07	−0.66	−0.18	0.44	1.48	1.35
$P14$　人均用水	t/人	−0.65	−0.37	−1.19	1.72	0.46	0.26
$P15$　人均道路面积	m²/人	−0.29	1.73	−0.87	−0.24	−0.33	−0.37
$P16$　人均用电	kW/人	−0.59	−0.83	−0.87	1.2	1.32	0.55
$P17$　第三产业占比	%	−1.49	−0.83	−0.26	0.26	0.78	1.53

资料来源:作者整理。

根据压力度系统的原始数据以及标准化的指标数据,利用 SPSS 统计软件 Facotr 分析,计算得出压力度子系统中各指标的相关系数矩阵以及各因子的方差贡献度,具体见表 4-19,表 4-20。

表 4-19　青岛市压力度子系统数据指标相关系数矩阵

	$P13$	$P14$	$P15$	$P16$	$P17$
$P13$	1	0.54	−0.354	0.821	−0.448
$P14$	0.54	1	−0.014	0.869	−0.054
$P15$	−0.354	−0.014	1	−0.3	0.139
$P16$	0.821	0.869	−0.3	1	−0.131
$P17$	−0.448	−0.054	0.139	−0.131	1

资料来源:SPSS 运行结果。

表 4-20　青岛市压力度子系统因子的方差贡献度

成分	初始特征值			提取平方和载入		
	合计	方差/(%)	累积/(%)	合计	方差/(%)	累积/(%)
1	2.682	53.642	53.642	2.682	53.642	53.642
2	1.143	22.858	76.5	1.143	22.858	76.5
3	0.881	17.627	94.127			
4	0.272	5.437	99.564			
5	0.022	0.436	100			

提取方法:主成分分析

资料来源:SPSS 运行结果。

其中,表中的第一栏的第一列是其特征值,第二列为方差的贡献度,第三列为累积方差贡献度。根据第二栏,我们可以发现,第一成分的方差贡献度为 53.642%,第二成分的方差贡献度为 22.858%,两者的累积贡献度为 76.5%,又因为两者的特征值为 2.682 和 1.143,因而提取了两个主成分。其中,第一主成分的特征值对应的特征向量为 $h1 = (0.943, 0.791, -0.349, 0.964, 0.931)$,第二主成分的特征值对应的特征向量为 $h2 = (-0.089, 0.447, 0.892, 0.119, -0.079)$,具体情况见表 4-21。

表 4-21 青岛市压力度各指标的载荷矩阵

	$h1$	$h2$
$P13$	0.728	-0.573
$P14$	0.945	0.095
$P15$	-0.107	0.674
$P16$	0.967	-0.208
$P17$	-0.023	0.787

提取方法:主成分分析法

旋转法:具有 Kaiser 标准化的正交旋转法

a. 旋转在 3 次迭代后收敛

资料来源:SPSS 运行结果。

从表 4-21 中可以看出,第一主成分与 $P13, P14, P16$ 有较强的相关性,而第二组成分与 $P15, P17$ 有较强的相关性,将表 4-20 中的贡献度进行归一化处理得到主因子的权重,并将表 4-21 中的载荷矩阵进行归一化处理,得到指标数据的权重值。具体结果见表 4-22。

表 4-22 青岛市压力度子系统的各指标权重值

主因子	主因子权重	指标	指标权重
		$P13$	0.34
$Z1$	0.92	$P14$	0.58
		$P16$	0.61
$Z2$	0.39	$P15$	0.34
		$P17$	0.64

资料来源:作者整理。

根据表 4-22,我们可以写出第一主成分 $Z1 = 0.34P13 + 0.58P14 +$

0.61P16，第二主成分 $Z2=0.34P15+0.64P17$，因而承受度子系统的综合评价值 $q=0.92Z1+0.39Z2$。计算结果见表 4-23。

表 4-23　青岛市压力度子系统综合评价值

年　份	第一主成分	第二主成分	综合评价值
2010	−1.1	−1.05	−1.42
2011	−0.95	0.06	−0.85
2012	−1.28	−0.46	−1.36
2013	1.88	0.08	1.76
2014	1.58	0.39	1.6
2015	0.95	0.85	1.2

资料来源：作者整理。

从图 4-4 可以看出，青岛市压力度子系统的发展情况是波动比较大的，在 2013 年以前发展水平是上升趋势，从 2013 年以后，其水平呈下降趋势。这种情况主要是由于第一主成分引起的。

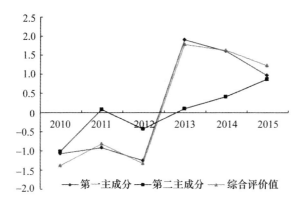

图 4-4　青岛市压力度子系统发展水平曲线

资料来源：作者整理。

4. 生态可持续承载度评价

上面对每个系统进行相关评价，本节将对青岛市整体的生态承载力进行评价。本书咨询了相关领域的 10 位专家，分别对三个子系统的权重进行打分，最终综合的结果为 0.33，0.34，0.33。将所有数据以及权重综合在表 4-24 中，具体如下。

表 4-24 评价指标体系权重表

目标层	准则层	权重	主成分	权重	指标符号	指标层	权重
生态承载力	弹性度	0.33	弹性度	0.91	P1	年平均降雨量	−0.41
					P2	GDP	0.42
					P3	工业总产值	0.41
					P4	第三产业占比	0.42
					P5	港口货物吞吐量	0.41
					P6	绿化覆盖率	0.38
	承受度	0.34	第一主成分	0.92	P7	森林覆盖率	0.5
					P8	污水处理率	0.36
					P9	生活垃圾处理率	0.44
					P10	一般工业固体废物综合利用率	0.41
					P11	空气质量优良率	−0.51
			第二主成分	0.39	P12	耕地面积	0.94
	压力度	0.33	第一主成分	0.92	P13	人口数	0.34
					P14	人均用水	0.58
					P16	人均用电	0.61
			第二主成分	0.39	P17	第三产业占比	0.64
					P15	人均道路面积	0.34

资料来源:作者整理。

根据公式

$$H = \sum_{i=1}^{3} K_i W_i,$$

其中 K_i 为各个子系统的评价值, W_i 为各子系统的权重值,因而,我们可以得到青岛市的生态承载力综合评价,具体结果见表 4-25。

表 4-25 青岛市生态承载力综合评价

	2010	2011	2012	2013	2014	2015
弹性度	−3.32	−0.52	0.33	1.29	2.23	2.66
承受度	−1.82	−0.89	1.06	0.94	0.72	2.59
压力度	−1.42	−0.85	−1.36	1.76	1.6	1.2
生态承载力综合指数	−2.18	−0.75	0.02	1.33	1.51	2.15
排序	6	5	4	3	2	1

资料来源:作者整理。

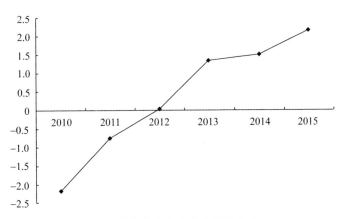

图 4-5　青岛市生态承载力发展曲线图

资料来源:作者整理。

根据图 4-5 可以发现,青岛市的承载力指数从 2010 年一直是增加的,并且增加的幅度是比较大的,说明青岛市的生态环境发展得比较好。

第五章

城市生态环境质量评价和案例

5.1 城市生态环境质量评价的目的和意义

5.1.1 城市环境评价的目的

在环境问题越来越严重的今天,城市环境质量评价的目的有很多,比如,通过评价城市环境质量状况及其演变趋势,然后根据评价过程中遇到的问题提出符合各地实际环境状况的保护策略,也可以对改善城市环境质量的全面规划有一个总体的规划设想,找到能控制城市环境污染问题的具体技术方案和措施,还可以建立健全相关法律法规。究其根本,城市环境质量评价是为人类生存所服务,为综合控制和改善环境质量提供科学依据。

5.1.2 城市生态环境质量评价的意义

城市生态环境质量评价是我们认识和研究城市生态系统的一个非常重要的课题。可以说,生态环境系统客观存在的一种本质属性就是生态环境质量,生态环境质量是我们能够用定性和定量的方法对其加以描述的环境系统所处的状态。我们所说的生态环境质量评价其实就是对生态环境质量与人类社会生存需要满足的程度进行测评。生态环境质量评价的对象是环境与人类生存发展需要密不可分的一种关系,也可以说生态环境质量评价所探讨的是生态环境质量的社会意义。

从城市的角度来看,城市生态环境质量的评价是为了让城市生态系统有一个良性循环,[①]保证城市居民的基本生存环境处于一种良好的状态。从社会经

---

① 袁正锋.常见环境质量评价数学模型讨论[J].生物技术世界,2012.

济角度来看,是为了以尽可能小的代价去获取尽可能好的社会经济环境,以期望经济效益、社会效益和环境生态效益最大化。城市生态环境质量评价是客观环境质量的反映,我们可以用资源质量指数、生物质量指数、人群健康指数、人类生活质量指数等尺度去度量它。我们可以通过大量的调查分析和检测数据,在一定基础上把环境的质与量概率结合起来,以环境质量综合指数为量纲,作为评价城市环境质量的工具,这样就能对城市地区的生态环境有一个数量和质量上的比较,使不同地区之间、不同城市之间的生态环境质量能进行比较,对其有一个客观的评价标准。

5.2 城市生态环境质量评价体系

5.2.1 城市生态环境质量评价的类型

城市生态环境质量评价可分为三种类型:回顾评价、现状评价与预断评价。

1. 城市生态环境质量回顾评价

城市生态环境质量回顾评价是指对城市过去某一段时间的环境质量,根据对历史资料的整理分析进行回顾性评价。通过对城市一定历史时期的回顾性评价可以揭示该城市的环境发展变化过程。进行回顾评价需要大量的真实可靠的历史资料支持,这就对历史资料的积累要求比较高,一般多在科学检测工作做得比较好的大中城市进行。

回顾评价时,在收集过去积累的相关环境资料的同时,可以进行环境模拟或者采集样品进行分析,推断出过去某一段时间内该城市的环境状况。这包括对环境问题的变化、环境问题的成因、环境问题的影响程度、环境问题的治理效果等。回顾评价还可以作为事后评价,用以对环境质量预测的结果进行检验。

2. 城市生态环境质量现状评价

城市生态环境质量现状评价是目前全国各地普遍使用的评价形式,其方法为依据一定的评价标准和方式,对城市当前的环境质量变化进行评价。该评价类型一般是通过对城市最近三至五年的环境监测资料整理分析进行,可以分析出该城市的环境质量现状,为进行综合控制和改善环境质量提供科学依据。城市生态环境现状评价包括以下几个方面的内容。

(1) 自然环境评价

自然环境评价是指为维护城市生态系统平衡,合理开发和利用自然资源而进行的城市区域范围的自然环境评价,该评价包括城市环境自我恢复能力评价、自然资源开发率、资源使用率等因素评价。

（2）环境污染评价

环境污染评价要对污染源进行调查,应该全面了解进入环境的污染物种类与数量,污染物对环境的污染程度,污染物在环境中的扩散、迁移和变化,研究各种污染物在时间和空间上的变化规律,建立相关数学模型,以说明人类活动所造成的污染物对生态环境的影响。

（3）美学评价

美学评价指对当前城市的环境美学价值进行评价。

3. 城市生态环境质量预断评价

城市生态环境质量预断评价是指对城市区域的开发活动给未来环境造成的影响进行预测和评估。按照环境评价要素,预断评价可以分为单个环境要素的质量评价和整体环境质量的综合评价,有时还可以区分出部分环境要素的复合评价。单个环境要素的质量评价包括大气、土壤、水资源等的评价;多个环境要素的复合评价包括大气及气候的复合评价,土壤及植被的复合评价等;整体环境的质量评价是指整个区域环境内的各种要素的综合评价。

5.2.2　城市生态环境质量评价指标的确立

1. 城市生态环境质量评价指标的选取原则

（1）目的性原则。指标的选择过程要有一个明确的目的,城市生态环境质量评价指标的选取首先要从城市环境管理的目标出发,从城市生态系统的结构、功能等多角度选择具有环境敏感性并且具有代表性的指标。

（2）科学性原则。所选理论要站得住脚,可以反映评价对象的客观实际情况。构建指标体系时,必须以科学的理论为指导,抓住评价对象的实质。同时,要抓住研究对象最本质的东西,从符合客观实际出发,选择科学的计算方法建立评价模型。对比较抽象的研究对象描述得越清楚、越简练,理论与实践结合度越高,这样表现出的科学性就越强。指标的选择应该建立在评价目标全面、客观的认识上,城市生态环境质量评价指标的选取应该有一个基础,那就是对城市生态系统的结构,城市系统的输入、生产与输出功能等相关因素有一个全面、科学的认识,城市生态环境质量评价指标的选取要能突出体现生态系统的结构与功能的主要特征,要能真实地反映城市生态系统的基本特征及其变化。

（3）系统性原则。指标的选择过程应该有一个系统性原则,评价对象必须用若干指标进行衡量,这些指标是互相联系和互相制约的,必须能够反映社会发展、经济水平、环境保护等。根据评价对象的结构分出层次,并将指标分类,体现出很强的系统性。① 城市生态环境质量评价指标的选取要用系统论的观点,去考察能充分地反映城市生态系统的组成特征、功能及其相互关系的因素,比如城市生态系统的整体性、层次的结构性和动态性等。

（4）可行性原则。指标的选择有不可忽略的因素,那就是必须具有可操作性,如果确定好了指标却发现操作起来不可行,那就是白忙一场,所以,城市生态环境质量评价指标的选取应该同时考虑城市生态指标数据获取的可行性、难易程度的适宜性,要求指标数据的获取能够通过现有的比较容易的环境监测、统计手段得到。

（5）可比性原则。获取的数据都应符合空间上和时间上的可比原则,尽量采用可比性较强的指标和具有普适性的可比指标。同时还应明确所采用指标的内容做到统一和规范,包括指标的含义、统计口径和范围,确保其可比性。

（6）实用性原则。评价指标要简化,研究方法要简便,数据要易于获取。评价指标所需的数据易于采集,选取的指标应来源于现有的统计资料。控制数据的准确性,确保指标体系的实用性以及结果的客观性。

（7）前瞻性原则。指标体系不仅要反映城市目前的状况,也要能够描述过去和现状的社会经济环境等各要素之间的关系,力求使每个选取的指标都能够反映城市生态系统的本质特征、时代特点和未来取向。

5.2.3 城市生态环境质量评价指标体系的构建

城市生态系统包括自然子系统、经济子系统和社会子系统三个不同子系统的信息。在制定指标过程中,结合城市生态系统的特点,参考城市可持续发展指标、生态城市指标、城市生态系统健康指标等,提出评价指标体系。②

城市生态系统健康评价目前并没有统一的评价指标体系,应该结合城市的实际情况,拟采用活力、组织结构、恢复力、生态系统服务功能和人群健康等几个要素作为评价的一级指标,各个要素下设相应的二级指标构成城市生态环境质量评价体系。同时,把城市生态系统健康分为疾病、不健康、亚健康、较健康和健康 5 个等级。参考国内外健康城市、环保城市、生态城市和园林城市等的建议值作为城市生态系统很健康等级的标准值,把中国同类城市中相关指标的最低值确定为城市生态系统疾病等级的标准值,把最高值与最低值在它们组成的区间内浮动 20%,再相互调整得到各等级的最终值。

---

① 刘伟. 兰州市城市生态系统可持续发展综合评价[D]. 西北师范大学硕士论文,2013-05-01.
② 同上.

5.2.4 城市生态环境质量评价的一般程序

（1）确定所需要的参数及评价的深度。根据对工程的分析及环境质量标准,确定所需要的参数及评价的深度。

（2）对基本情况的收集,包括实地考察。通过对工艺过程分析,了解各种污染物的排放源、排放强度;了解废物的治理回收、利用措施;了解原材料的贮运情况;调查运输工具、设备及运输物资的特性以及其他各种情况的收集和考察。

（3）定量或定性地分析工程项目对环境的影响。通过资料,定量或定性地分析出工程项目对环境的影响,如农田的损失、居民的搬迁、景观的变化、施工时期的噪声及土地侵蚀等影响。对建设工程可能发生的环境影响进行识别,列出环境影响识别表,逐项分析各种工程活动对各种环境要素诸如大气环境、水环境、土壤环境及生物的影响,选择重点,深入进行评价。

（4）环境影响预测。根据以上资料及分析结果,进行环境影响预测,包括大气环境影响预测、水环境影响预测、土壤环境影响预测等。

（5）应用评价结果以确定工程建设项目如何进行修正,以最大限度减少不利的环境影响。

我国根据国内的实际情况和工作实践,总结出环境影响评价的工作程序,环境影响评价工作大体分为三个阶段。第一阶段为准备阶段,主要工作为研究有关文件,进行初步的工程分析和环境现状调查,筛选重点评价项目,确定各单项环境影响评价的工作等级,编制评价大纲。第二阶段为正式工作阶段,其主要工作为进一步做工程分析和环境现状调查,并进行环境影响预测和评价环境影响。第三阶段为报告书编制阶段,其主要工作为汇总并分析第二阶段工作所得的各种资料、数据,得出结论,完成环境影响报告书的编制。①

5.3 城市生态环境质量评价的内容

5.3.1 城市生态环境问题

城市生态环境问题与城市发展几乎是同时产生的。城市化是社会发展的必然趋势,并为技术的集聚,资源利用效率的提高,增加就业、教育、保健和社会服务等创造了必要的条件和不可替代的机遇。另一方面,伴随着城市化、现代化的发展,城市活动容量和活动频率都在随时间不断增加,城市的社会功能越来越

---

① 姜爱林. 论区域环境质量及其评价[J]. 经济评论,2000-09-25.

多,城市活动对环境生态的影响也在不断强化。[①] 城市生物资源、水资源、土地资源都极为有限,人类为了满足自身发展的需要,不断加大开发利用环境资源的强度和频率,而对资源的利用率又未能成比例提高,造成高投入、低产出和高消耗、低效率的现象,致使自然生态系统循环再生的结构功能缺失,城市的生态平衡被破坏,给城市生态环境造成沉重压力,于是出现了人口增长过快、城市超负荷运转、交通拥挤、水资源短缺、能源短缺、环境污染严重、居住环境恶化等一系列生态环境问题。城市生态环境问题集中表现为以下三个方面。

1. 交通拥堵

交通问题一直是大城市的首要问题之一。迅速推进的城市化以及大城市人口的急剧膨胀使得城市交通需求与供给的矛盾日益突出,主要表现为交通拥挤以及由此带来的环境污染、交通安全性降低、经济效益降低及社会稳定性降低等一系列问题。根据伦敦 20 世纪 90 年代的检测报告,大气中 74% 的氮氧化物来自汽车尾气排放。交通拥挤导致车辆只能在低速状态行驶,频繁停车和启动不仅增加了汽车的能源消耗,也增加了尾气排放量和噪声。据英国 SYSTRA 公司对发达国家大城市交通状况的分析,交通拥堵使经济增长付出的代价约占 GDP 的 2%,交通事故的代价占 GDP 的 1.5%～2%,交通噪声污染的代价约占 GDP 的 0.3%,汽车空气污染的代价约占 GDP 的 0.4%,转移到其他地区的汽车空气污染的代价占 GDP 的 1%～10%。

2. 环境污染严重

近百年来,全球的气候与环境发生了以下重大的变化:水资源短缺、生态系统退化、土壤侵蚀加剧、生物多样化锐减、臭氧层耗损、大气化学成分改变、全球变暖等。根据政府间气候变化专门委员会的预测,如果不改变现行的社会经济发展方式,全球将以更快的速度持续变暖,未来 100 年还将升温 1.4～5.8 摄氏度,届时气候变化对全球环境所带来的影响也将更加严重,比如农作物将减产、病虫害发生频率和危害速度将明显增加、水资源短缺将恶化等。环境污染使得城市从传统公共健康问题(如水源性疾病、营养不良、医疗服务缺乏等)转向现代的健康危机(如工业和交通造成的空气污染、噪声、震动、精神压力导致的疾病等)。世界银行曾对此做出过估算,结果显示由于污染造成的健康成本和生产力损失相当于国内生产总值的 1%～5%,由此可见,环境污染对城市经济的影响巨大。

3. 资源短缺

2002 年在南非召开的可持续发展世界高峰会议上,一致通过将水资源列为

---

① 多锐.城市生态环境问题及措施[J].内蒙古科技与经济,2001-10-25.

未来 10 年人类面临的最严重挑战之一。联合国环境规划署同年在《全球环境展望》上指出,目前全球一半的河流水量大幅度减少或被严重污染,世界上 80 多个国家或占全球 40% 的人口严重缺水。如果这一趋势得不到遏制,今后 30 年内,全球 55% 以上的人口将面临水荒。此外,土地资源紧缺问题也是国际大都市在城市化进程中所必然出现的问题。东京、纽约、伦敦等大都市都已出现了较为严重的土地紧张问题,土地对现代化大都市可持续发展的制约作用更加突出。合理开发利用有限的空间和资源,已成为城市实现可持续发展的必然要求。[①]

产生城市问题的主要原因在于:① 城市的物质循环和能量流动系统基本上是线状而不是环状,人类从环境中开采大量的资源,又将大量的物质、能量以废物形式输出;② 不同的城市功能区块之间缺乏必要的共生关系和物质能量的多层分级利用功能;③ 城市生产各行业各自着眼于局部产品而不是整体功能,各部门有可能实现其本身系统的最优,但整体行为往往很不协调;④ 受经济技术力量、社会关系的限制,城市自我调节能力较差、多样性低、对生态环境依赖性强。

因此,解决城市生态危机的关键就是解决人与环境的关系问题,提出用生态学原理和最优化方法去调节城市内部各组分之间的关系,提高物质和能量利用的生态效率,改变城市人口的失控状态。通过合理的规划、改造、建设,合理配置人力、物力和环境资源,实现城市区域社会经济的可持续发展。

5.3.2　城市自然环境、社会环境背景调查分析

我们都知道城市是在自然环境的基础上建立起来的人工系统,这个系统是一个由自然环境、社会环境、经济环境复杂结合的自然—社会—经济综合生态系统。要对其进行评价,应该对整个综合系统的各个组成要素进行调查分析。

城市自然环境的调查内容包括城市地区的气象变化、地质构造、地貌形态、水文环境、土壤植被、动植物及微生物物种等。

城市社会环境的调查内容包括城市的土地资源利用率、居民点发布、人口密度及其空间分布、市政及公共福利设施、环境功能区的划分、各功能区的位置、近期和远期的环境目标等。

城市经济环境的调查内容包括城市的产业结构、工业布局、国民经济总产值及其在行业部门间的分配等。

---

① 城市病. http://www.hudong.com.

5.3.3　城市污染物及污染源的调查与评价

对城市环境污染及污染源进行评价时,为了对种类繁多、性质各异的环境污染物及其污染源进行全面客观而科学的评价,在评价中必须建立一个标准化的评价计算方法,即建立一个标准基础尺度,使其具有可比性。

在普查污染物的基础上,进一步确定城市的主要污染问题及造成该问题的污染要素及污染物,因为城市污染特征是由主要污染物决定的。故任何一种污染物都可以用来作为环境因子,污染物质越多,越能全面反映环境因素的综合质量。但是必须注意,污染物质选取越多,检测工作量越大。因此常选择该地区比较具有代表性的污染物作为参数,比如该地区的大气或水体中的代表性污染物。首先选择最为常见且纳入常规监测的污染物项目作为依据。

由于污染物对城市人体健康带来的潜在危害是由污染物排放量和毒性共同决定的,因此可以建立一个系数来表达各种污染物对环境的影响,即污染指数。各污染物污染指数范围值在 $0\sim100$,最后把这些污染指数加权起来,得到城市环境污染总指数。

5.3.4　城市生态环境质量评价分级

城市生态环境质量评价总污染指数的大小分为 4 个等级,即城市生态环境质量优、良、一般、差,各等级城市生态环境质量状况的分级标准及其含义如下:

(1) 城市生态环境质量优:总污染指数≪20,城市生态要素构成合理,城市绿化率高且充分利用本地植物种资源进行城市绿化,城市生产布局合理;城市生态系统物流、能流顺畅、协调,城市生态系统自身维持能力较强,城市区域环境状况宜人。

(2) 城市生态环境质量良:20≪总污染指数≪35,城市生态要素构成合理,城市绿化率较高,城市利用本地植物资源进行城市绿化较高,城市生产布局较合理;城市生态系统物流、能源较顺畅、协调,城市区域环境状况处于良好水平,但存在影响城市生态环境质量状况的限制性因子,需要进一步有针对性地加强城市生态环境质量与区域协调发展的调控。

(3) 城市生态环境质量一般:35≪总污染指数≪50,城市生态要素构成存在一定的结构性问题,城市绿化率、城市利用本地植物资源情况一般,城市生产结构合理性一般,城市生态系统自维持能力一般,需要进行城市区域结构或布局的改善,或增强城市生态系统的自维持能力。

(4) 城市生态环境质量较差:总污染指数≫50,城市生态要素构成存在结构性问题,城市绿化率、城市利用本地植物情况一般,或城市生产结构不合理,城市生态系统自维持能力较差,需要从宏观结构上进行城市生态改提高城市生态系统生产与自净能力。[①]

5.4　城市生态环境质量评价方法

城市环境质量评价是一项大的系统工程。搞好城市环境质量评价的关键是要搞好评价总体方案的设计。总体方案设计要考虑到城市的性质、结构、规模、历史、特点、主要环境问题以及现有资料条件、已有的工作基础、协作力量等,在此基础上确定评价的目的、目标、标准、范围和要求。[②]

城市环境质量评价的具体技术工作,基本上采用环境质量评价的一般工作方法,包括污染源的调查与评价,各环境要素的现场踏勘、布点、采样、室内分析化验、数据处理等。首先进行单要素的环境质量评价和污染等级划分,然后再进行综合,得到城市全环境的综合质量评价和污染等级划分,并编制城市环境质量图。

5.4.1　定性的综合分析与评价方法

定性的评价方法有感官(觉)法、经验法、外推法、演绎法等。在城市环境质量综合评价中,它们常用于城市环境问题的分析、污染源的调查分析、社会经济因素对环境影响的分析、城市环境质量下降的原因分析以及综合防治的对策分析等。这种定性的综合评价方法是环境质量研究中最基本的评价方法。

5.4.2　定量的综合评价方法

1. 单一污染物环境质量指数

单一污染物存在于环境中时,对环境质量的危害取决于其浓度和毒性。采用此法进行计算时,首先要确定单一污染指数 P_i:

$$P_i = \frac{C_i}{S_i}$$

式中, P_i 为污染物的环境质量指数; C_i 为污染物的实测浓度, mg/m^3 ; S_i 为污染物的环境质量标准浓度, mg/m^3 ; P_i 值表达了 i 污染物单一存在的情况下的环境质量下降水平。

———————————

①　万本太、王文杰、崔书红、潘英姿、张建辉. 城市生态环境质量评价方法[J]. 生态学报,2009,29(3):4.

②　陈学军、刘宝臣、官志. 山环境质量多层加权综合评价方法[J]. 桂林工学院学报,1997-05-30.

2. 定量的总环境质量指数

1969 年美国开始用环境总质量指数来概括各环境要素的质量,进行了全国自然资源质量评价。1974 年加拿大用总环境质量指数评价了全国环境综合质量。这些年来,我国一些城市和地区也开始用质量指数的方法对城市、河流、海域等进行环境质量的综合评价。

定量的污染指数综合评价方法有下列几种。

(1) 均权叠加法

在获得值后,可以按下式将单一污染指数相加,以求得某种环境要素,例如大气、水体或者土壤的质量指数 Q_i,其计算通式为

$$Q_i = \sum_{k=1}^{k} P_i$$

$$P_i = \frac{C_i}{S_i}$$

式中,Q_i 为综合质量指数;P_i 为各环境要素的质量指数(分指数);C_i 为污染物的实测浓度,mg/m^3;S_i 为污染物的环境质量标准浓度,mg/m^3。

均权叠加法的基本根据是:在获得低一级的指数时,是按污染物的环境质量标准作为评价标准进行了污染程度的数值换算,表明已经考虑了不同污染物对人体和环境的污染程度的差异,其实质已作了简单的权重考虑,所以采取直接叠加的办法已达到了综合的目的。若为粗略了解城市环境质量总状况的评价,可考虑选用这种综合评价方法。但它存在两个问题:一是有局限性,即评价标准非严格按评价目的选择,同一评价目的选用了两种或多种标准系列,即使同类系列的评价标准,其标准制定的依据也可能不同;二是均权叠加是将不同污染物和不同的环境要素给予同等对待,并未将危害大、影响严重的污染物或环境要素突出,忽视了极大值对环境质量变化的重要影响,这就产生了加权和处理极大值的问题。

(2) 加权求和法

在综合评价中,不同的污染物和环境要素对人体、生物和环境的影响程度或强度一般是不同的,另外还有地区差异和城市的特殊情况。例如,从环境污染角度来看,空气污染和水体污染都是城市的主要污染问题。但是,就城市居民来说,一般不饮用被污染的河水,而饮用自来水,只要保护好自来水不受污染,环境水体的污染对人的危害就会减小。而对每个人都要呼吸的空气来说,避免被污染的空气危害却是非常困难的。对此,评价指数系统中应该引入权值,加权求和法的环境污染指数的计算通式为

$$Q_i = \sum_{i=1}^{k} W_i P_i \quad \text{且} \quad \sum_{i=1}^{k} W_i = 1$$

式中，Q_i 为综合环境质量指数；P_i 为各环境要素的质量指数（分指数），求法同上；W_i 为环境要素（或污染因子）的权值。

目前，确定权值有下列几种方法：

① 根据居民来信统计与主观判断确定权值。在选定了评价因子后，可根据居民的各种反映进行统计分析，并结合当地环境污染特点提出相对加权值。例如，根据居民来信和综合分析，各污染要素的权值分别为：空气 60%、噪声 20%、地面水 10%、地下水 10%。

② 根据生产需要或用途定权值。如一条河流，根据饮用水、生活用水、工业用水和渔业用水等用量比例定权值。

③ 根据环境可容纳量定权值。环境对某种污染物可容纳的程度即污染物开始引起环境恶化的极限，即

$$V_i = \frac{S_i - B_i}{B_i}$$

式中，V_i 为评价标准；S_i 为基准值（本底值）；B_i 为可容纳量的倒数。

由于可容纳量与权值呈反相关，所以权值 W_i 可以用下式表示

$$W_i = \frac{V_i}{\sum V_i}$$

④ 也有用因子分析法或模糊数学法求权值。国外还有采用专家打分法求权值的例子。

综合评价指数系统引入权系数，从理论上说是无可非议的，问题在确定权值时，应尽量避免人为因素，不恰当权值的引入反而会歪曲环境质量真相。因此，在评价时，最好在选择参数、确定评价标准上下工夫。在未找到科学合理的权值时，宁可采用均权叠加法。

（3）兼顾极值的综合指数法

该综合污染指数法既考虑了各环境要素或污染因子的平均污染状况，又兼顾了污染最重的环境要素或污染因子对环境质量的影响。其计算式如下：

$$I = \sqrt{\frac{(\max P_i)^2 + \overline{P_i^2}}{2}}$$

式中，I 为综合污染指数；$\max P_i$ 为各环境要素或污染因子中的最大分指数；$\overline{P_i}$ 为各环境要素或污染因子的平均分指数。

总的来说，综合评价指数，只是大体上定量地综合表达区域环境质量。随着

我们对环境认识的加深,以及监测手段和评价标准的不断完善,环境质量综合评价指数包括的内容和计算公式也将日渐丰富和深入,更加科学合理。

5.5 案例:济南市生态环境质量评价

5.5.1 济南市区域研究概况

济南市是山东省的省会城市,素有"泉城"之称,曾经被评为国家历史文化名城之一。它是山东省的经济大市之一,在山东经济发展中起到重要的作用,是全省多个中心,比如政治、经济、文化、科技、教育和金融中心等,另外,济南市还是国家批准的沿海开放城市以及 15 个副省级城市之一。

济南地理位置优越,其南依泰山,北跨黄河,因而济南市内的河流包括黄河以及小清河两大水系。济南拥有的湖泊较多,比较出名的有大明湖、白云湖等。济南地势南高北低,主要是因为济南位于平原与丘陵的交接处,按地形可以分为三部分:北部临黄带,中部山前平原带,南部丘陵山区带。

济南市处于中纬度地带,因而其属于暖温带大陆性季风气候。该气候的主要特征是:季风明显,四季较分明;冬寒夏暖,雨量集中。一般在冬季后期气温会在 0 摄氏度以下,冬季常受来自北方冷空气侵袭,温度会不断降低。济南市一般是盛行北风,寒冷少雨雪,并且冬季时间大约有 4—5 个月的时间,一般是从 11 月到来年的 3 月。夏季一般在 5 月下旬至 9 月上旬,受热带、副热带海洋气团影响,盛行来自海洋的暖湿气流,天气炎热、雨量充沛、光照充足、多偏南风。济南市整个夏季的降雨量平均在 400 毫米以上,降雨量的 60% 主要集中在夏季,并且以 7、8 月份偏多,能够占全年降雨天数的 70%。济南市春季、秋季较短,时间一般不会超过两个月。一年之中,在不同季节,全市处在不同大气环流控制之下,构成了春暖、夏热、秋爽、冬寒四季变化分明的气候。

济南市土地资源总面积约为 8154 km²。地形一般是平原,占地面积为 5000 km²,而山地丘陵超过 3000 km²。济南市土地类型有六种,分别是棕壤、褐土、潮土、沙姜黑土、水稻土、风砂土。济南市矿产资源较为丰富,包括铁、煤以及铜、钾、铂、钴等多种有色金属、稀有金属和非金属等。该城市的林木资源比较丰富,分乔木、灌木两大类,共有 60 多科,300 多种。水资源 15.9 亿立方米,可利用量 14.7 亿立方米。济南市地表水 6.41 亿立方米,占总量的 38%;地下水 9.66 亿立方米,占总量的 62%。在现有水利设施正常运用条件下,结合天然水资源的特点,可以拦蓄提引的水量,即多年平均可利用量为 11.92 亿立方米。全市耕地率相对较高,为 47.6%,而全省耕地率为 47%、全国平均约 10.4%,都不及该城市。由于城镇及工矿企业存在排污行为,使得北部的平原地带受到不同程度的污染。尽管全市耕地率较高,但是人均占有耕地低于全省人均 0.1 ha、全国人均 0.13 ha 的水平,仅为 0.07 ha。

5.5.2 济南市生态环境质量评价方法

1. 层次分析法

本书查找相关资料,发现层次分析法广泛应用于城市生态环境质量评价,领域因而本章也将采用此方法进行实例分析。由于该方法在第三章(P38—40)中已详细介绍过,本章节将不再重复,直接进入下面的指标适宜度模型介绍。

2. 指标适宜度模型

(1)单指标适宜度模型

单指标将分为两种类型的指标,一种是正向指标,即指标值越大代表适宜度越好的指标;另一种是反向指标,即指标值越小其适宜度越好的指标。

其中,对于正向指标,适宜度计算公式为

$$P_{i1} = \frac{X_i}{S_i} W_i,$$

式中,P_{i1} 为适宜度,X_i 为指标 i 的实际值,S_i 为指标 i 的标准值,W_i 为指标 i 的权重值,其通过层次分析法计算得出。

对于反向指标,其适宜度的计算公式为

$$P_{i2} = \left(1 - \frac{X_i}{S_i}\right) W_i,$$

式中,P_{i2} 为适宜度,X_i 为指标 i 的实际值,S_i 为指标 i 的标准值,W_i 为指标 i 的权重值,其通过层次分析法计算得出。

(2)指标组的适宜度模型

上一步我们计算出单指标的适宜度,我们可以进一步对指标组的适宜度进行计算,其计算公式为

$$P_j = \sum_{i=1}^{k} P_i (P_{i1}, P_{i2}),$$

其中,P_j 为一级指标的适宜度指数值,k 代表每个指标组中指标的个数。

(3)适宜度指数综合指数模型

最终,我们可以计算适宜度综合指数,即城市生态系统质量评价指数的计算是将每一层指标指数乘以各自的权重,并进行求和运算,最终将得到环境质量综合指数。具体的计算公式为

$$EQCI = \sum_{i=1}^{n} P_j W_j,$$

其中，P_j 为一级指标的值，W_j 为其对应的权重值，并也是通过层次分析法计算得出，n 为一级指标的项数。

5.5.3　济南市生态环境质量评价指标体系

城市的可持续发展与生态系统的稳定是相互联系、相互制约的，城市生态系统的稳定会带来城市的可持续发展，城市的可持续发展又会为生态系统稳定提供条件。本书以可持续发展理论为主，结合生态学、生态城市建设方面的研究成果，将城市生态环境质量评价指标分为社会可持续发展指标组、经济可持续发展指标组和自然资源可持续发展指标组和环境可持续发展指标组。

1. 社会可持续发展

（1）城市人口数

城市在一定程度上是人口集聚的结果，特别是随着城市化的快速发展，城市人口数量不断扩大。由于资源是有限的，随着人口的增多，人才技术的涌入，使得城市的发展出现了新的增长点，但是另一方面，城市人口的增多给环境带来了巨大的挑战，比如城市住房拥挤、交通拥挤或者是环境污染等方面的问题，对城市的可持续发展产生不利的影响。另外，我们可以采用人口密度、人均居住面积来衡量城市人口的变化与集中程度。

（2）生活质量水平

随着经济社会的发展不断提高，我国人民的生活水平不断改善，人们在最基本的物质需求层面得到满足后，将追求高一级的精神需求，在此我们可以采用恩格尔系数来表示人们生活质量水平的提高，或者是采用人均可支配收入指标表示生活水平的提高。另外，人们生活质量水平还表现在医疗卫生等方面。随着经济的发展，人们对医疗条件的需求越来越高，可采用每万人拥有的医院数进行衡量。

（3）基础设施建设

基础设施建设是城市发展的基础，基础设施水平的高低也将决定着人们日常生活水平。比如在经济发展的地区，其基础设施种类比较齐全，而对于一些三四线城市，其基础设施水平比较落后，其经济发展水平也不及大城市。但是由于体制与认识水平的问题，总体来看我国的基础设施建设是落后于经济发展的，因此基础设施将阻碍城市的快速发展，我们将把基础设施建设作为城市发展的目标之一。由于基础设施分为很多方面，本书将采用人均道路面积来衡量城市交通发展情况；采用人均居住面积来衡量城市居民居住情况；采用人均用电量来衡量城市电力基础设施发展情况；人均生活用水量来衡量城市水资源供给设施水平发展。①

（4）教育建设

在现代化的城市发展中,人才是城市或者是国家竞争力的主要影响因素,我们越来越重视教育的发展。本书将采用每万人在校大学生数来表示高等教育水平。

2. 经济可持续发展

（1）经济发展规模与效益

经济发展是城市发展的重要动力,同时为基础设施投资或者环境改善等提供了经济保障,城市间的竞争力也与经济发展有关。本书采用 GDP 总量来表示经济发展的规模,用人均 GDP 来衡量经济发展的效益水平。另外以人均地方财政收入代表政府的资金支付能力衡量城市经济繁荣状况。

（2）经济发展速度

经济发展速度是衡量城市经济增长的有效指标,投资又是经济持续增长的基础。本书采用 GDP 增长率来衡量城市经济发展的速度。

（3）产业结构

随着经济新常态的倡导,我国逐渐从粗放型经济向集约型经济发展,我们不再一味地追求经济增速的又快又好发展目标,而是注重经济结构的优化,第二产业比重逐渐降低,而第三产业占比逐渐提高。本书采用第三产业占比来表示经济结构的变化情况。

3. 自然可持续发展

（1）资源拥有

资源是城市发展和人们生活的必要条件。人们的衣食住行都离不开水、土地、光等自然资源。本书将采用年平均降雨量、年平均温度、人均耕地面积、人均水资源量、森林覆盖率来衡量其各资源情况。

（2）生态环境建设

城市绿地系统在城市中作为自然和人文景观,对调节居民日常生活和城市生态环境起到了重要作用,生态环境建设还离不开资金投入,生态建设耗资巨大,没有充足的资金支持是难以实现生态环境优化的。本书将采用每万人拥有公共绿地面积来衡量城市绿化水平。

4. 环境可持续指标

随着城镇化水平的不断提高,城市人口占比越来越大,人们产生的垃圾也越来越多,对环境产生的影响比较严重,因而我们将采用生活垃圾处理率来衡量城

---

① 刘清丽.基于数量方法的福州城市生态环境质量评价.福建师范大学硕士论文,2005-04-01.

市居民生活对城市生态环境的影响。另外,随着工业化的发展,工业污染情况也是比较严重,我们采用污水处理率以及一般工业固体废物综合利用率来衡量工业治理情况。环境的绿化水平也是应该值得重视的,本书拟采用建成区绿化覆盖率来表示环境建设情况。

通过上述分析,我们在评价济南市生态环境质量时,将分成社会、经济、自然、环境四个系统层,并选取相应的 24 个指标作为指标层。具体指标介绍与单位描述见表 5-1。

表 5-1　生态质量评价指标体系

目标层	准则层		指标层	单位
生态质量评价	A1 社会可持续性指标	$P1$	人口密度	人/km²
		$P2$	城市化水平	%
		$P3$	城市人均可支配收入	元
		$P4$	恩格尔系数	%
		$P5$	人均居住面积	m²
		$P6$	人均用电量	kW/人
		$P7$	人均生活用水量	t/人
		$P8$	人均道路面积	m²
		$P9$	人均拥有公共绿地面积	m²
		$P10$	万人在校大学生数	人
		$P11$	医院和床位数	个
	A2 自然资源可持续指标	$P12$	森林覆盖率	%
		$P13$	人均耕地面积	ha
		$P14$	人均水资源量	m³
		$P15$	年降雨量	mm
		$P16$	年平均温度	℃
	A3 环境可持续性指标	$P17$	污水处理率	%
		$P18$	建成区绿化覆盖率	%
		$P19$	生活垃圾处理率	%
		$P20$	一般工业固体废物综合利用率	%
	A4 经济可持续性指标	$P21$	人均 GDP	元
		$P22$	GDP 增长率	%
		$P23$	第三产业占 GDP 比率	%
		$P24$	人均财政收入	元

资料来源:安丰雪.淄博市城市生态环境质量评价与可持续发展研究.中国海洋大学,2012.

5.5.4 济南市质量评价指标标准的确定

关于城市生态环境可持续发展能力的标准研究,目前学术界尚没有统一认可的标准。理论上,标准值制定的原则为:

(1)凡已有国家标准的或国际标准的指标,尽量采用规定的标准值;

(2)参考国外具有良好特色的城市的现状值作为标准值;

(3)参考国内城市的现状值,确定标准值;

(4)依据现有的环境与社会、经济协调发展的理论,力求定量化作为标准值;

(5)尽量与我国现有的相关政策研究的目标值一致,如创模标准、生态示范区标准、现代化标准,或优于其目标值;

(6)对那些目前统计数据不十分完整,但在指标体系中又十分重要的指标,在缺乏有关指标统计数据前,暂用类似指标替代(或采用专家咨询确定)。

有些指标如大气环境、水环境、土壤环境等已有了国家的、国际的或经过研究确定的标准,对于这些指标可以直接使用规定的标准进行评价。但是有些指标并没有一定的标准,例如,GDP。而且有的指标并非越多越好或越少越好,呈简单的线性关系,例如,人均生活用电或人均用水越多,说明生活水平越高,水资源保障率较高,但是从生态学的角度看,应该提倡节约用电和节约用水,特别是生活用水,今后的方向是越省越好。

本章选取济南市 2014 年的相关数据进行分析,相关指标值来源于济南市林业与城乡绿化局、济南市第二次土地调查主要数据成果公报、济南市社会统计年鉴以及济南市国民经济与社会发展公报等。具体指标值以及相关的标准值见表 5-2。

表 5-2 指标值与指标标准值

	指标层	单位	指标值	标准值
P1	人口密度	人/km²	1092.92	1800
P2	城市化水平	%	67	70
P3	城市人均可支配收入	元	38 762.8	28 000
P4	恩格尔系数	%	29.7	30
P5	人均居住面积	m²	38.6	35
P6	人均用电量	kW/人	530.2	600
P7	人均生活用水量	t/人	20.88	42
P8	人均道路面积	m²	22.11	12
P9	人均拥有公共绿地面积	m²	20.79	10
P10	万人在校大学生数	人	1126.77	200

（续表）

指标层		单位	指标值	标准值
P11	医院和床位数	个	265	200
P12	森林覆盖率	%	35.2	40
P13	人均耕地面积	ha	0.06	0.05
P14	人均水资源量	m³	332	3000
P15	年降雨量	mm	433	671
P16	年平均温度	℃	19.5	20
P17	污水处理率	%	95.33	100
P18	建成区绿化覆盖率	%	39.77	41
P19	生活垃圾处理率	%	100	100
P20	一般工业固体废物综合利用率	%	99.56	100
P21	人均 GDP	元	82 052	50 000
P22	GDP 增长率	%	8.76	10
P23	第三产业占 GDP 比率	%	55.78	55
P24	人均财政收入	元	8737.58	10 000

　　资料来源:济南市林业与城乡绿化局、济南市第二次土地调查主要数据成果公报、2014年济南市社会统计年鉴以及 2014 年济南市国民经济与社会发展公报。

5.5.5　济南市生态质量评价计算

　　1. 层次分析法计算结果

　　进行生态评价的第一步,我们要计算不同指标的权重。本书将采用 MATLAB 软件编程来计算指标的权重值,具体见表 5-3。

　　（1）准则层的权重值

表 5-3　指标权重值表

	A1	A2	A3	A4	W
A1	1	5	1/3	3	0.2622
A2	1/5	1	1/7	1/3	0.0553
A3	3	7	1	5	0.565
A4	1/3	3	1/5	1	0.1175

　　资料来源:作者整理与 MATLAB 运行结果。

　　通过计算,我们得到最大特征值为 4.117,从而 $CI=0.039$。取 $RI=0.9$,则 $CR=CI/RI=0.0433<0.1$,即一致性校验通过。通过同样的方法,可以求出指标层的权重系数,具体见表 5-4 到表 5-7。

（2）社会可持续性

表 5-4 社会可持续性

A1	P1	P2	P3	P4	P5	P6	P7	P8	P9	P10	P11	W_{A1}
P1	1	2	2	4	5	6	6	7	7	9	9	0.2543
P2	1/2	1	3	4	5	5	6	6	6	8	8	0.228
P3	1/2	1/3	1	3	4	5	5	7	7	7	7	0.1689
P4	1/4	1/4	1/3	1	3	4	4	5	5	6	6	0.1091
P5	1/5	1/5	1/4	1/3	1	5	5	3	3	4	4	0.0782
P6	1/6	1/5	1/5	1/4	1/5	1	1	2	2	3	3	0.0379
P7	1/6	1/6	1/5	1/4	1/5	1	1	2	2	3	3	0.0373
P8	1/7	1/6	1/7	1/5	1/3	1/2	1/2	1	1	2	2	0.0258
P9	1/7	1/6	1/7	1/5	1/3	1/2	1/2	1	1	2	2	0.0258
P10	1/9	1/8	1/7	1/6	1/4	1/3	1/3	1/2	1/2	1	1	0.0173
P11	1/9	1/8	1/7	1/6	1/4	1/3	1/3	1/2	1/2	1	1	0.0173

资料来源：作者整理与 MATLAB 运行结果。

$CI=0.7985，RI=1.53 CR=CI/RI=0.05<0.1$，即一致性校验通过。

（3）自然资源可持续性

表 5-5 自然资源可持续性

A2	P12	P13	P14	P15	P16	W_{A2}
P12	1	4	3	7	7	0.505
P13	1/4	1	1/2	3	3	0.141
P14	1/3	2	1	5	5	0.244
P15	1/7	1/3	1/5	1	1	0.055
P16	1/7	1/3	1/5	1	1	0.055

资料来源：作者整理与 MATLAB 运行结果。

$CI=0.02，RI=1.12，CR=0.018<0.1$，即一致性校验通过。

（4）环境可持续性

表 5-6　环境可持续性

$A3$	$P17$	$P18$	$P19$	$P20$	W_{A3}
$P17$	1	2	1	2	0.33
$P18$	1/2	1	1/2	1/2	0.1404
$P19$	1	2	1	2	0.33
$P20$	1/2	2	1/2	1	0.1996

资料来源：作者整理与 MATLAB 运行结果。

$CI=0.02$，$RI=0.58$，$CR=0.03<0.1$，即一致性校验通过。

（5）经济可持续性

表 5-7　经济可持续性

$A4$	$P21$	$P22$	$P23$	$P24$	W_{A3}
$P21$	1	6	4	3	0.5576
$P22$	1/6	1	2	1/3	0.1151
$P23$	1/4	1/2	1	1/2	0.0981
$P24$	1/3	3	2	1	0.2291

资料来源：作者整理与 MATLAB 运行结果。

$CI=0.06$，$RI=0.58$，$CR=0.1$，即一致性校验通过。

根据表 5-4 到表 5-7，可以汇总出总的层次排序，如表 5-8 所示。

表 5-8　总层次排序

	$A1$	$A2$	$A3$	$A4$	$W_{总}$
	0.262	0.06	0.565	0.12	1
$P1$	0.254				0.0667
$P2$	0.228				0.0598
$P3$	0.169				0.0443
$P4$	0.109				0.0286
$P5$	0.078				0.0205
$P6$	0.038				0.0099
$P7$	0.037				0.0098
$P8$	0.026				0.0068
$P9$	0.026				0.0068

（续表）

	A1	A2	A3	A4	$W_{总}$
P10	0.017				0.0045
P11	0.017				0.0045
P12		0.51			0.0279
P13		0.14			0.0078
P14		0.24			0.0135
P15		0.05			0.003
P16		0.05			0.003
P17			0.33		0.1865
P18			0.14		0.0793
P19			0.33		0.1865
P20			0.2		0.1128
P21				0.56	0.0655
P22				0.12	0.0135
P23				0.1	0.0115
P24				0.23	0.0269

资料来源：作者整理。

2. 指标适宜度模型计算

根据前面所列公式，计算出单指标适宜度以及准则层适宜度，具体结果见表5-9。

表5-9　指标的适宜度

准则层		单指标适宜度	指标组适宜度
A1 社会可持续性指标	P1	0.1	0.991
	P2	0.218	
	P3	0.234	
	P4	0.108	
	P5	0.086	
	P6	0.004	
	P7	0.019	
	P8	0.048	
	P9	0.054	
	P10	0.097	
	P11	0.023	

（续表）

准则层		单指标适宜度	指标组适宜度
A2 自然资源可持续指标	P12	0.445	0.73
	P13	0.169	
	P14	0.027	
	P15	0.035	
	P16	0.053	
A3 环境可持续性指标	P17	0.315	0.979
	P18	0.136	
	P19	0.33	
	P20	0.199	
A4 经济可持续性指标	P21	0.915	1.316
	P22	0.101	
	P23	0.099	
	P24	0.2	

资料来源:作者整理。

根据环境质量综合指数公式, $EQCI = \sum_{i=1}^{n} P_j * W_j$, 求得济南市环境指数为1.008。

3. 适宜度等级划分

我们所求的综合指数数值本身没有什么意义,必须通过相应的数值大小的限值界定,才能够形象地表达其值所代表的含义,因而通过相关资料设计了一个评级标准,具体见表5-10。

表 5-10 城市生态质量分级表

等级	指数级	评价
一级	≥0.8	强可持续发展性,经济、社会、环境、自然高度协调
二级	0.65~0.8	中可持续发展性,经济、社会、环境、自然比较协调
三级	0.35~0.65	弱可持续发展性,经济、社会、环境、自然不太协调
四级	0.20~0.35	可持续发展受到阻碍,经济、社会、环境、自然不协调
五级	≤0.2	可持续发展严重受到阻碍,经济、社会、环境、自然高度不协调

资料来源:安丰雪.淄博市城市生态环境质量评价与可持续发展研究.中国海洋大学硕士论文,2012.

质量评价分级中,0.65的适宜度是及格线标准,其值越大,适宜度等级就越高,表明城市的生态质量就越好,城市可持续性发展的势头就越强。相反,值越小,表明适宜度等级就越小,城市的生态质量水平就越低,可持续发展的势头就越弱。

从表 5-10 中我们可以发现,自然资源可持续性发展的适宜度是最低的,为 0.73。但是该指标值仍是大于及格线 0.65。其他三个层面的指标值都是大于 0.8。另外,我们综合计算得到的生态质量综合指数值为 1.008,大于 0.8,说明济南市的生态环境质量水平较高,具有较强的可持续性发展能力。

5.5.6 济南市可持续发展建议

根据计算结果发现,济南市的可持续性发展能力较强,但是不应因此而懈怠,仍然要继续做好相应工作,使得济南市向更好的方向发展。

1. 加强城市生态环境建设,提高城市环境质量

生态环境的良好发展将依赖于城市环境的质量,近年来我国大部分地区都出现了雾霾等环境恶化的现象,济南亦是如此。因而济南市提高环境质量的主要工作是对症下药,应该进一步调整其产业结构与功能布局,对城市中高能耗以及高污染的企业进行有效监督并进行恰当治理,对不符合城市可持续性发展的企业进行整改。济南水资源较为丰富,要做好水资源保护与治理的工作。进一步加大城市的绿化区建设,同步推进郊区城镇绿化建设,启动建设一批具有娱乐、体育、民俗功能的近郊公园,积极开展墙面绿化、屋顶绿化、阳台绿化等具有高标准城市特点的立体绿化,增加景观和生态效应。

2. 大力发展循环经济,促进城市可持续性发展

循环经济是 21 世纪环境保护的战略选择,是实施可持续发展战略的重要载体。它要求按照生态规律组织整个生产、消费和废物处理过程,其本质是将传统经济的"资源—产品—废弃物排放"的开环式经济流程,转化为"资源—产品—再资源化"的闭环式经济流程,在经济过程中实现资源的减量化、产品的反复使用和废气物的资源化。发展循环是济南市建设生态文明城市的必由之路。循环回收利用是循环经济的一个起点。废物的回收和再利用,不仅是一种积极的环境保护行为,而且蕴含着巨大的经济效益。要建立以社区回收为基础的新型回收网络,可以选择与群众生活密切相关的产品如电池等,进行循环回收利用的试点。

要全面推进生活垃圾的分类收集和分类处置,完善生活垃圾收集处置系统,提高回收利用水平,实现垃圾处理方式从填埋、焚烧向多元化综合处理的转变,以达到城市垃圾减量化、资源化、无害化的目标,积极推进生活垃圾生物转化、能源转化利用,提升无害化水平。同时也要努力提高市民的循环经济意识和环境卫生意识,抓好生活垃圾分类回收利用产业化的政策配套等。积极采用清洁生

产技术发展工业,与产业结构调整相结合,要依靠先进的科技和人力资源,开拓创新,建设资源节约型社会。要把清洁生产的着眼点从目前的单个企业延伸到工业园区,建立一批生态工业示范园区,在济南市已有工业区中开展生态型工业园区的试点,并逐步推广。

3. 重视城市管理,完善城市基础设施建设

城市管理的主要对象是指城市基础设施和城市公共资源,对城市经济、社会、环境以及自然整体效益进行综合管理。相比于北上广等一些一线城市,济南市的基础设施水平仍然比较落后,不能够满足人们生活与工作的需要。因此,济南市应该借鉴其他城市的管理模式与相关经验进行建设,比如上海在"建管并举、加强管理"的同时,需要继续加强城市建设。在城市建筑方面,要转向生态建筑技术,大力发展生态建筑,为创造良好的居住环境做努力;在城市交通方面,要大力发展城市轨道交通,改善城市交通设施,从根本上解决交通拥挤和空气污染问题。通过以上种种途径来实现城市经济繁荣发达、市民生活舒适便利、城市环境整洁优美,促进经济、社会、环境协调发展的最终目标。

4. 贯彻科教兴市战略,加快产业结构的优化升级

科学技术是第一生产力,我们要利用技术来发展城市,提高城市的竞争力。这需要我们转变以往用大规模投资带动经济发展的方式,用技术进步和人力资本推动经济发展,即从资本驱动、要素驱动转变为知识和技术驱动。技术的发展与创新需要依托高水平人才,因此我们应重视高等教育人才的培育。

5. 加强环保宣传教育,引导公众共同参与

加强人们的环保意识以及环保素质才是改善环境问题的有效方法之一,尽管大部分人已经具备一定的环保思想,但是还有相当的人没有思想觉悟,并对环境破环产生了一定的影响,这与我们倡导的生态文明建设存在一定的差距。因此,要加大宣传力度,在互联网时代,要充分借助网络的力量,通过电视、广播等途径进行宣传,普及生态环境的科学知识、环境保护的方针、政策、法律、法规等。另外,要引导公众参与城市管理,树立起主人翁意识,鼓励广大市民积极、主动地投入到保护环境的行动中去,共同建设生态文明城市。

第六章

城市生态系统可持续发展评价和案例

6.1 城市生态系统可持续发展评价的基本要素和内容

6.1.1 自然子系统要素

自然子系统要素主要包括水、土地、生物等成分。水是构成自然和人类生态系统的基本成分,它孕育了文化,构造了人类社会。水在自然和人类社会的长期演化史中起了孕育土地、熟化土壤、促进营养物的循环和调节气候等重要作用。水资源的不合理开发等破坏了景观生态的整合性,水源涵养能力、水土保持能力及水体进化能力都在减弱。土地是极其重要的自然资源,但它也是一种有限且已被破坏的自然资源,人类无休止地掠夺土地而不加以保护终将导致环境的破坏。生物资源提供了地球生命支持系统的基础,成为城市产生、成长和生存的前提。包括植物、动物、微生物在内的所有物种和生态系统以及物种所在的生态系统中的生态过程的多样性为城市中人类的活动提供了宝贵的支持。

1. 水资源要素

水是生命的源泉,是人类和其他生物赖以生存和发展的物质基础。原始的生命起源于水,并由水生向陆生进化,生命随时随地都离不开水。水是一切生命新陈代谢的介质,生命活动的协调、营养物质的输送、代谢物的运送、废物的排泄和激素的传输都与水密切相关。

水资源要素的评价内容包括:① 水资源构成,如降水资源、地表水(河川径流)资源及地下水资源等;② 水资源利用现状,如主要供水来源,用水行业,用水指标等;③ 水资源面临的主要问题,如水污染、水资源短缺等。

2. 土地资源概况

土地资源要素是人们生产生活的最基本自然资源,是以人为中心的有机环境与周围环境形成的对立统一体。上至城市区域大气环境所在的空间,下至容纳城市地表水与地下水补给的空间实体。土地能否合理利用直接影响着城市经济的增长,生态环境的质量及其所能承载的人口数量负荷。

土地资源要素的评价内容包括:① 土地资源现状,如土地总面积,全市农用地面积,建设用地面积等;② 土地资源面临的主要问题,如土地荒漠化等。

3. 环境质量要素

环境质量要素是影响人类环境质量整体的各个独立的、性质不同的而又服从整体演化规律的基本要素。

环境质量要素的评价内容包括:空气质量优良天数,空气污染主要特征,工业固体废弃物产生量、利用率,废水排放量,二氧化硫排放量,噪声平均等效声级等。

6.1.2　社会子系统要素

社会子系统是以人为中心,以满足城市居民的就业、交通、医疗、居住、教育及生活环节需求为目标,为经济子系统提供脑力和智力支持,其特征为高密度的人口和高密度的生活消费。

社会子系统评价内容包括:人口密度、人均住房面积及其发展趋势,城镇人口登记失业率、恩格尔系数,每千人拥有医院、卫生院,每万人拥有高等学校学生、拥有剧场、影剧院,城市基础设施各项指标,人均住房面积、人均使用面积等。

6.1.3 经济子系统要素分析

经济子系统以各种资源流动为核心,物资从分散向集中的高速度运转,能量从低质量向高质量的高强度聚集,其特征为信息从低序向高序积累。在城市生态系统中,经济子系统是生态城市发展动力,起支撑作用。

经济子系统评价内容包括:生产总值及增长速度,行业分布等。

6.2　城市生态系统的可持续发展评价体系

6.2.1　城市生态系统可持续发展评估与生命周期评价

城市生态系统可持续发展评估即根据各城市的可持续发展现状和各项可持续发展指标及相应的计算方法得出城市生态系统可持续发展指标评价。自人类进入 20 世纪后期以来,环境污染和生态破坏日益严重,直接威胁到人类的生存发展，迫使人类选择可持续发展战略。如今可持续发展正成为世界发展的主要方向。虽然目前各国在对环境污染的治理方面取得显著的进展，但仅依靠末端污染控制技术所能实现的环境改善是有限的，许多环境问题仍困扰着人们，如全球气候变暖、臭氧破坏、重金属和农药在环境介质中的转移等。目前的环境影响评价（Environmental Impact Assessment，EIA）由于其"末端污染评价"的局限，往往不能对所从事的活动全过程的资源消耗和造成的环境问题有一个彻底而全面的了解。生命周期评价（Life Cycle Assessment，LCA）方法是为克服上述弊端而创立的，是国际上普遍认同的为达到上述目的的方法。国外对生命周期评价的研究和应用已非常重视，而我国对生命周期评价的研究才刚刚起步，总体水平尚属理论学习和探索阶段。

1. 生命周期评价的基本思想及概念

（1）生命周期

生命周期（Life Cycle）不仅是经济学术语，而且涉及环境技术经济社会等多个领域的概念.是指产品从摇篮到坟墓的整个生命周期各个阶段的总和.包括产品从原材料的采集、加工和再加工等生产制造形成最终产品，又经过产品贮存、运输与分发、使用、循环回收直至废弃的整个过程，从而构成一个物质转化的生命周期。[①]

（2）生命周期评价

国际组织和研究机构间对生命周期评价的定义表述略有不同.最具代表性的则是美国研究机构的定义。1990 年以美国环境毒理学与化学学会（Society of Environmental Toxicology and Chemistry，SETAC）为代表的美研究机构将生命周期评价定义为："生命周期评价是一种对产品、生产工艺以及活动对环境压力进行评价的客观过程，是通过对能量和物质利用以及由此造成的环境废物排放进行辨识和量化来进行的。评价目的在于评估能量和物质利用以及废物排放对环境的影响，寻求改善环境影响的机会以及如何利用这种机会。这种评价贯穿于产品、工艺和活动的整个生命周期，包括原材料的提取与加工；产品制造、运输以及销售；产品的使用、再利用和维护；废物循环和最终废物弃置。"

2. 生命周期评价的发展历程：从诞生到标准化

LCA 最早出现于 20 世纪 60 年代末化学工程中应用的"物质—能量流平衡方法"，原本是用来计算工艺过程中材料用量的方法。20 世纪 70 年代初，美国开展了一系列针对包装品的分析评价，当时称为资源与环境状况分析（REPA）。LCA 研究开始的标志是美国中西部资源研究所（MRT）所开展的针对可口可乐

---

①　杨建新，王如松.生命周期评价的回顾与展望[J].环境科学进展，1998，6（2）：21—27.

公司的饮料包装瓶进行的研究评价(1969)。那时候,大部分 REPA 研究注意的是产品。20 世纪七八十年代,由于能源危机,REPA 的研究重点落在了计算固体废物产生量和原材料的消耗量上。由于公众兴趣不高,REPA 的研究仅在一些认识到 REPA 价值的私营企业中进行。然而有关 REPA 的方法论的研究仍在缓慢进行。到了 80 年代,随着区域性与全球环境的日益严重以及全球环境保护意识的加强、可持续发展思想的普及以及可持续行动计划的兴起,特别是 1988 年"垃圾船"问题的出现,大量的 REPA 研究重新开始,公众和社会也日益关注这种研究的结果。

1990 年"国际环境毒理学与化学学会(SETAC)"首次举办了有关生命周期评价的国际研讨会,在该会议上首次提出了"生命周期评价(Life Cycle Assessment,LCA)"的概念。在随后的几年里 SETAC 主持召开了多次研讨会,发表了一些具有重要指导意义的文献,对 LCA 的发展和完善以及应用的规范作了重要贡献。1993 年 SETAC 用葡萄牙的一次学术会议上的主要结论出版了一本纲领性报告——《生命周期评价纲要:使用指南》,该报告为生命周期评价方法提供了一个基本的技术框架,成为生命周期评价方法论研究的一个里程碑。

目前,LCA 在方法论上还不十分成熟,仍有许多问题值得研究,特别是 LCA 方法论国际标准化研究。为此 ISO 成立了环境管理标准技术委员会(TC207),并在 ISO14000 系列中预留了 10 个标准号。其中 ISO14040(原则与框架)已于 1997 年 6 月正式颁布,相应的标准 ISO14041(清单分析)、ISO14042(影响评价)ISO14043(改进评价)也在随后几年内颁布,从而有效地指导各国 LCA 工作的开展,为确定环境标志和产品环境标准提供统一的标准。[1][2][3][4]

(1) LCA 与 SETAC

20 世纪 80 年代,欧美学者开始应用"生命周期"思想来评价产品生产和消费过程的环境影响,分别使用了不同的术语,如"为环境而设计""环境意识设计与制造""产品责任意识""产品生态设计"等等。1990 年 SETAC 在美国佛蒙特召开的研讨会上,与会者就 LCA 的概念和理论框架取得了广泛的一致并确定使用 LCA 这个术语,从而统一了国际上的 LCA 研究。1993 年 SETAC 发布了第一个 LCA 的指导性文件《LCA 指南:操作规则》。文件总结了当时 LCA 的研究成果,定义了 LCA 的概念和理论框架,制定了具体的实施细则和建议,也描述

① 王春兵,胡耽,吴千红.生命周期评价及其在环境管理中的应用[J].中国环境科学,1999,19(1):77—80.
② 杨建新,王如松.生命周期评价的回顾与展望[J].环境科学进展,1998,6(2):21—27.
③ 王寿兵,杨建新,胡耽.生命周期评价方法及其进展[J].上海环境科学,1998,17(11):7—11.
④ 王飞儿,陈英旭.生命周期评价研究进展[J].环境污染与防治,2001,23(5):249—252.

了 LCA 的应用前景。但由于 SETAC 指南的非强制性特点,在 LCA 的实际应用中,很多情况下都没有完全遵循这一指南。

（2）LCA 与 ISO14000

由于成功推出 ISO9000 产品质量系列国际标准,ISO 成为有影响的国际标准化组织。该组织于 1992 年成立了环境战略顾问组（（SAGE）。在 SAGE 的调查报告中建议 ISO 尽快着手建立一个环境管理的国际标准。1993 年 6 月 ISO 成立了一个"环境管理"技术委员会 TC207,正式开展环境管理的国际标准化工作。

ISO/TC207 制订了 ISO14000 国际环境管理系列标准,将 LCA 方法作为一种环境管理工具,列入 ISO14000 的第四系列标准中,标准号为 14040—14049。该系列是在 SETAC 指南基础上发展起来的。ISO 对 LCA 的标准化有利于 LCA 方法的统一和实施,促进了 LCA 的进一步发展。由于 ISO 的国际影响以及 LCA 在 ISO 标准中所占的地位,经过标准化的 LCA 的应用领域不断被拓宽。

（3）LCA 的内涵界定

1993 年 SETAC 给出 LCA 的定义是:通过确定和量化相关的能源、物质消耗、废弃物排放,来评价某一产品、过程或事件的环境负荷,并定量给出由于使用这些能源和材料对环境造成的影响;通过分析这些影响,寻找改善环境的机会;评价过程应包括该产品、过程或事件的寿命全程分析,包括从原材料的提取与加工制造、运输分发、使用维持、循环回收,直至最终废弃在内的整个寿命循环过程。

1997 年 ISO 在 ISO 14040 中对 LCA 及其相关概念进一步解释为:LCA 是对产品系统在整个生命周期中的（能量和物质的）输入输出和潜在的环境影响的汇编和评价。这里的产品系统是指具有特定功能的、与物质和能量相关的操作过程单元的集合,在 LCA 标准中,"产品"既可以是指（一般制造业的）产品系统,也可以指（服务业提供的）服务系统;生命周期是指产品系统中连续的和相互联系的阶段,它从原材料的获得或者自然资源的生产一直到最终产品的废弃为止。

从 SETAC 和 ISO 的阐述中可以看,在 LCA 的发展过程中,其定义不断地得到完善。目前 LCA 评价已从单个产品的评价发展成为系统评价,然而单个产品的评价是系统评价的基础。

3. LCA 的应用价值和局限性

（1）LCA 的应用领域和应用价值

LCA 作为一个环境管理工具,既能对环境冲突进行有效定量化分析评价,又能对产品进行全过程的环境评价。在工业企业部门,LCA 可识别对环境影响最大的工艺过程和产品系统,促进无废工艺、清洁工艺在企业中的推广,它可评估产品的资源效益,推动新产品开发性能设计或再循环工艺设计的实施。在政府环境管理部门中,LCA 可为持续的废弃物管理提供有力的支持,能在污染预防措施的决策中提供整个系统环境影响信息,有利于选择理想的污染物预防方法,优化政府的能源运输和废水处理规划方案,向公众提供有关产品和原材料的资源信息等。综合来说,其目的在于通过专业的环境影响评价,让风险者(企业、消费者和政府)了解产品或服务及其开发过程中的环境影响,以便采取积极的改善措施,引导企业、消费者和政府行为的环境保护取向。因此,提供完善的环境影响信息是 LCA 的基本功能。这些信息包括产品或服务的生产工艺和过程,每一阶段的物质、能量输入与输出,流通环节的能量代谢等,需要一个庞大的数据库支持。通常情况下,绝大多数产品或服务的开发系统都涉及能量和运输,所以能源生产和不同的运输方式的环境编目数据,是一种基础数据,一次收集之后可以多次被利用。与此类似,一种材料也会在多种产品中被用到,所以对常用材料的基础评价也是非常重要的和首要解决的。从 20 世纪 90 年代以来,全世界围绕 LCA 研究建立的材料环境性能数据库已超过 1000 个。由于 LCA 的数据具有较强的地域性,许多国家都建立了自己的材料环境性能数据库。

为了便于 LCA 数据的交流和使用,国际 LCA 发展组织(SPOLD)提出了一种统一的编目数据格式——SPOLD,并策划建立 SPOLD 数据库网络。该网络由各国(地区)提供的 SPOLD 格式编目数据组成,这些数据按照各自的功能定义组织为数据集,用户可以在网上直接查询 SPOLD 数据集。由于 LCA 评估中需要处理大量数据,近年来又开发了一批评价软件,如 SimaPro4.0,Ga-Bi3.0 等。

利用 LCA 数据库和评价软件,可以对产品和过程进行环境影响评价。到目前为止,LCA 在钢铁、有色金属、玻璃、水泥、塑料、橡胶、铝合金等材料方面,在容器、包装、复印机、计算机、汽车、轮船、飞机、洗衣机及其他家用电器等方面的环境影响应用都有尝试。此外,也有对城市建筑和旅游等活动的生命周期评价的应用案例。这些实践工作为企业、消费者和政府提供了内容丰富的决策支持依据。充分反映了 LCA 作为环境管理工具的应用价值。

企业处于改善产品系统环境影响的最有利位置上。企业可以利用 LCA 的评价结果,在产品设计的初期就考虑选择环境影响小的材料,并设法改进生产工艺,使产品系统趋向环境影响不断减少方向发展。

消费者掌握着主动权,可以利用 LCA 的评价结果,在购买产品时,选择环境影响小的产品,成为企业改善产品的环境协调性的动因。

政府除了作为一般意义的消费者外,还具有监督功能和政策制订者身份。它可以根据 LCA 评价结果制订鼓励或限制的环境保护产业政策,也可以颁布"生产者责任制度"推动企业在源头控制产品系统的环境影响。

因此,LCA 在引导企业和消费者行为以及政府的产业政策制订等方面均有重要的指导意义。LCA 已引起国际社会和各国政府的广泛重视,正在积极的付诸于实践中。

（2）LCA 的局限性

LCA 与其他有影响的评价方法一样,在引起社会广泛关注的同时,也遭到许多方面的质疑。这种质疑首先是来自于 LCA 的技术方面的局限性。尽管LCA 是以一种环境管理工具出现的,但它的评价框架更侧重于自然过程评价,不涉及技术、经济或社会效果的评价,也不考虑诸如质量、性能、成本、利润等因素。因此,在 LCA 的评价框架中,社会价值取向考虑得较少,所以在决策过程中,不可能完全依赖 LCA 的方法解决所有问题。此外,由于环境机制过于复杂,受认识能力限制,目前还不能完全理解产品系统与环境之间的相互作用的全部自然过程,因此,LCA 对自然过程的评价也存在着片面性。

其次,对于 LCA 的标准化问题也存在着争议。尽管标准化工作推动了LCA 的发展,但由于地理差异与空间尺度大小、甚至是时间尺度变化,都会影响LCA 的评价结果,给标准化带来一定的难度。尤其是在环境机制尚不明确的前提下,进行 LCA 标准化过程必然涉及诸如假设条件的限制,增强了 LCA 评价的主观性。一些批评者认为,LCA 处于开发的初期阶段,过早地标准化和其中的许多假设都将阻碍对 LCA 方法改进的探索,最终将不利于它的发展。另外,也有人认为 LCA 的评价结果具有较强的时效性,而标准化过程的成本是高昂的,因此质疑标准化的意义。

尽管存在着上述对 LCA 的批评,但 LCA 在引导企业、消费者和政府行为的作用不容忽视。我们不认为 LCA 是可以取代其他评价方法的唯一可行方法,但却承认其在可持续发展评估中具有不可替代的作用。它可以作为其他可持续发展评价方法的一个重要补充。虽然 LCA 的标准化过程中存在着许多障碍,但不会影响地方的 LCA 实践。在地方 LCA 的开发过程中,深化对环境机制的理解,融入地方社会价值观体系,使之成为促进地方可持续发展的有效环境管理工具,这将是 LCA 发展所面临的新课题。

4. LCA 应用于城市可持续发展评估的指导意义

LCA 是一种对产品整个生命周期的评价,它使人们对其生产的全过程及造成的环境影响有一个全面的了解。相应的措施可为人们把环境的污染和破坏扼杀在"摇篮之中"提供有力的技术支持,为可持续发展创造了有利的条件。

（1）建立了城市生态系统物质代谢过程与环境影响之间的关联

LCA 是对产品系统的物质代谢过程的环境影响评价。产品系统可以被视为城市生态系统的子系统和功能单元,产品系统的物质代谢过程是更高层次的城市生态系统的物质代谢的一部分,城市生态系统的物质代谢过程是由一系列的产品系统的物质交流来实现的。通过 LCA 的编目分析,提供了城市生态系统物质代谢过程的全貌,而环境影响评价则是进一步指出了城市生态系统物质代谢过程对环境产生的干扰程度,这完全是一种基于物质过程的,对人类活动的环境影响的系统评估,建立了过程和结果的直接关联。

(2) 丰富了城市生态系统物质流分析的理论与方法

了解城市生态系统的物质代谢过程有利于揭示人类活动的环境影响。但城市生态系统的物质代谢过程极其复杂,要详细了解这一过程,需要对它进行科学的分解,进一步划分出子系统和功能单元。LCA 通过"目标范围的定义"与"编目分析"为城市生态系统物质流分析提供了科学的方法论基础;在此基础上开发的"生命周期环境影响评价"建立了物质代谢过程和环境影响之间的关联,并通过"结果的解释"向决策者提供一个更为综合的结论和建议。因此,LCA 的技术框架的开发丰富和完善了城市生态系统的物质流分析的理论与方法。

(3) LCA 是改善城市生态系统物质代谢过程的管理工具

LCA 与一般评价方法不同,它不仅提供描述性的分析,也给出具有指导性的评价结论,并从减少环境影响和提高物质效率出发,提出改善建议,因此对城市生态系统的物质代谢过程具有较强的指导意义。它可以针对不同行为主体(企业、消费者、政府),提出改善的建议,引导其行为方向,而这些行为主体又构成了城市生态系统的生产者和消费者群体,正是由于他们的行为活动造成的环境干扰,而改善的措施也必然要作用于这些行为主体。通过行为主体的行为调整,来改善物质代谢过程的环境影响从本质上是一种源头解决的办法,它是环境管理的基础,LCA 提供的正是这样一种源头解决的环境管理工具。

6.2.2　城市生态系统可持续发展评估的指标与方法

1. 城市生态系统可持续发展评估的指标

进入 90 年代以来,以可持续发展为根本目标的测度指标就是建立在社会指标体系之上,将社会、经济与环境指标纳入到可持续发展的指标体系框架下,综合评价可持续发展能力和水平。目前,已形成多种指标体系,其中较为有影响的指标体系如下:

(1) 联合国可持续发展指标体系

联合国可持续发展委员会(United Nations Commission on Sustainable Development,UNCSD)与多家国际机构合作,于 1996 年提出了一个初步的可持续发展核心指标体系框架。该框架紧密结合《21 世纪议程》,提出社会、经济、环境和制度四大系统以及"驱动力—状态—响应"的概念模型(DSR 模型),该模型共包括 130 个指标。其中驱动力指标用以表明那些造成发展不可持续的人类活动、消费模式或经济系统的一些因素;状态指标用以反映可持续发展过程中的各系统状态;响应指标用以表明人类为促进可持续发展进程所采取的对策。DSR模型突出了环境受到的压力和环境退化之间的因果关系,因此与可持续发展的环境目标之间的联系密切。但对于社会和经济指标,驱动力指标和状态指标之间则没有必然的联系,且两种指标缺乏明确的界定并导致使用混乱。此外,指标数目庞大,也会造成数据采集困难。

(2)世界银行可持续发展指标体系

世界银行于 1995 年提出的可持续发展指标体系的突出特征是从"收入"测度转向"财富"测度。该指标体系综合了四组要素去判断各国或地区的实际财富以及可持续发展能力随时间的动态变化。这四组要素分别是:自然资本、生产资本、人力资本、社会资本。按照这个指标体系,世界银行计算了全世界 192 个国家和地区的财富价值(未包括社会资本),并为其中 90 个国家和地区建立了 25年的时间序列。这一方法提供了一种财富的新认识。传统观念确定财富的首要因素是生产资本,而这个指标体系中,生产资本占国家财富的份额不超过 20%,这就意味着组成国家财富要素的自然资本和人力资本更为重要。根据世界银行的研究,我们可以看出,人力资源的投资影响力越来越大,而靠自然资本创造的资产价值所占比重越来越低了。投资于人力资源开发是增加财富,提高可持续发展能力的明智之举。世界银行的财富评价指标体系内涵丰富,兼具时间序列的比较功能,并提出了积极的具有操作意义的政策建议。然而这一指标体系仍然存在着某些欠缺,如它忽略了不同国家的基础条件,即不同发展阶段和不同的文化背景,在指标体系中未能体现发达国家在发展初期,疯狂掠夺自然资本,对全球造成的灾难性影响,因而有关的国际责任和义务并未涉及。此外,由于没有充分考虑地理空间的不均衡性,指标体系被受到质疑。

(3)中国可持续发展指标体系

我国率先制定《中国 21 世纪议程》,在可持续发展指标体系研究方面也表现得异常活跃。特别是 90 年代中期以后,政府机构、科研单位及独立学者在此领域进行了深入探讨,积累了一批研究成果,为国家和地方实施可持续发展战略提供了行动依据。

"中国科学院可持续发展研究组"依据人口、资源、环境、经济、技术管理相协调的基本原理,按照总体层、系统层、状态层、变量层和要素层的"五级叠加、逐层收敛、规范权重、统一排序"的方式构建可持续发展指标体系,由 249 个变量组成,综合成 47 个指数,分属于五大系统(生存支持系统、发展支持系统、环境支持系统、社会支持系统、智力支持系统),并通过系统的结构—功能关系来确定可持续发展能力。该指标体系在系统理论与方法论的运用上具有独到之处,是中国可持续发展理论的系统学研究方向的重要标志。尽管理论完备,但由于指标数量庞大,且与目前的统计系统缺乏有效衔接,因此,在应用上也存在着一定的困难。

国家统计局统计科学研究所和中国 21 世纪议程管理中心成立的"中国可持续发展指标体系研究"课题组,将可持续发展指标体系概括为经济、社会、人口、资源、环境及科教 6 大部分,提出描述性指标 196 个,评价性指标 100 个。而国家计委国土与地区经济研究所"中国可持续发展指标体系研究"课题组把可持续发展指标体系分成两种类型,外延指标(自然资源存量和固定资产存量)与内在指标(由外延指标派生出来的,包括时间指标和状态指标等)。这些指标涵盖社会发展指标 23 个,经济发展指标 18 个,资源指标 6 个,环境指标 20 个,非货币指标 12 个。

除此之外,北京大学张世秋教授根据 UNCSD 的指标体系框架,提出包括 169 个指标的可持续发展指标体系。中科院的毛汉英教授提出了包括 15 个大类,90 个指标的可持续发展指标体系。

由于对可持续发展的理解偏差,我国可持续发展指标体系各有侧重,在实践应用方面多采取具体情况具体对待的方式,主观色彩浓厚,使可持续发展的指标体系的科学性受到挑战。目前的指标体系研究尽管百花齐放,但已显出无序状态,亟待进行规范和统一标准,而前期的研究成果又为规范与统一奠定了较好的基础。

2. 城市生态系统可持续发展评估的综合评价方法

以往对发展的测度目的在于评价发展水平,侧重于现状或过去的评价,单一指标不能全面反映发展水平,指标体系是必要的,它们从多角度描述发展水平,但很少涉及综合评价或只是作为一种补充手段。可持续发展评价目的在于揭示能力,是对未来发展潜力的评价,根据这一目标构建的指标体系中,各要素是彼此关联、相互制约的,单一指标很难反映可持续发展能力,综合评价是必要的,即给出一个能反映各要素影响的综合指标来评价可持续发展能力,以便进行区域或国家之间的比较。由于可持续发展指标体系中指标数量大、且量纲不统一,因而通常都采用无量纲化评价方法。我国在这方面的研究案例较多,主是采用指数化方法、因子分析法和层次分析法等。

(1) 指数化方法

指数化方法是目前应用较多的方法,它是采用极差标准化方式,将样本数据转变为 0—1 的指数。一般在应用此方法时,首先应将各类数据划分为正向指标和逆向指标。所谓正向指标,就是指指标数值越大,其反映的事物越积极,而逆向指标代表的意义正相反。在这里将正向指标指数化后所得数据称为积极指数,逆向指标指数化后所得数据称为消极指数。两种指数的具体计算方法如下:

积极指数＝(实际值－最小值)/(最大值－最小值)

消极指数＝(最大值－实际值)/(最大值－最小值)

经上述处理的指标保证了原始数据代表的意义的同向化趋势,同时又消除了不同的量纲。指数化后的数据通过加权求和,得出综合得分。HDI 和 PQLI 均属此种方法,2000 年廖志杰等人在著作《中国区域可持续发展水平及其空间分布特征》中对中国区域可持续发展水平的分析采用的也是指数化方法。

(2) 因子分析法

因子分析法的基本原理是利用数学上的正交变换及降维思想,将多要素的可持续发展指标化为少数几个综合指标,即公因子,并计算公因子的综合得分,以此来确定区域可持续发展的能力。

应用因子分析法,首先应将原始数据标准化,然后求标准化数据的相关矩阵;相关矩阵的特征根即为提取的公因子,一般公因子提取的条件为特征根值大于或等于 1,并同时保证各公因子的累积方差贡献率大于 85%,说明公因子能反映大部分原始变量的信息;求因子载荷矩阵,可解释公因子的含义,如公因子的含义无法解释,则可通过因子旋转,来得出满意的公因子含义,并求出因子的综合得分;因子的综合得分是以各因子的方差贡献率为权重,用各公因子的得分加权求和得出。因子分析方法计算过程复杂,但使用 SPSS 软件可以方便处理计算过程。2000 年王黎明、毛汉英在著作《我国沿海地区可持续发展能力的定量研究》以及 2001 年甄峰、顾朝林等人《江苏省可持续发展指标体系研究》中均使用了因子分析法计算可持续发展能力。

(3) 层次分析法

层次分析法是一种多目标、多准则的评价方法。它将一些量化困难的定性问题在严格的数学运算基础上定量化,从而将定量与定性问题综合为统一整体进行综合分析。

应用层次分析法,首先通过分析复杂问题所包含因素的相互关系,将待解决问题分解为不同层次的要素,构成递阶层次结构;然后对每一层次要素按规定的准则两两进行比较,建立判断矩阵;计算判断矩阵最大特征根及对应的正交特征向量,得出每一层次各要素的权重值,并进行一致性检验;在一致性检验通过后,再计算各层次要素对于所研究问题的综合权重,据此计算综合得分。层次分析法的关键是构造判断矩阵并计算综合权重,通常这一过程采用专家评价并配以程序模型来计算。2000 年王云才、郭焕成在《鲁西平原农村经济可持续发展指标体系与评价》中以及 2001 年黄朝永、顾朝林等人在《江苏省可持续发展能力综合评价研究》中均使用了层次分析法。

（4）综合评价方法的特点和局限性

① 解决了多指标量纲的统一问题，增强了比较功能。可持续发展综合评价方法最突出的特点就是去除了不统一的指标量纲，实现多指标的综合。这与以 GDP/GNP 指标或财富指标评价有本质不同，后者试图将不同量纲的指标统一为价格/价值尺度，尽管具有一定的综合性，但转化后的各项指标的价值量往往因价格扭曲而失真，这是目前多数价值评价法的缺欠，上述综合评价方法克服了这种缺陷，完美地实现了多量纲指标的综合，非常有利于国家或区域间可持续发展能力的横向比较。

② 对"权重"的科学处理方法，强化了综合指标的客观性。上述评价方法中均涉及指标的"权重"问题。指数法和层次分析法主要依靠人为赋权来解决。如果指标数量有限，彼此关系一目了然，直接赋权或以相同权重简化处理是可行的。但指标数量大，又难以准确地把握彼此的重要程度，直接赋权的主观性较强，因此需要特殊处理。目前较多运用的是层次分析与专家判别来确定指标的权重，这被认为是行之有效的方法。因子分析方法虽然也涉及权重问题，但它的权重属于伴生权，即通过指标的相关系数矩阵的特征根求得，权重的客观性是能够保证的。

③ 强调结果、忽视过程，综合指标的政策功能丧失。可持续发展的各项指标经无量纲化处理后，只是保留了彼此之间的相关关系，但已失去了固有含义，通过加权求和的综合得分只能反映可持续发展能力的强弱，却不能看出影响因素的作用过程。失去对过程的了解，就难以发挥调控的作用。因此，对可持续发展能力的评价就成了纸上谈兵，只具有比较意义，而无调控作用。一个国家或区域很难依据综合指标来制定可持续发展的政策，在探讨政策问题时，又需要回到指标体系层次上，考察单个指标的可持续性，而单个指标的片面性必然会影响可持续发展政策的有效性，使政策制定者陷入两难的境地，这就产生了立足于过程的综合评价需求。

6.2.3 城市生态系统生命周期评价（LCA）的理论与方法

在 1997 年颁布的 ISO14040 标准中，LCA 的实施步骤由 4 个部分组成，分别是目标与范围定义（Goal Definition and Scoping）、编目分析（Life-Cycle Inventory，LCI）、影响评价（Impact Assessment）、改进评价（Improve Assessment）。

（1）目标与范围定义

目标与范围定义是 LCA 研究中的第一步，也是最关键的部分。因为 LCA 研究是一个反复的过程，可根据信息和数据的收集情况修正预先界定的范围来满足研究的目标,在某些情况下也可修正研究目标本身。对某一过程、产品或事件,在开始应用 LCA 评价其环境影响之前,必须明确地表述评估的目标和范围。目标定义要清楚地说明开展此项生命周期评价的目的和意图以及研究结果可能应用的领域。在范围定义中,研究的广度和深度与要求的目标保证一致,一般包括系统功能、功能单位、系统边界、数据分配程序、环境影响类型等的确定。范围定义必须保证足够的评价广度和深度,以符合对评价目标的定义,评价过程中范围的定义是一个反复的过程,必要时可以进行修改。

(2)编目分析

编目分析主要提供一特定产品、生产程序或活动从原材料的开采、加工制造运输及供销、使用/再使用、维护,到废物回收及废弃物管理各阶段的能源和原料需求以及排放至环境(空气、水体及土壤)的污染物等资料清单和定量值,以作为后续影响评价和改进评价的基础,一般的工作步骤为过程描述、数据收集、预评价和产生清单等,其重点是通过对产品生命周期中物流、能流的调查分析,建立与环境相关的数据矩阵。编目分析是 LCA 研究工作中工作量最大的一步,其方法论已在世界范围内进行了大量的研究和讨论,继承了物质流分析的核心内容,相对于 LCA 其他组成部分来说是发展最成熟最完善的一部分。

(3)影响评价

影响评价建立在编目分析的基础上,将编目分析所得的结果以技术定量或定性方式评估其重要且具有潜在性的环境影响,其目的是为了更好地理解编目分析数据与环境的相关性,评价各种环境损害造成的总的环境影响的严重程度。其详细程度、种类的选择以及使用方法皆取决于所设定的研究目标与范畴。目前影响评价正处于发展之中,还没有一个达成共识的方法。这里可以把它分为三步:影响分类、分类标识、总体评价。

第一,影响分类主要考虑的问题是将编目分析中得来的数据归到哪类环境影响中,即将编目分析条目按环境相关性进行分类。LCA 的研究中一般把影响类型分为资源消耗、化学上的影响及非化学影响三大类。在城市可持续发展评价过程中可以基于对环境机制的理解对其进行分类。

第二,分类标识是对影响分类条目进行特征化和单位指标的量化,用来区别不同的影响分类因素(类别),所产生的同类影响程度的差异。特征化主要是开发一种模型,这种模型能为 LCA 提供数据和其他辅助数据、转译成描述影响的(descriptor),如 LCA 中二氧化碳和甲烷的量可转换为全球变暖潜值。其开发这种模型主要的方法有负荷模型、当量模型等。量化评价是对比分析和确定不同影响类型的相对贡献大小或权重,以期得到总的环境影响水平过程。通常在分类标识中都采用计算"当量"的方法,用以比较和量化这种程度上的差别。而某一影响类别的环境影响可以通过总量乘以当量来获得。

第三,总体评价就是对不同影响类别的环境影响进行综合评价,总体评价可以在不同的阶段进行,最简单的就是输入—输出的环境影响总体评价,也可以在最终的环境损害程度上进行综合评价,综合评价方法可以采用不同方法。

(4) 改进评价

改进评价是识别、评价和选择减少研究系统对环境不利影响的机会或对环境污染负荷的方案,确定和评价预减少能量和原材料使用产生的有关环境影响的机会。改进评价可在 LCA 的不同阶段进行。1993 年 SETAC 建议分为识别改进的可能性、方案选择和可行性评价 3 个步骤来完成。然而,总体上说改进评价目前发展较少,有些组织甚至将它排除在 LCA 组成部分之外。90 年代初提出的 LCA 方法中,LCA 的第四部分称为环境改善评价,目的是寻找减少环境影响,改善环境状况的时机和途径,并对这个改善环境途径的技术合理性进行判断和评价。由于许多改善环境的措施涉及具体的关键技术、专利等各种知识产权问题,许多企业对环境改善评价过程持抵触态度,担心其技术优势外泄,而且环境改善过程也没有普遍适用的方法,难以将其标准化。因此在 1997 年,ISO 在 LCA 标准中去掉了环境改善评价这一步骤,但这并不是否定 LCA 在环境改善中的作用。

在新的 LCA 标准中,第四部分修改为解释过程,即对评价结果的解释。主要是将编目分析和环境影响评价的结果进行综合,对该过程、事件或产品的环境影响进行阐述和分析,最终给出评价的结论及建议。

6.2.4　城市生态系统可持续发展评价体系构建

1. 目标和范围定义

要构建城市生态系统可持续发展评价体系,首先应该进行目标和范围定义。

LCA 的评价目标包括:评价对象,实施评价的原因,评价结果的公布范围。

LCA 的评价范围包括:评价的功能单元,评价的边界定义,输入、输出的分配方法,数据要求,审核方法及评价报告的类型和格式等。

2. 编目分析

根据评价的目标和范围定义,针对评价对象搜集定量或定性的输入、输出数据,并对这些数据进行分类整理和计算,对产品整个生命周期中消耗的原材料、能源以及固体废弃物、大气污染物、水体污染物等,根据物质平衡和能量平衡进行调查并获取数据。

3. 影响评价

影响评价分三步走。

第一步:对影响城市生态系统可持续发展的各个要素进行影响分类,上文提到,在城市可持续发展评价过程中影响分类可以基于对环境机制的理解,而环境机制包括了产品系统与环境之间相互作用的所有自然过程。根据环境相关性程度,可将影响分类概括为四个一级条目:环境干扰分类、间接影响分类、直接影响分类和保护领域分类。然后对这四个一级条目进一步细化为二级分类条目。

第二步:进行分类标识,对影响分类的各级条目进行特征化和单位指标的量化,以区别影响分类因素的不同类别及不同类别的影响分类因素产生同类影响的程度差异。

第三步:总体评价,对不同影响类别的环境影响进行综合评价。综合评价方法可以采用线性规划或模糊判别等方法。

4. 改进评价

通过对评价结果的分析,识别、评价和选择减少研究系统对环境不利影响的机会或对环境污染负荷的方案,从识别改进的可能性、方案选择和可行性评价三个步骤来完成。

6.3 案例:太原市城市生态系统可持续评价

6.3.1 太原市城市生态系统基本要素分析

1. 自然条件

太原市是山西省的省会城市,位于其中部,在太原盆地的北部,黄海的中部位置,位于同蒲铁路与石太铁路线的交汇处。太原市地区整体呈现蝙蝠形,东西方向距离约 144 km,南北距离约为 107 km。太原三面环山,其中部与南部为河谷平原,因而整个地形是北高南低,呈现出簸箕形。

太原市的地形比较复杂多样,海拔高度间的差距较大,由于海洋性气候对城市境内产生的影响,因而形成了北温带大陆性气候。其特点是夏季炎热多雨,冬季寒冷干燥。该城市的年平均气温约为 9.5℃,一年平均有 202 天无霜期,年降水量平均约 456 mm。总体上看,太原市的冬天气温不是很低,夏天也不是很热,四季界限比较明显,阳光比较充足,昼夜温度相差比较大,降雨集中在夏季和秋季,冬、春季多风干旱。

2. 经济发展

2015 年,太原市地区生产总值达到 2735.34 亿元,相比去年增长了 18.9%。其中:第一产业增加值 37.43 亿;第二产业增加值 1020.14 亿;第三产业增加值 1677.77 亿元,分别增长了 1.3%,6.0%,11.4%。在第三产业中,交通运输、仓储和邮政业的增加值为 137.62 亿元,比去年增长了 8.6%;批发零售和住宿餐饮业增加值增长了 1.7%,约达 447.86 亿元;金融业的增加值为 373.62 亿元,比去年增长了 15.9%;房地产业增加值 143.44 亿元,增长 4.0%;营利性服务业增加值 300.33 亿元,增长 11.5%;非营利性服务业增加值 273.23 亿元,增长 33.3%。人均地区生产总值 63 483 元,比上年增长 8.4%。

20 世纪末以来,在山西省新型能源和工业基地建设中,太原坚持走新型工业化道路,承担起山西省产业结构调整和升级转化的重任。以不锈钢生产基地、新型装备制造工业基地和镁铝合金加工制造基地"三大基地"为代表的优势产业发展态势良好。经过 50 多年的建设,已形成了以能源、冶金、机械、化工为支柱,并具有纺织、轻工、医药、电子、食品、建材精密仪器等行业的门类较齐全的工业体系。

6.3.2　太原市城市生态系统可持续发展协调度

1. 太原市生态系统协调度相关理论与模型

随着工业化、城市化的不断发展,环境与经济之间的矛盾越来越突出,使得一个国家在发展时不能只重视经济的发展,还要考虑对环境的影响程度。如果环境恶化得比较严重,将危害人们生活及工作,阻碍经济的发展,因而注重两者的协调发展十分重要。随着环境恶化给人们带来的负向问题越来越多,人们逐渐意识到经济发展与环境是一个统一的整体。只有两个系统发展协调一致起来,才能够建设可持续发展的城市。

(1) 协调度的概念

协调指的是两者之间配合得恰当,两者的发展处于一个合适的度。由于系统是处于运动的过程,因而系统中的要素关系也是在不断调整。在城市发展的不同阶段,其经济发展水平与环境的协调程度会有所差距。因而,在描述经济与环境协调度时,要以选择的时空为前提进行研究。

(2) 协调度计算模型

① 数据指标标准化处理

进行协调度综合评价时,由于确定的指标涉及经济与生态环境两大子系统,根据每一子系统的特点,从不同的角度分别设置不同的指标。因各指标的量纲不同,无法进行直接比较和评价。为了便于分析和比较,必须对各指标进行规范化处理。其标准化处理方法在第四章已详细介绍过,在此不再重复。

② 各个子系统综合指数的确定

本书研究协调时,选择两大系统,一是经济子系统,二是生态环境子系统。

设 $X_1, X_2, X_3, \cdots, X_n$ 是描述经济发展的 n 个指标，$Y_1, Y_2, Y_3, \cdots, Y_m$ 为描述环境系统的 m 个指标。其指数的计算公式如下所示：

经济子系统综合实力指数：

$$f(x) = \sum_{i=1}^{n} a_i X_j,$$

生态环境子系统综合承载力指数：

$$g(Y) = \sum_{i=1}^{m} b_i Y_i,$$

其中，a_i, b_i 为相应指标的权重值。本书在确定指标权重时，选择层次分析法来计算，层次分析法是常用的一种方法，前面章节有详细的介绍，这里对其步骤不再进行重复。其中，构建指标体系以后，需要根据上一层指标，确定下一层中两两指标对其的重要程度，并且相应的数据表示，最终写成矩阵的形式，构建的矩阵就是判断矩阵。在构建判断矩阵时，通常采用 T. L. Saaty 建议的 1—9 标度法来表示，具体的判断过程在第三章已有详细介绍，见表 3-1。

其中，标度的倒数值表示的是列元素相对于行元素的重要性。

③ 确定城市经济与生态环境的协调度

城市环境与经济协调度的计算公式：

$$C = \left\{ \frac{f(X)g(Y)}{\left[\dfrac{f(X) + g(Y)}{2} \right]^2} \right\}^k$$

其中，C 为协调度的值，其取值范围在 0—1，k 为调节系数，其大小通常是 $k \geqslant 2$。

④ 确定城市经济与生态环境协调发展度

根据相关的文献与资料阅读，本书将协调分为 6 类，根据表中的数据分类，来确定太原市近 11 年的发展协调情况。

表 6-1　发展协调情况

0~0.019	0.2~39	0.4~59	0.6~79	0.8~0.89	0.9~1
严重失调	轻度失调	勉强协调	中级协调	良好协调	优质协调

资料来源：根据刘伟.《兰州市城市生态系统可持续发展综合评价》(西北师范大学，2013).整理得到。

2. 太原市生态环境协调度实证

（1）城市经济与生态环境协调发展评价指标体系

城市经济与环境协调关系的分析是城市可持续发展研究的必要内容，依据前面的分析可以看出，城市经济与环境协调发展评价指标体系应该包括两部分，即城市综合经济实力和城市生态环境承载力。城市综合经济实力包括发展水平、产业结构、经济活力以及经济效率等方面;城市生态环境承载力包括大气环境承载力、水环境承载力和其他环境承载力三部分,具体指标体系框架如表6-2所示。

表6-2 城市经济与生态环境协调发展评价指标体系

目标层	准则层	因子层	指标层	单位
生态环境与经济发展协调指标	城市综合经济实力指数	发展水平指数	人均GDP	元
			农民人均纯收入	元
			城市居民可支配收入	元
		产业结构指数	第三产业占比	%
			第二产业占比	%
		经济效率指数	GDP增速	%
			财政预算收入	亿元
	城市生态承载力指数	大气环境承载力指数	空气污染综合指数	
			SO_2平均浓度	mg/m³
			NO_2平均浓度	mg/m³
			区域环境噪声平均值	dB
			可吸入颗粒物平均浓度	mg/m³
		水环境承载力指数	工业废水排水量	万吨
			城市地表水优良度	%
		其他环境承载力指数	人口密度	人/km²
			建成区绿化覆盖率	%

资料来源:刘伟.兰州市城市生态系统可持续发展综合评价.西北师范大学,2013.

根据上面所建立的太原市城市经济与生态环境协调发展评价指标体系,本书搜集了太原市2005—2015年城市经济与生态环境的相关数据如表6-3所示。

(2)指标数值标准化

由于我们所选择的数据指标具有不同的量级,为了使最终的结果具有准确性、科学性,我们需要对数据表进行标准化处理。根据上面的公式,计算的标准化结果如表6-4所示。

表 6-3　大原市 2005—2015 年指标体系数据

指标层	单位	2005	2006	2007	2008	2009	2010	2011	2012	2013	2014	2015
人均 GDP	元	26 223	29 497	39 157	42 378	44 319	50 225	49 105	54 440	56 547	59 023	63 483
农民人均纯收入	元	4342	4917	5446	6355	6828	7611	8888	10 079	11 288	12 616	13 626
城市居民可支配收入	元	10 320	11 741	13 737	15 230	15 600	17 258	20 149	22 587	24 000	25 768	27 727
第三产业占比	%	50.88	51.2	47.5	48.1	54.3	53.3	52.8	53.6	54.8	58.5	61.34
第二产业占比	%	46.8	46.9	50.9	50.5	43.7	44.9	45.6	44.8	43.6	40	37.3
GDP 增速	%	14.7	11.5	16.4	8.1	2.6	11	9.9	10.5	8.1	3.3	8.9
财政预算收入	亿元	157.79	192.19	221.87	306.88	117.53	138.48	174.72	215.67	247.33	258.85	274.24
空气污染综合指数		2.92	2.89	2.86	2.42	2.87	2.27	2.19	2.06	8.73	7.73	7.13
SO_2 平均浓度	mg/m³	0.077	0.077	0.077	0.073	0.075	0.068	0.058	0.062	0.06	0.06	0.062
NO_2 平均浓度	mg/m³	0.02	0.024	0.027	0.021	0.022	0.02	0.025	0.022	0.04	0.04	0.042
区域环境噪声平均值	dB	53.5	53.9	53.2	53	53.1	53.1	53.2	53.3	53	52.9	52.9
可吸入颗粒物平均浓度	mg/m³	0.139	0.13	0.12	0.094	0.11	0.089	0.083	0.08	0.32	0.28	0.29
工业废水排放量	万吨	3953	3486	3104	2625	2483	2557	2456	3161	4085	3975	3544
城市地表水优良度	%	60.2	60.8	61.5	62	62.5	62.5	62.5	62.5	75	75	75
人口密度	人/km²	487.11	499.17	510.28	522.02	524.37	524.92	523.18	524.35	526.66	529.11	525.19
建成区绿化覆盖率	%	36.1	37.3	38.6	34.6	35.8	36.8	38.01	39.07	39.88	40.5	40.3

资料来源：《中国城市统计年鉴》（2005—2015），大原市国民经济发展与社会公告（2005—2015），大原市环境状况公告（2005—2015）。

表 6-4　太原市 2005—2015 年数据指标的标准化数据结果

指标层	2005	2006	2007	2008	2009	2010	2011	2012	2013	2014	2015
人均 GDP	-1.8	-1.49	-0.57	-0.26	-0.07	0.49	0.38	0.89	1.09	1.33	1.48
农民人均纯收入	-1.32	-1.1	-0.9	-0.56	-0.38	-0.09	0.4	0.84	1.3	1.8	1.74
城市居民可支配收入	-1.46	-1.18	-0.78	-0.48	-0.41	-0.08	0.5	0.99	1.27	1.62	1.64
第三产业占比	-0.52	-0.42	-1.62	-1.43	0.58	0.26	0.1	0.36	0.75	1.95	2.07
第二产业占比	-0.39	-0.42	-1.55	-1.45	0.63	0.22	-0.01	0.25	0.67	2.06	2.22
GDP 增速	1.23	0.46	1.64	-0.36	-1.69	0.34	0.07	0.21	-0.36	-1.52	-0.16
财政预算收入	-0.82	-0.2	0.34	1.87	-1.54	-1.16	-0.51	0.23	0.8	1	1.14
空气污染综合指数	0	0.03	0.06	0.59	0.05	0.81	0.94	1.18	-1.89	-1.77	-1.43
SO_2 平均浓度	-1.05	-1.05	-1.05	-0.62	-0.84	-0.02	1.5	0.83	1.15	1.15	0.77
NO_2 平均浓度	1.05	0.11	-0.42	0.78	0.54	1.05	-0.08	0.54	-1.79	-1.79	-1.59
区域环境噪声平均值	-1.01	-2.43	0.07	0.79	0.43	0.43	0.07	-0.29	0.79	1.16	1.04
可吸入颗粒物平均浓度	-0.43	-0.27	-0.07	0.67	0.18	0.87	1.13	1.27	-1.74	-1.6	-1.4
工业废水排水量	-1.17	-0.62	-0.06	0.89	1.24	1.05	1.31	-0.15	-1.3	-1.19	-0.65
城市地表水优良度	-0.8	-0.69	-0.55	-0.46	-0.37	-0.37	-0.37	-0.37	1.98	1.98	1.62
人口密度	2.31	1.34	0.48	-0.38	-0.55	-0.59	-0.47	-0.55	-0.71	-0.89	-0.57
建成区绿化覆盖率	-0.87	-0.2	0.52	-1.71	-1.04	-0.48	0.19	0.78	1.24	1.58	1.28

资料来源：作者整理。

（3）各个系统的权重计算

① 城市经济综合实力指数

首先，我们将利用层次分析法，对城市综合经济实力指标的权重进行确定，根据判断矩阵的打分规则，邀请相关领域的专家进行打分，从而得到城市综合经济实力各层指标的打分矩阵，然后利用 MATLAB 软件对各个指标的权重进行求解，具体结果如 6-5 表所示：

表 6-5 因子层的打分矩阵及权重

A	B1	B2	B3	W
B1	1	5	3	0.6483
B2	1/5	1	1/2	0.122
B3	1/3	2	1	0.2297

资料来源：作者整理以及 MATLAB 运行结果。

其中，最大特征值为 3.0037，所以 $CI = \dfrac{3.0037 - 3}{2} = 0.00185$，取 $RI = 0.58$，那么 $CR = \dfrac{CI}{RI} = 0.003 < 0.1$，即通过一致性检验。

表 6-6 RI 值

阶数	1	2	3	4	5	6	7	8	9	10
RI	0	0	0.58	0.9	1.12	1.24	1.32	1.41	1.45	1.49

表 6-7 各指标层的打分矩阵以及权重

	B1	C1	C2	C3	W
发展水平指数	C1	1	3	3	0.6
	C2	1/3	1	1	0.2
	C3	1/3	1	1	0.2
	B2	C4	C5		W
产业结构指数	C4	1	1		0.5
	C5	1	1		0.5
	B3	C6	C7		W
经济效率指数	C6	1	3		0.75
	C7	1/3	1		0.25

资料来源：作者整理以及 MATLAB 运行结果。

从而,可以得到总的权重值,见表 6-8。

表 6-8　城市经济综合实力权重

C 层指标	B1 0.6483	B2 0.122	B3 0.2297	总排序权重
C1	0.6			0.389
C2	0.2			0.1297
C3	0.2			0.1297
C4		0.5		0.061
C5		0.5		0.061
C6			0.75	0.1723
C7			0.25	0.0574

资料来源:根据表 6-7 整理及 MATLAB 运行结果。

② 生态承载力指数

根据上面同样的方法,我们将求得城市生态承载力指数的各指标的权重,具体结果如下:

表 6-9　因子层的权重值

A	B1	B2	B3	W
B1	1	2	2	0.5
B2	1/2	1	1	0.25
B3	1/2	1	1	0.25

资料来源:作者整理以及 MATLAB 运行结果。

表 6-10　各指标层打分矩阵及权重

	B1	C8	C9	C10	C11	C12	W
大气环境 承载力 指数	C8	1	3	3	4	3	0.4322
	C9	1/3	1	1	3	2	0.1901
	C10	1/3	1	1	3	2	0.1901
	C11	1/4	1/3	1/3	1	1/2	0.0713
	C12	1/3	1/2	1/2	2	1	0.1162

（续表）

水环境承载力指数	B2	C13	C14	W
	C13	1	1/2	0.3333
	C14	2	1	0.6667
其他环境承载力指数	B3	C15	C16	W
	C15	1	2	0.6667
	C16	1/2	1	0.3333

资料来源:作者整理以及 MATLAB 运行结果。

综合整理,得到城市生态承载力指数总权重见表 6-11。

表 6-11　城市生态承载力指数总权重

C 层指标	B1	B2	B3	总排序权重
	0.5	0.25	0.25	
C8	0.4322			0.2161
C9	0.1901			0.0951
C10	0.1901			0.0951
C11	0.0713			0.0357
C12	0.1162			0.0581
C13		0.3333		0.0833
C14		0.6667		0.1667
C15			0.6667	0.1667
C16			0.3333	0.0833

资料来源:作者整理。

（4）各系统综合效益指数确定

根据前面的计算公式,可以计算太原市城市经济与环境协调度,具体的结果见表 6-12。根据协调度的分类标准,可以判断太原市近 11 年来的经济与环境的协调情况,具体的结果见表 6-13。

表 6-12　大原市城市经济与环境协调度计算

指标层	2005	2006	2007	2008	2009	2010	2011	2012	2013	2014	2015
人均 GDP	-0.7002	-0.5796	-0.2217	-0.1011	-0.0272	0.1906	0.1478	0.3462	0.424	0.5173	0.5755
农民人均纯收入	-0.1712	-0.1426	-0.1167	-0.0726	-0.0493	-0.0117	0.0519	0.1089	0.1686	0.2334	0.2252
城市居民可支配收入	-0.1893	-0.153	-0.1011	-0.0622	-0.0532	-0.0104	0.0648	0.1284	0.1647	0.21	0.2128
第三产业占比	-0.0317	-0.0256	-0.0988	-0.0872	0.0354	0.0159	0.0061	0.022	0.0458	0.119	0.1261
第二产业占比	-0.0238	-0.0256	-0.0946	-0.0885	0.0384	0.0134	-0.0006	0.0153	0.0409	0.1257	0.1354
GDP 增速	0.2119	0.0792	0.2825	-0.062	-0.2911	0.0586	0.0121	0.0362	-0.062	-0.2619	-0.0281
财政预算收入	-0.0471	-0.0115	0.0195	0.1074	-0.0884	-0.0666	-0.0293	0.0132	0.0459	0.0574	0.0654
经济综合实力指数	-0.9514	-0.8587	-0.3309	-0.3662	-0.4354	0.1898	0.2528	0.6702	0.8279	1.0009	-0.309
空气污染综合指数	0	0.0065	0.013	0.1275	0.0108	0.175	0.2031	0.255	-0.4084	-0.3825	-0.309
SO₂ 平均浓度	-0.0998	-0.0998	-0.0998	-0.0589	-0.0798	-0.0019	0.1426	0.0789	0.1093	0.1093	0.0732
NO₂ 平均浓度	0.0998	0.0105	-0.0399	0.0741	0.0513	0.0998	-0.0076	0.0513	-0.1701	-0.1701	-0.1512
区域环境噪声平均值	-0.036	-0.0866	0.0025	0.0282	0.0153	0.0153	0.0025	-0.0103	0.0282	0.0414	0.0371
可吸入颗粒物平均浓度	-0.025	-0.0157	-0.0041	0.0389	0.0105	0.0505	0.0657	-0.0738	-0.1011	-0.093	-0.0813
工业废水排水量	-0.0975	-0.0517	-0.005	0.0742	0.1033	0.0875	0.1092	-0.0125	-0.1083	-0.0992	-0.0541
城市地表水优良度	-0.1333	-0.115	-0.0917	-0.0767	-0.0617	-0.0617	-0.0617	-0.0617	0.33	0.33	0.2702
人口密度	0.385	0.2233	0.08	-0.0633	-0.0917	-0.0983	-0.0783	-0.0917	-0.1183	-0.1483	-0.095
建成区绿化覆盖率	-0.0725	-0.0167	0.0433	-0.1425	-0.0867	-0.04	0.0158	0.065	0.1033	0.1317	0.1067
生态承载力指数	0.0207	-0.1452	-0.1017	0.0015	-0.1287	0.2262	0.3913	0.3478	-0.3354	-0.2807	0.1056
经济与环境协调指数	0.0083	0.2449	0.5174	0.0003	0.4962	0.9847	0.9097	0.8095	0.92	0.8	0.8264

资料来源：作者整理。

表 6-13   太原市 2005—2014 年经济与环境协调度

2005	2006	2007	2008	2009	2010
0.0083	0.2449	0.5174	0.0003	0.4962	0.9847
严重失调	轻度失调	勉强协调	严重失调	勉强协调	优质协调
2011	2012	2013	2014	2015	
0.9097	0.8095	0.92	0.8	0.8264	
优质协调	良好协调	优质协调	良好协调	良好协调	

资料来源:作者整理。

从表 6-13 可以看出,太原市从严重失调逐渐过渡到了优质协调,说明人们越来越重视环境与经济的同步发展。

6.3.3 太原市城市生态系统可持续发展评价

1. 太原市生态系统可持续发展指标体系

根据城市生态系统可持续发展的特点,城市生态系统可持续发展能力评价指标体系的构建主要从指标体系和评价模型的设计两个方面进行。依据生态系统理论和我国城市发展的特点,从城市生态系统可持续发展的角度,提出一套评价城市生态系统可持续发展能力的指标体系,该指标体系是一个由目标层、准则层、因子层和指标层组成的,包括 21 个指标的层次体系。如表 6-14 所示。

表 6-14   太原市城市可持续发展能力指标体系

准则层	因子层	指标层	单位
自然环境	大气环境	空气污染综合指数	
		SO_2 平均浓度	mg/m³
		NO_2 平均浓度	mg/m³
		区域环境噪声平均值	dB
		建成区绿化覆盖率	%
		可吸入颗粒物平均浓度	mg/m³
	水环境	工业废水排放量	万吨
		污水处理率	%
		城市地表水优良度	%
	固体废物	工业固体废物综合利用率	%
		生活垃圾无害化处理率	%

（续表）

准则层	因子层	指标层	单位
经济环境	产业结构	第三产业占比	％
		第二产业占比	％
	经济效益	人均 GDP	元
		农民人均纯收入	元
		城市居民可支配收入	元
		财政预算收入	亿元
社会环境	道路交通	城市道路面积	万 m²
		机动车辆数	万辆
	人口水平	人口数	万人
		每万人在校大学生数	人

根据上面所建立的太原市城市经济与生态环境协调发展评价指标体系，本书搜集了太原市 2005—2015 年城市经济与生态环境的相关数据（如表 6-15 所示）。

2. 太原市生态可持续发展能力模型评价

对城市生态系统评价的模型有很多，本书将选择因子分析法来研究太原市的生态系统的可持续性。因子分析的基本思想是根据相关性大小把变量分组，使得同组内的变量之间相关性较高，但不同组的变量相关性较低。每组变量代表一个基本结构，这个基本结构称为公共因子。对于所研究的问题可试图用最少个数的不可测的所谓公共因子的线性函数与特殊因子之和来描述原来观测的每一分量。因子分析法也是一种成熟的权重确定方法和综合评价方法，选择它是由它的特点所决定的。其特点表现为：可以消除各个评价指标之间的相互影响；减少评价指标选择的工作量；按照各个主分量方差大小排序，根据累积方差贡献率的大小（≥85％）选择几个代表分量，利用几个代表分量的信息来描述系统的信息。在进行因子分析时，由于原始数据的各个指标，都有不同的量纲、不同的数量级，而不同量纲、不同数量级的数据不能放在一起直接进行比较，也不能直接用于多元统计分析，需要对指标的数值进行标准化处理，以消除其量纲、数量级上的差异，使其具有可比性。对于该处理方法，本书前面部分有过描述，在此不再重复。

通过计算，得到可持续发展能力指标体系的标准化结果见表 6-16。

表 6-15 太原市生态可持续发展能力的原始数据

指标层	单位	2005	2006	2007	2008	2009	2010	2011	2012	2013	2014	2015
空气污染综合指数		2.92	2.89	2.86	2.42	2.87	2.27	2.19	2.06	8.73	7.73	7.13
SO_2 平均浓度	mg/m³	0.077	0.077	0.077	0.073	0.075	0.068	0.058	0.062	0.06	0.06	0.062
NO_2 平均浓度	mg/m³	0.02	0.024	0.027	0.021	0.022	0.02	0.025	0.022	0.04	0.04	0.042
区域环境噪声平均值	dB	53.5	53.9	53.2	53	53.1	53.1	53.2	53.3	53	52.9	52.9
建成区绿化覆盖率	%	36.1	37.3	38.6	34.6	35.8	36.8	38.01	39.07	39.88	40.5	40.3
可吸入颗粒物平均浓度	mg/m³	0.139	0.13	0.12	0.094	0.11	0.089	0.083	0.08	0.32	0.28	0.29
工业废水排放量	万吨	3953	3486	3104	2625	2483	2557	2456	3161	4085	3975	3544
污水处理率	%	62	62.72	64.93	68.6	70	66.1	84	84.5	85	85.85	93.24
城市地表水优良度	%	60.2	60.8	61.5	62	62.5	62.5	62.5	62.5	75	75	75
工业固体废物综合利用率	%	43.5	44	42.19	47.44	48.57	52.27	53.02	53.77	54.51	55.25	56
生活垃圾无害化处理率	%	80	68.3	69.28	76.28	94.8	94.8	94	100	100	100	100
第三产业占比	%	50.88	51.2	47.5	48.1	54.3	53.3	52.8	53.6	54.8	58.5	61.34
第二产业占比	%	46.8	46.9	50.9	50.5	43.7	44.9	45.6	44.8	43.6	40	61.34
人均GDP	元	26 223	29 497	39 157	42 378	44 319	50 225	49 105	54 440	56 547	59 023	63 483
农民人均纯收入	元	4342	4917	5446	6355	6828	7611	8888	10 079	11 288	12 616	13 626
城市居民可支配收入	元	10 320	11 741	13 737	15 230	15 600	17 258	20 149	22 587	24 000	25 768	27 727
财政预算收入	亿元	157.79	192.19	221.87	306.88	117.53	138.48	174.72	215.67	247.33	258.85	274.24
城市道路面积	万平方米	2296	2357	2324	1237	2357	2849	2752	2904	3570	3941	4140
机动车辆数	万辆	29.4	29.91	35.65	42.6	52.08	60.53	71.4	78.84	89.5	105	112.29
人口数	万人	340.39	348.82	355.31	360.23	365.12	365.5	365	365.8	367.5	369.7	368.57
每万人在校大学生数	人	780.09	753.27	852.34	876.91	885.52	902.08	936.7	979.23	1030.55	1084.39	1147.09

资料来源：《中国城市统计年鉴》(2005—2015)，太原市国民经济发展与社会公告(2005—2015)，太原市环境状况公告(2005—2015)。

表 6-16　太原市生态系统可持续发展能力标准化指标

年份	2005	2006	2007	2008	2009	2010	2011	2012	2013	2014	2015
空气污染综合指数	-0.0014	0.0281	0.0582	0.5851	0.0481	0.8115	0.9449	1.1837	-1.8905	-1.7677	-1.43
SO_2 平均浓度	-1.0498	-1.0498	-1.0498	-0.6237	-0.8424	-0.0206	1.4976	0.8315	1.1534	1.1534	0.77
NO_2 平均浓度	1.0545	0.1072	-0.419	0.7839	0.5378	1.0545	-0.0822	0.5378	-1.7873	-1.7873	-1.59
区域环境噪声平均值	-1.0118	-2.4316	0.0671	0.7931	0.4294	0.4294	0.0671	-0.2939	0.7931	1.1582	1.04
建成区绿化覆盖率	-0.8739	-0.2042	0.5212	-1.7109	-1.0413	-0.4832	0.192	0.7835	1.2355	1.5814	1.28
可吸入颗粒物平均浓度	-0.4341	-0.2738	-0.0675	0.6744	0.1763	0.8667	1.1281	1.2735	-1.7437	-1.6	-1.4
工业废水排水量	-1.1665	-0.6227	-0.0562	0.8871	1.2367	1.0497	1.3078	-0.1494	-1.2976	-1.1889	-0.65
污水处理率	-1.1798	-1.1051	-0.8758	-0.495	-0.3497	-0.7544	1.103	1.1549	1.2068	1.295	1.77
城市地表水优良度	-0.7976	-0.685	-0.5537	-0.4598	-0.366	-0.366	-0.366	-0.366	1.98	1.98	1.62
工业固体废物综合利用率	-1.2654	-1.1591	-1.544	-0.4278	-0.1875	0.5991	0.7586	0.918	1.0754	1.2327	1.83
生活垃圾无害化处理率	-0.6325	-1.5879	-1.5079	-0.9363	0.576	0.576	0.5107	1.0006	1.0006	1.0006	1.66
第三产业占比	-0.5246	-0.4208	-1.6203	-1.4258	0.5842	0.26	0.0979	0.3573	0.7463	1.9458	2.07
第二产业占比	-0.391	-0.4217	-1.5503	-1.4455	0.63	0.2181	-0.0122	0.2515	0.6653	2.0557	2.22
人均 GDP	-1.801	-1.4885	-0.5665	-0.259	-0.0737	0.49	0.3831	0.8923	1.0935	1.3298	1.48
农民人均纯收入	-1.3153	-1.0989	-0.8998	-0.5577	-0.3797	-0.0851	0.3955	0.8438	1.2988	1.7986	1.74
城市居民可支配收入	-1.4608	-1.1772	-0.7788	-0.4808	-0.407	-0.076	0.501	0.9876	1.2696	1.6225	1.64
财政预算收入	-0.8167	-0.1971	0.3375	1.8688	-1.5419	-1.1645	-0.5118	0.2259	0.7961	1.0037	1.14
城市道路面积	-0.5116	-0.4255	-0.4721	-2.0052	-0.4255	0.2684	0.1316	0.346	1.2853	1.8086	1.47
机动车辆数	1.6015	1.5342	0.9097	0.3789	-0.1168	-0.4277	-0.7195	-0.8728	-1.048	-1.2394	-1.87
人口数	-2.2359	-1.291	-0.5635	-0.012	0.5361	0.5787	0.5227	0.6124	0.8029	1.0495	1.73
每万人在校大学生数	-1.4736	-1.5392	-0.5932	-0.2853	-0.11	0.0408	0.3288	0.7131	1.1975	1.721	1.88

资料来源:作者整理。

本书将采用 SPSS 软件进行因子分析,其中表 6-17 分别为指标体系的相关系数矩阵与方差贡献度。

表 6-17　因子的方差贡献度

成分	初始特征值			提取平方和载入		
	合计	方差贡献度/(%)	累积贡献度/(%)	合计	方差贡献度/(%)	累积贡献度/(%)
1	14.358	68.374	68.374	14.358	68.374	68.374
2	3.217	15.318	83.691	3.217	15.318	83.691
3	1.478	7.039	90.73	1.478	7.039	90.73
4	0.912	4.344	95.074			
5	0.411	1.957	97.032			
6	0.246	1.17	98.201			
7	0.202	0.96	99.161			
8	0.091	0.435	99.597			
9	0.066	0.312	99.909			
10	0.019	0.091	100			
11	7.09E-16	3.37E-15	100			
12	3.97E-16	1.89E-15	100			
13	1.68E-16	7.98E-16	100			
14	6.15E-17	2.93E-16	100			
15	4.18E-17	1.99E-16	100			
16	−1.29E-16	−6.12E-16	100			
17	−1.96E-16	−9.34E-16	100			
18	−2.08E-16	−9.88E-16	100			
19	−4.25E-16	−2.02E-15	100			
20	−5.41E-16	−2.58E-15	100			
21	−1.40E-15	−6.65E-15	100			

提取方法:主成分分析。

资料来源:SPSS 运行结果。

表 6-17 中的第一栏的第一列是其特征值,第二列为方差的贡献度,第三列为累积方差贡献度。根据第二栏,我们可以发现,第一成分的方差贡献度为 68.374%,第二成分的方差贡献度为 15.318%,往下可以知道每个因子的方差贡献度。根据第二栏信息,我们提取了三个主成分,其累计方差贡献度为 90.73%。其特征值分别为 14.358,3.217,1.478。三个主成分的特征值对应的特征向量分别为 $h1,h2,h3$。具体见表 6-18。

表 6-18　因子载荷矩阵

	成分		
	$h1$	$h2$	$h3$
空气污染综合指数	−0.656	0.684	−0.053
SO_2 平均浓度	0.846	0.26	−0.015
NO_2 平均浓度	−0.807	0.47	−0.173
区域环境噪声平均值	0.674	0.292	0.414
建成区绿化覆盖率	0.8	−0.306	−0.081
可吸入颗粒物平均浓度	−0.535	0.795	−0.002
工业废水排水量	−0.323	0.859	0.087
污水处理率	0.924	0.154	0.059
城市地表水优良度	0.915	−0.339	0.108
工业固体废物综合利用率	0.923	0.314	−0.079
生活垃圾无害化处理率	0.867	0.33	−0.274
第三产业占比	0.872	−0.024	−0.414
第二产业占比	0.858	−0.067	−0.413
人均 GDP	0.927	0.312	0.129
农民人均纯收入	0.99	0.077	0.036
城市居民可支配收入	0.977	0.14	0.077
财政预算收入	0.406	−0.269	0.797
城市道路面积	0.879	−0.219	−0.353
机动车辆数	−0.936	−0.343	−0.033
人口数	0.852	0.418	0.141
每万人在校大学生数	0.975	0.155	0.132

提取方法:主成分分析法。

a. 已提取了 3 个成分。

资料来源:SPSS 运行结果。

表 6-19　因子得分系数矩阵

	成分		
	1	2	3
空气污染综合指数	−0.046	0.213	−0.036
SO_2 平均浓度	0.059	0.081	−0.01
NO_2 平均浓度	−0.056	0.146	−0.117

（续表）

	成分		
	1	2	3
区域环境噪声平均值	0.047	0.091	0.28
建成区绿化覆盖率	0.056	−0.095	−0.055
可吸入颗粒物平均浓度	−0.037	0.247	−0.002
工业废水排放量	−0.022	0.267	0.059
污水处理率	0.064	0.048	0.04
城市地表水优良度	0.064	−0.105	0.073
工业固体废物综合利用率	0.064	0.098	−0.054
生活垃圾无害化处理率	0.06	0.103	−0.185
第三产业占比	0.061	−0.008	−0.28
第二产业占比	0.06	−0.021	−0.279
人均 GDP	0.065	0.097	0.087
农民人均纯收入	0.069	0.024	0.024
城市居民可支配收入	0.068	0.044	0.052
财政预算收入	0.028	−0.084	0.539
城市道路面积	0.061	−0.068	−0.239
机动车辆数	−0.065	−0.107	−0.022
人口数	0.059	0.13	0.095
每万人在校大学生数	0.068	0.048	0.089

提取方法：主成分分析法。

资料来源：SPSS 运行结果。

根据上表，我们将载荷矩阵以及因子的方差贡献度进行归一化，可以得到主成分：

$$Z1 = 0.231X2 - 0.22X3 + 0.184X4 + 0.219X5 + 0.252X8$$
$$+ 0.25X9 + 0.252X10 + 0.237X11 + 0.238X12 + 0.234X13$$
$$+ 0.253X14 + 0.27X15 + 0.267X16 + 0.24X18 - 0.25X19$$
$$+ 0.233X20 + 0.266X21$$

$$Z2 = 0.503X1 + 0.585X6 + 0.632X7;$$

$$Z3 = 0.797X17.$$

因而，总的生态系统可持续发展评价

$$F = 0.977Z1 + 0.219Z2 + 0.101Z3.$$

根据公式计算可得，太原市 2005—2015 年生态可持续发展能力变化，具体计算结果见表 6-20。

表 6-20　太原市 2005—2015 年生态可持续发展能力变化

	第一主成分	第二主成分	第三主成分	可持续发展能力
2005	-4.68	-0.99	-0.65	-4.86
2006	-4.27	-0.54	-0.16	-4.3
2007	-3.11	-0.05	0.27	-3.02
2008	-2.79	1.25	1.49	-2.31
2009	-0.47	0.91	-1.23	-0.39
2010	0.26	1.58	-0.93	0.5
2011	1.7	1.96	-0.41	2.05
2012	2.36	1.25	0.18	2.6
2013	4.77	-2.79	0.63	4.11
2014	6.24	-2.58	0.8	5.61
2015	6.73	-1.95	0.91	6.24

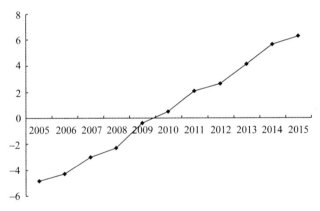

图 6-1　太原市 2005—2015 年生态可持续发展能力曲线图
资料来源:作者整理。

我们可以发现,太原市近 11 年的生态可持续能力是上升的,表明太原市比较注重环境与经济的协调发展。

根据主因子的解释,结合城市在三个主因子上的得分以及综合评价结果,我们可以看出,太原市的城市环境协调状况从 2005 年以来基本呈现逐年上升的趋势。

结论:综合城市生态系统安全评价、城市经济与生态环境协调度评价和城市生态系统可持续发展能力评价的结果,可以看出,太原市的城市生态系统是可持续发展的。

第七章

基于复杂系统的城市生态系统评价模型

7.1 复杂理论在城市系统中的应用和缺陷

7.1.1 复杂系统理论发展及在城市系统中的应用

1. 复杂系统理论

复杂系统是由大量相互作用或相互分离的子系统结合在一起,是不同优先级的、各种可变化的子任务要同时满足或依次满足性能指标的系统,所有表示系统环境的外部作用对系统的影响是本质的,这种系统具有非线性的、混沌或事先不确定的动态行为(白彦壮,2006)。复杂系统的本质特征是它具有复杂性:从定量上讲,数学模型是高维的,具有的特征是多输入和多输出;从定性上讲,系统具有非线性、动态性、开放性、结构与参数的不确定性,拥有多个控制目标体系。

复杂系统理论是系统科学的一个发展方向。它是复杂科学的主要研究任务。它为分析和解决复杂系统问题提供了一种科学有效的方法。在当前的社会经济环境下,城市管理不仅取决于政府部门自身制定的战略,更取决于与其他部门和组织之间的作用关系以及相应的应变能力。探索系统的复杂性是解决系统问题的首要任务,它为系统的进一步研究提供了依据。

复杂系统理论是系统科学、复杂性科学及控制论等的交叉学科。它强调用整体论和还原论相结合的方法分析系统。在复杂系统理论看来,世界所有事物都自成系统又归属于一个高于其结构的更大系统。每个系统,相对于高于其结构层次的大系统而言,只是构成这个大系统的一个或几个要素,或作为大系统的某一层次的事物而存在。复杂系统理论要求对事物存在、运动、发展的机理,做出超越矛盾二元结构思维的立体理解(卢文刚,2011)。

　　复杂系统理论的研究始于 19 世纪初,在生成论的基础上不断发展而形成的。该理论的基本思想是研究复杂系统中各种实体之间的相互作用及其所涌现出的复杂大尺度系统特征。这一理论经历了萌芽、形成和发展三个阶段。目前,复杂系统理论研究的国内外理论主要包括霍兰(J. H. Holland)的复杂适应系统理论、普利高津(Ilya Prigogine)的耗散结构理论、哈肯(Haken H.)的协同学理论、曼弗雷德·艾根(Manfred Eigen)的超循环理论。他们把复杂系统理论应用于自己的研究领域,为研究传统问题提供了新的思路和新的方法。随着复杂系统理论应用领域的不断拓展,国内外学者开始将复杂系统理论引入城市生态学的研究中。

　　2. 复杂系统理论的发展

　　复杂系统科学是以复杂系统为研究对象、以复杂系统思想为中心的一种学科群,它从 20 世纪开始,经过数十年的发展,相继涌现出各种复杂性理论。1945 年奥地利学者路德维希·冯·贝塔朗菲(Ludwig von Bertalanffy),发表《关于一般系统论》,宣告了一般系统论的创立。随后,克劳德·艾尔伍德·香农(Claude Elwood Shannon)于 1948 年发表的《通讯的数学理论》,奠定了香农信息基本理论的基础。1950 年,诺伯特·维纳(Norbert Wiener)出版了《控制论和社会》一书,着重论述了通信、法律和社会政策等与控制论的联系。阿希贝(Ashby)1958 年发表的《控制论在生物学和社会中的应用》一文,认为可以运用非线性系统中的控制理论来研究社会系统。总体上来看,复杂性理论的研究方法在那个时期的进展不大。

　　基于系统自身结构复杂性的状况可将系统分为简单系统、无组织的复杂系统、有组织的复杂系统三大类。复杂系统是相对于简单系统而言的。有组织的复杂系统的特征是系统的元素数目很多,而且元素间存在着强烈的耦合作用,使得系统具有高度的组织性。另有专家认为,复杂系统是具有中等数目基于局部信息做出行动的智能性、自适应性主体的系统。非线性复杂系统理论最早大概出现在 20 世纪 70 年代,它是一大批新兴学科的总称,它们的研究对象尽管不同,但具有共同的特征,即系统都是复杂非线性系统,或非线性复杂自组织过程。

　　20 世纪 60—70 年代是复杂系统科学蓬勃发展的年代,相继涌现出耗散结构理论、协同学理论、超循环理论、自创生理论等自组织理论,国外不少机构在进行着内容类似但名称不同的关于复杂性的研究工作。美国的研究概括起来分为五个学派:系统动力学、混沌理论、自适应系统理论、结构为基础研究、Indifference 学科交叉,其中最为前沿的阵地是美国新墨西哥州的圣菲研究所(Santa Fe Institute,SFI)。概括起来,按时间顺序,复杂系统理论可以分为旧三论:系统论、控制论和信息论;新三论:耗散结构理论、协同理论和突变理论;新新三论:混沌理论、分形理论和超循环理论。

各类复杂系统理论的研究内容、意义和应用领域可归纳为表 7-1 所示。

表 7-1　各类复杂系统理论研究内容、意义和应用领域

理　　论	研究内容	研究意义	应用领域
耗散结构理论	研究系统自组织的基本条件,系统如何开放以及开放的尺度,系统如何创造条件走向持久稳定的宏观有序的自组织等诸多因素	提供了研究非线性复杂系统的条件方法论	物理学、天文学、生物学、经济学、哲学等方面
协同学理论	主要研究不同事物共同特征及其协同机理,着重探讨各种系统从无序变为有序时的相似性和联合作用	提供了研究非线性复杂系统的动力学方法论	化学、生物学、天文学、经济学、社会学以及管理科学等方面
突变理论	以奇点理论和分岔理论为基础,研究客观世界非连续性突然变化现象	提供了研究非线性复杂系统的发展途径方法论	物理学、生物学、生态学、医学、经济学和社会学等各个方面
混沌理论	研究系统从有序突然演化为无序状态,是对确定性系统中出现的内在"随机过程"形成的途径、机制的研究	提供了非线性复杂系统的动力过程、图景和状态方法论	证券市场、气象、金融危机、企业管理环境、教育行政、课程与教学、教育研究、教育测验等方面
分形理论	主要研究系统的"自相似性"和"分数维度"	提供了非线性复杂系统的结构方法论	数学、理化、生物、大气、海洋、社会学科、美术、城市发展等方面
超循环理论	非平衡态系统的自组织现象,系统如何充分利用物质、能量和信息流,有效实现内部要素的相互作用以及结合成为更紧密的系统结构	提供了非线性复杂系统的结合途径方法论	分子系统生物学、系统医学、社会系统、经济系统等方面

资料来源:黄欣荣.复杂性科学的方法论研究.北京:清华大学哲学系,2005.

3. 复杂性理论在城市系统中的应用

传统的研究方法面对城市系统组元数量众多、组元之间耦合作用强烈、外界环境影响巨大的特点时,往往无能为力。① 微观层面的经济实体或地理单元的相互作用不能够有效反映出来;② 宏观层面的研究成果往往基于极强的假设,不具有普适效应,与微观层面脱节,缺乏必要的联系;③ 都是由上而下的城市研究方法,未能从组元的相互作用出发,由下而上从机理上阐述城市系统的原理和

结构演化的动力学方程。④ 城市化的研究仍缺乏一个完整的理论框架,这一问题在区域城市群发展中尤为突出,不同尺度的城市化进程无法取得理论上的统一。

复杂系统理论以其综合性、跨学科性和方法论的普适性等优点解决了上述诸多问题。目前应用于城市系统的复杂性理论主要有元胞自动机(Cellular Automata,CA)、遗传算法(Genetic Algorithm,GA)和复杂适应系统(Complex Adaptive System,CAS)等,利用这些方法研究城市已经构成城市系统研究的前沿。

(1) 元胞自动机在城市系统研究中的应用

元胞自动机(CA)是网络动力学模型中研究最多,应用最广的模型之一。CA 是在时间、空间、状态都离散,空间的相互作用及时间的因果关系皆呈现局部的网格动力学模型,主要的特点是复杂的系统可以由一些很简单的局部规则来产生。一个 CA 系统通常包括了四个要素:单元、状态、临近范围和转换规则。其应用的主要方向之一是城市系统的空间复杂性模拟,另一个方向是城市问题研究。

CA 在城镇体系形成及发展模型研究中也有所应用。基于 CA 的城镇形成与发展模型的提出,相对于微分方程建模更为简单、自然。同时,它是基于空间相互作用的,而不是基于社会、经济指标间的影响关系,更能反映空间格局变化以及由此带来的进一步反馈作用。再者,由于模型中的元胞空间划分可以非常细小,它能够在精细的尺度上表现城市空间结构的变化。另外,该城市模型通常可以在更长的时间尺度上反应城市的产生、发展直到消亡的生命历程。

作为复杂性科学的重要研究工具,CA 模型可以较好地模拟城市作为一个开放的耗散体系所表现出的突变、分形、混沌等复杂特征。但是对该类模型的研究也存在许多不足,影响了模型的性能和使用。一是由于目前尚不能与 GIS 紧密集成,CA 模型固有的实时动态的生动特征往往无法得到实现,实时计算的可视化急需得到解决;二是模型构造过于简单,缺乏必要的扩展。CA 模型规则不随元胞空间和时间发生变化,不符合实际城市发展规律;三是模型的开放性差,作为微观模型缺乏与其他宏观地理模型的集成。

(2) 遗传算法在城市系统研究中的应用

遗传算法(GA)是 20 世纪 50 年代末和 60 年代初由美国密歇根大学的 John Holland 教授和他的学生在研究自适应系统时提出并逐渐发展出来的一种全局优化搜索算法。GA 是对生物遗传和自然选择进行计算机模拟的产物,可简单描述为:每个个体可以看作搜索空间中的一个点,代表了一个候选解,不断地用一个新的染色体群替换原来种群中适应度较低的染色体,也就是不断尝试新的候选解,从而构成包含更好候选解的新的种群。通过 GA 和生物学术语的对照可更好地理解这种算法。

用 GA 模拟遗传进化之所以可能是因为它们之间有共同的规律:复杂适应性原理。复杂适应系统科学的目的就是寻求这个普遍的规律。目前,遗传算法已和遗传规划、进化策略、进化规划共同构成了"进化计算"的主干。

GA 的出现为城市研究提供了新的思路,在城市空间配置模型研究中,GA 已经在城市土地功能配置规划、城市用地规划及与 GIS 相结合研究城用地方面取得了进展,1996 年,Matt Holland 阐述了复杂适应性模型,揭示了城市发展中出现的空心化现象。

新世纪以来,GA 在国内得到了迅速的发展,在市政管道、城市交通线路、城市空间生长研究等领域都发挥着重要作用。

(3) 其他复杂性理论在城市系统研究中的作用

系统动力学的城市系统研究,20 世纪 60 年代末,城市研究者逐渐认识到静态城市模型的局限性,转向动态城市模型的构建。城市系统动力学模型、城市动态模型、Dortmund 模型等相继出现。

自组织理论体系的城市空间发展研究,20 世纪 60—70 年代,耗散结构理论、协同学、突变论等相关自组织理论的建立和发展同时结合计算机的产生,使得自组织理论在城市研究中得以运用,尤其是在城市模型的研究和应用中得到迅速的发展。城市空间结构的自组织模型、结构动态变化的随机模型、基于自组织理论的城市动态模型、多中心城市的空间自组织模型等模型里都能看到自组织理论的身影。

基于自组织理论体系的城市空间发展研究,从自组织理论体系的单一原理出发研究城市空间自组织演化的过程和现象及其内在机制,将非线性理论和时间尺度引入城市空间研究,在各自的理论领域取得了成功,为城市空间发展自组织的综合性研究打下了良好的基础。但由于自组织理论的松散性结合,从其中单一理论出发的研究并不能概括空间演化的综合过程,急需通过新思路寻求一个较为综合的研究途径。

另外,GA-PSO 混合算法在城市交通量预测等方面;人工免疫系统在区位选择优化;蚂蚁算法分配问题、图的着色、工件排序、车辆调度等方面;CAS 理论及基于 RSCAS 的城镇等级体系形成模型的研究方面都取得了一定得进展。

7.1.2　城市生态系统的复杂性特征

1. 系统的规模

复杂性的形成需要足够的系统规模,规模巨大就会带来描述和处理的困难,小系统或大系统的方法无济于事。但具有足够规模是产生复杂性的必要条件而非充分条件。站在城市规模的角度去看,现代城市比起古代的城邦都城来说,其系统是相当复杂的,中国的特大城市如北上广深,其内部包含的个体数以万计,甚至是百万、百亿计,其复杂程度可想而知。

2. 系统的结构

组成成分的多样性和差异性造成组分之间相互关系的多样性和差异性,是系统复杂性的根本源泉。因为组分的差异越大,把它们整合起来的难度就越大。城市复杂系统是相互作用的城市诸要素所构成的有机体。任何城市系统都是一个"自然—社会—经济"的复合系统,由自然子系统、社会子系统、经济子系统之间的关联与耦合,共同构成的有序的复杂人工系统。城市系统中自然要素、社会要素和经济要素及其周围环境的多样性和差异性都非常大,而且各个要素之间还不断进行物质、能量和信息的交换和传输。因此从系统的结构来看,城市生态系统也是非常复杂的。

3. 开放性

封闭系统没有复杂性,复杂性必定出现于开放系统。只有当外部环境对系统的作用不再被允许当作干扰、摄动,而是系统自身特性的有机构成成分,封闭系统加摄动方法或者黑箱方法都失效,这种系统必然呈现某种复杂性。城市是一个典型的开放系统,它与外界环境存在着人员、物质、能量、信息以及资金等各方面的交流。城市的开放性体现在两个方面:其一,城市必须保持开放,与外部广泛联系;其二,城市的开放又是相对的开放,即有个开放度的问题。城市系统的开放及其一定的开放程度,使得城市与外部环境之间的物质、能量和信息有了交流的可能。

4. 复杂非线性动力学特性

动力学过程可能产生无穷的多样性、差异性、丰富性、奇异性(包括分叉、突变、混沌等)、创新性,是产生复杂性的重要机制,复杂性只能出现于动力学系统,复杂性一定是某种动力学特性。动力学因素是产生复杂性最重要的物理学根源。但动力学因素也不是产生复杂性的充分条件,许多动力学系统(如经典控制论和运筹学处理的系统)还是简单系统。城市生态系统从动力学角度来看具有多样性、混沌等特征,可以说它是一个活的系统而非机械系统。

城市系统是一个非平衡的系统。城市内部及城市间在区域范围、区位条件、城市规模、用地属性、人口密度等方面都是非均衡的,同样,城市与周边乡村之间无论在经济、政治、文化,还是其他方面的发展也是非均衡的,正是这种非平衡特性使城市系统的发展成为了可能,非线性是城市系统的核心特征,这也是造成城市系统复杂性的根本原因。

城市系统是一个典型的复杂非线性动力学系统,系统中各个要素或子系统中存在着普遍的非线性相互作用,它们之间的函数关系也大多是非线性的。在城市系统中,任何一个要素的变化都不会只受另外一个因素的单一影响,而是受到了多种因素的综合作用,这些因素中有的对该要素的变化有着促使其生长的正反馈效应,有的则恰恰相反,即使是同一因素,也可能对某一要素的变化同时起刺激和抑制作用;此外,单一要素的变化,在某些关键时刻往往会"牵一发动全身",引起一连串的连锁反应,如城市生态系统中某一环节的破坏,经过系统内外的非线性相互作用的放大,必然会引起社会系统、经济系统的连锁反应,最终对城市系统造成巨大的冲击,这就是所谓的"蝴蝶效应"。在对外界激励的响应上,城市系统则表现出与外界激励目的有本质区别的行为和结果。总的来看,非线性机制普遍存在于城市系统中,在非线性的作用下,新的有序结构在远离平衡态的城市里得以形成,城市的演化更加多样,更加不确定,非线性机制决定了城市系统的自组织与复杂性。

5. 不确定性

确定性连通简单性,不确定性连通复杂性。首先是源于随机性的复杂性。但随机性也不是产生复杂性的充分条件,平稳随机过程属于简单系统,非平稳过程才可能出现复杂性。如生命系统、社会系统、意识系统的组分具有智能,组分之间有复杂的相互作用,只靠大数定律不能揭示其本质特征,宏观整体特性不能仅仅看作大量微观组分相互碰撞的结果,现在的概率统计方法不足以处理这类系统中的随机过程。

城市系统由大量子系统组成,众多子系统运动状态不断改变,整个系统的状态也不断改变。由于社会系统的组分之间的复杂相互作用,其发展是难以用统计规律描述的,城市系统状态不仅是指系统中单一状态的总和。而且是一个综合平均的效应,因而必然存在着不确定现象。如人口的升降、经济的波动、建筑的拆建等。城市系统的不确定贯穿于城市发展的每个环节及空间现象上,并通过不确定完成功能与结构的不断调适,进而推动城市的进化。城市生态系统的发展模式研究难以纳入传统的计量模型或空间计量的研究,而需要适于复杂系统的 CAS 理论和系统动力学研究。

6. 主动性、能动性

作用者与被作用者、原因与结果界限分明的是简单系统。不同组分之间、系统与环境之间互为因果、互动互应(所有组分都既是被作用者,又是主动作用者),一连串的、相互交义的、网络式的因果联系,才能产生复杂性。特别是当组分具有一定的自适应能力时,在不断适应环境的行为过程中必然产生出整体的复杂性。圣塔菲(Santa Fe)的一个基本信念是适应性产生复杂性,所谓复杂适应系统(CAS)就是在不断适应环境的过程中产生出复杂性的系统。

城市生态系统的发展是各色各异的,没有两个城市的发展路径完全一致,这是因为其组分的主动性、能动性。因为这种特性,组分能够识别环境中不同的资源及其蕴含的发展的可能性,进而朝着有利于自身的方向发展。

7. 系统组分的智能

由具有智能的组分构成的系统(如圣塔菲研究的 CAS)能够辨识环境,预测未来,在经验中学习,以形成好的行为规则,使自身发生适应性变化,因而必定是复杂的。组分的智能愈高级,系统的复杂性也愈高级。

这一点是城市系统复杂性最为根本的源泉。因为城市系统是由一个个活生生的、有着自身的目的和行为方式的个体组成的,无论是个人、家庭、集体,还是流动人口之间形成的组织,都是具有智能的组分,因而引起整个系统的复杂性。

8. 人类理性

以人作为构成要素的系统,其行为必须考虑人的理性因素的作用。尤其在竞争性系统中,博弈者的理性(智慧、谋略等)是产生复杂性的重要来源。但在完全理性(无限理性)假设下,复杂性的根源被抛弃了,博弈方都采取最大—最小策略,这种系统仍然是简单的,可按照运筹学处理。不完全理性(即有限理性)才可能产生复杂性。

在城市化过程中,城市系统的出现和演变正是由于人类的有限理性而形成的;在一个开放的、组分数量庞大的、组分之间关系错综复杂、组分具有智能以及行为具有不确定性、非线性和不可逆性等特征的系统里,人类的理性一定是有限的,因为每个个体不可能全面掌握系统中全部的要素及其之间的关系,因此,人们所做的决定都是基于有限理性假设的。

9. 人类非理性

非理性,如人的感情、意志、偏好等,必然带来至少现在的科学还无法描述的行为特征,包括一些学者所说的人理,这也是复杂性的重要根源。

虽然目前的科学发展还极少涉及这类复杂性来源的研究,但是在城市系统发展中,人类非理性确是系统复杂性的来源之一。

7.1.3　现有复杂性理论在城市系统研究中的缺陷

现有的复杂性理论在城市系统的研究上仍存在各种局限性和不足:

① 元胞自动机,固有的实时动态的生动特征往往无法得到实现,需解决实时计算的可视化问题。CA 模型构造过于简单,缺乏必要的扩展,模型规则不随元胞空间和时间发生变化,不符合实际城市发展规律,模型的开放性差,作为微观模型缺乏与其他宏观地理模型的集成。

② 遗传算法,在拥有算法简单,针对不同的目标可适当变化函数,产生可行

的解,能非常有效地解决条件优化问题等诸多优点的同时,也同样有着许多缺点,如无法综合地考虑多组元的复杂因素,获取模型数据并不容易。

③ 首先,系统动力学理论,受到弗朗西斯·培根(Francis Bacon)还原论的思想影响,在数学处理上的假定和简化太多,不能真实反映城市发展的时空特点,难以分析解释复杂的城市现象。其次,模型变量多是一些社会、经济指标以及人口数、收入等,强调系统变量间的相互作用和反馈,通过人口等指标与空间增长的相互关系来简介推演空间结构的可能变化,因此,一方面这些模型不能反映城市内部由于空间格局造成的空间反馈;另一方面,依赖相关来推演空间结构变化的能力相当有限。多数动态城市模型,大多只是反映了城市中社会、经济指标的动态变化,而不是真正的城市空间结构变化和空间上的增长。此外,多采用基于统计学、牛顿力学、微分及偏微分方程的数理模型,这些模型可以对地理现象中的某些现象在特定时间、特定区域条件下,进行精细的刻画,但往往缺乏时空上外推的能力,而且显然对复杂的城市复合系统,如区域持续发展、城市增长等,显得力不从心。因此,系统动力学也不是研究城市系统的有效手段。自组织理论体系,从其中单一理论出发的研究去概括空间演化的综合过程显得并不合理。

④ 其他的复杂性理论,要么仅仅对城市现状进行了描述,没法对城市进行动态模拟;要么只是对城市各组元变化的动态模拟,无法反映城市空间结构的演化;要么展示了城市空间结构的演化,却不能形成一体化的城市动力学模型;即使有些形成了城市动力学模型,但其研究仅仅允许极少的变量来描述系统的状态,不能综合考虑所有的因素。

复杂性科学在研究城市系统时遇到的最大问题就是,不能从组元的相互作用出发,从机理上说明城市系统的原理和动力学方程,也就不能形成真正的空间动力学模型。没有动力学原理的支撑,因此对城市的描述往往过于主观,不能对其发展演化的过程进行精确地模拟。

7.2　城市生态复杂系统评价模型构建

7.2.1　城市生态系统建模的基本方法

城市生态系统模型方法是对城市进行研究分析的一种方法,其主要基于系统工程学思想,用数学方法对城市作抽象的模拟并研究,从而获得最优化的结果。城市生态系统建模的目的是建立系统模型以更好地对研究对象进行分析。早期的城市生态系统往往从系统空间结构的成因出发进行研究,而现代的研究则更注重改良城市空间结构,建立城市发展机制,协调城市社会阶层的各种关系。通过对城市生态发展情况的模拟，能对城市系统的发展现状、面临的问题进行评价，并对未来发展达到预测的目的。

20 世纪 80 年代以来，城市生态系统模型的理论和模型有了长足发展。系统科学论的一些方法被拿来建立城市生态体系复杂模型，比如系统动力学方法、线性规划、非线性动态优化模型、特尔斐法、博弈论、多目标决策支持系统、情景分析法、投入产出计量经济模型等。Laszlo 在其《世界之系统观》一书中指出，生命系统不同于传统物理系统，它有自我生长、自我发育和自我创造的能力，并能适应变化的环境并持续发展。Prigogine 的耗散结构理论和 Haken 的协同理论为社会经济系统和生态系统分析开辟了一个新的思路，但在具体应用上定量分析的方法一直未取得突破性进展。德国著名的生物控制论专家 Vester 提出，无论多复杂的系统，其状态变量个数都不能超过 30 个，并以生物控制论的八条定律为基础，提出了实际运用于规划工作的灵敏度模型（Sensitivity Model）。Costanza 等开发了基于系统动力研究的通用图解设计语言 STELLA，之后该语言被大量应用于城市生态系统等动态系统的建模。Odum 提出生态系统中能值（Emergy）的概念，并将此概念用于测度太阳能在生态系统不同营养层次中的累积效应和生态复杂性。Thibault 和 Marchand 则发现城市道路网络是一种具有内部自相似性的等级结构，具有分形的性质。Farnsworth 等利用行为生态学方法整合决策、经济和生态模型，综合考虑多目标决策描述了复杂的人类生态系统的相互作用。Checkland 革命性地提出了 Soft Systems Methods（SSM）方法，它在定量与定性数据、主观与客观信息的结合上以及系统与环境间的适应性策略方面有了新的突破，其本质上是一种环境反馈式或认识进化式的系统学习过程。但 SSM 在软硬方法的接口上，特别是不同时、空、量、构、序的系统关系辨识和调控管理机制尚停留在经验性而非机理性的探索上。自 80 年代初马世骏、王如松提出社会—经济—自然复合生态系统理论和生态规划方法以来，我国各类复合生态系统的应用研究及单项理论研究均取得了长足进展，如在城市能源消费结构分析、城市土地利用结构和形态的描述、城市人口密度演化分析、城市生态系统演化的量化模型方面都有相关研究，但对城市复合生态系统管理的复杂性、动力学机制、区域资源环境的生态整合和生态安全机制等方面的研究尚缺乏深入、系统地探索。

城市生态系统是一个多因素、多层次的复杂系统，其建模方法主要有 5 种，分别是还原论方法、多变量的联立方程组描述法、基于演绎逻辑的方法、简单巨系统的描述法以及从定性到定量的综合集成法。

1. 还原论的方法

还原论认为复杂的系统、现象可以分解成简单的小的部分来分析，因此可以把研究对象分成几个微观组分,然后研究这些组分之间的相互作用,最后用这些微观组分之间的相互作用来说明复杂系统的问题。如果高层次的现象能用低层次组分之间的相互关系来解释,就能在一定程度上描述系统的涌现性。

2. 多变量的联立方程组描述法

多变量的联立方程组是一种描述整体涌现性的模型。根据庞加莱的非线性动力学可知,动态系统可用它的稳定定态或吸引子来表示它的质的稳定性。稳定定态即系统的整体涌现性,这种状态是在系统能形成整体时才能出现,如果只是其中的某一部分就不存在这种定态了。可以通过研究系统的稳定定态来研究系统宏观的整体特性。路德维希·冯·贝塔朗菲(Ludwig Von Bertalanffy)据此用联立微分方程组来定义他的一般系统,并讨论了很多涌现现象,比如生长、竞争、中心化等,并得到很多启发性的结论。因此,多变量的联立方程组是复杂系统建模的方法之一。

3. 基于演绎逻辑的方法

演绎逻辑通常被定义为一种从一般到特殊的推理方法。这种方法最关键的是建立数学模型,利用数学模型从一般情况严格逻辑地进行推理,从而预测可能发生的涌现行为。对于比较简单的系统,可以很容易地建立数学模型,从而通过研究模型来体现它的涌现性。对于比较复杂的系统,很难通过定量的方法来建立模型,但是其肯定存在稳定定态,因此可以通过定性、半定性的方法来研究它的整体涌现性。

4. 简单巨系统的描述法

简单巨系统指的是规模大但结构简单的一种系统。其特点是系统规模大,但是所包含元素的种类很少,相互之间关系相对简单的一种方法。这是钱学森分类中的一种。其建立步骤通常是先建立各个环节的数学方程,再将不同环节耦合为系统。它也可以用唯象方法,即通过对系统的观察,提出某种猜想,然后用适当的模型表示出来。利用统计的方法可以有效地把握简单巨系统的整体涌现性。

5. 从定性到定量的综合集成法

当对象是复杂系统时,还原论的方法和统计综合法都不能很好地描述系统,为了更好地研究复杂系统,钱学森先生提出从定性到定量的研究方法。面对开放的复杂系统,我们很难把它们从整体的环境中孤立出来,进行可控的定量实验,不能把它们分别研究然后简单加总。但社会、资源、环境本身就是一个复杂的系统,各相关领域的专家对各自的学科都积累了很多感性经验,构成了对复杂系统定量认识的微观基础。一般来说,理性认识是从感性认识中得来的,关于复杂系统的行为特性的理性分析,也是从众多的感性认识中得来的。因此,如何把这种感性认识通过一定的理论体系和可操作过程,使得整体的行为特性有效地展现出来,从定性到定量的综合集成法提供了实现这种涌现行为的一种可行方法。

从实际的应用来看,城市模型主要分为三个类别,分别是部分模型和总体模型、优化模型和非优化模型、线性模型和非线性模型。① 部分模型和总体模型。部分模型只需考虑整个城市系统的一个子系统,总体模型则需考虑一组子系统。② 优化模型和非优化模型。两种模型都是针对现实世界的真实情况而言,优化模型主要是用来在各种模型中得到最佳的布局方案。③ 线性模型和非线性模型。城市模型不仅是描述性的,还是具有预测性的。也就是说城市模型不仅可以描述城市系统,而且可以对城市的具体规划做出预测。尽管城市系统是处在一个动态的、非平衡的状态之中,但是因为目前没有足够的理论来解释大量复杂的现象和动态问题,因此很难形成真正意义上的城市动态模型。此外,城市模型也是一个宏观整体模型。无论是空间型的还是变量型的,城市模型只能处理某个地区或城市具有共性的问题,而不能处理个体行为模式,比如城市模型可以用来做交通规划、土地规划,对人口分布、就业情况等做出整体的决策。

目前,城市生态系统模型和方法已逐渐呈现出系统性、实践性、适应性强,费用低等发展趋势。鉴于复杂性研究在城市生态系统应用的定量计算的复杂性,新的算法是研究能否取得成功的支撑基础。相信为使研究成果的可操作性增强,诸如遗传算法、神经网络等方法在城市复杂性研究中的应用与发展也将成为一个重要的领域,此外,计算机技术与信息技术的融入也是必然的趋势。

7.2.2　城市生态系统建模的基本途径

从方法论的角度来看,建立复杂系统的模型时,可以采用几种不同的基本方法,即演绎法、归纳法和演绎-归纳法,从而形成了两种基本建模途径:

1. 演绎-归纳建模

(1) 演绎建模

演绎建模是指根据有关系统的一般原理、定律、系统结构和参数的具体信息及数据,进行从一般到特殊的演绎推理和论证,建立面向组分子系统的模型,演绎建模所建立的模型称为机理模型或解析模型。演绎法适用于组分子系统为白箱的情况,通常所建立的模型具有唯一性。

(2) 归纳建模

利用对实际系统的输入和输出的观测与统计数据,运用记录或实验资料,进行从特殊到一般的归纳推理和总结,建立系统的外部等效模型。这样的方法,称为归纳法,所建立的模型称为经验模型或外部模型。归纳法适用于系统为黑箱的情况,通常所建立的模型不是唯一的。

（3）演绎-归纳建模

演绎-归纳建模法也称为混合法。通常，它采用演绎法或专家经验，确定模型类别、维数及结构，然后用归纳法辩识模型参数。混合法适用于系统为灰箱的情况。

2. 分解-联合建模

这种方法适用于简单大系统建模。采用的方法是首先将系统分解为若干子系统；其次，不计各子系统间关联，分别用演绎、归纳法建立各子系统的模型，有的文献称之为分解建模；最后，建立各子系统间的关系模型，利用该关系模型将各子系统有机组装起来，形成系统总模型。这种建模方法称为结构建模方法。

7.2.3 城市生态系统动力学模型

1. 系统动力学模型

系统动力学是一门由福瑞思特（Jay W. Forrester）所创立、主要分析研究信息反馈、系统结构、功能与行为空间之间动态、辩证关系的科学，它为认识系统间问题和沟通自然与社会科学架起了桥梁。系统动力学是一门涉及系统论、信息论、控制论和计算机技术的交叉型学科，它根据系统的状态、控制和信息反馈等环节建立仿真模型，并借助计算机进行仿真实验。用系统动力学分析解决问题，是对系统进行优化的过程，分析系统各因素之间的相互作用及对系统主体的影响，为改善系统、预测未来发展提供决策和科学依据，达到对系统结构优化的目的。系统动力学通过对系统长期、动态、战略性的定量分析研究，处理在研究中发现的关于系统复杂性、周期性、长期性、数据相对缺乏、高阶次、非线性、时变性的问题。

系统动力学除了能对系统进行一般性的描述之外，还有其独特的具体的描述方法。系统具有整体性与层次性，根据这两个性质，系统的结构可以被分为一定的体系与层次。因此，系统动力学对系统的描述可归纳为如下两步：

（1）系统的分解

系统 S 可以被分解为 P 个具有相互作用关系的系统（子系统）S_i。人们往往只对部分重要的子系统感兴趣并进行研究。

（2）子系统的描述

系统动力学描述子系统有它独特的语言——基本单元、一阶反馈回路、因果反馈环。一阶反馈回路包含三种基本的变量：状态变量、速率变量和辅助变量。三种变量可分别由状态方程、速率方程与辅助方程表示。系统的变化正是通过它们和各种变量方程、数学函数、逻辑函数、延迟函数和常数等描述模拟的。也就是说，系统动力学的语言可以对静态或动态、事变或定常、线性或非线性的系统做出定量的描述。下面根据系统动力学模型变量与方程的特点，定义变量并给出数学描述如下：

$$DL = PR \tag{1}$$

$$\begin{bmatrix} R \\ A \end{bmatrix} = W \begin{bmatrix} L \\ A \end{bmatrix} \tag{2}$$

式中，L 为系统的状态变量向量；R 为速率变量向量；A 为辅助变量向量；DL 为系统状态变量在两个相邻时刻的差分；P 为转移矩阵；W 为关系矩阵。

公式(1)和(2)就是系统动力学的基本模型形式。其中式(1)表示状态方程，式(2)表示速率方程和辅助方程，下面把系统动力学模型中的变量和方程的含义叙述如下：构成系统的变量主要有：① 状态变量：也叫积量或水平变量，是指在系统中某个元素在整个时间内积累起来的数量。② 速率变量：简称率量，是指在系统中引起状态变量在单位时间内的变化数量。由于决策者是通过控制速率变量变化的大小来实行决策的，所以速率变量称为决策函数。状态变量和速率变量组成的反馈回路是系统内的子结构。某个时间间隔内状态变量变动量等于时间间隔乘上输入流率与输出流率之差；即

某时刻的状态变量＝前一时刻的状态变量＋时间间隔
×（输入流率－输出流率），

输入流率和输出流率可以看作是状态变量在一个时间步长内的增加和减少的量。状态变量数值的大小，表示系统的某种状态。③ 辅助变量：在建立一个系统的模型中，除了状态变量和速率变量之外，往往需要引进一些独立的变量来描述速率变量，以增强它的清晰度，这些变量称为辅助变量。

2. 系统动力学建模原则

由于研究对象具有复杂性，系统动力学建模也非常复杂，因此，在建模过程中，应坚持如下原则：

（1）连续性与相对稳定性原则。系统动力学主要对系统演变趋势与结构原因做出描述和分析说明，采用连续的系统模型有助于明确系统的中心框架与系统的动态特征，其变化过程中又具有相对稳定性。

（2）系统的结构决定行为。系统的结构能够决定系统行为，环境对系统行为模式的影响通过内部结构起作用，系统内部的反馈结构与机制以及信息反馈回路是热系统的基本结构的根源。因此，合理确定系统边界与系统反馈结构对系统建模尤为重要。

（3）综合与分解结合。城市可持续发展系统具有非线性、多层次关系等特征，因此，模型的建立应该把子系统间及系统结构间的反馈关系考虑在内，还要考虑系统与外部环境之间的关系，从整体的角度由上到下、由浅入深地分解系统，全面系统地描述动态系统的内部结构与反馈机制。

（4）重点性。在设计系统结构时，必须考虑系统的简洁准确性，并且确保模型结构与现实系统同步，选择参数时必须选择具有现实代表性的特征变量用以表述系统的结构与功能。

7.2.4 城市生态系统演化发展新模型

早期的城市生态系统动力学演化模型是基于城市土地利用模型而发展的，从 19 世纪末期到 20 世纪 80 年代，东西方学者普遍认同的城市演化模型对象仍主要倾向于土地利用的动力学过程。当时的研究热点为城市生态演替的动力学说，主要是基于城市规划的需要而产生的，常见的理论包括城市发生学、引力理论、空间扩展论、中心地理论、生态位势理论等。这些理论及相应的模型以城市土地利用的动力学过程为主要研究对象，把与此相关的社区、就业、贫富人口分布等作为影响城市土地利用的因素，而不是将它们看作城市生态系统内的子系统，因此这种模型对城市生态系统的模拟难免流于片面和不足。

虽然城市生态系统是一个人工生态系统，但它也具有一般自然生态系统的某些基本特征，比如，它也是一个自组织系统，在一定的生态阈值范围内，具有自我调节、自我维持稳定、自我发展以及一定的自我修复机制和功能。这个复杂系统在人口社会与环境、环境与经济、社会与经济等多重相互关系作用下所产生的城市内在发展的驱动动力，对城市生态系统的动力学过程产生积极的作用。因此，城市生态系统动力学演化模型，就是利用生态学中的理论和方法，并应用系统论、控制论和计算机科学等现代化技术，对城市的组合与分布、结构与功能、城市发展的动力学机制、城市系统的调节与控制进行研究，并将其用于城市的规划、建设和管理中，最终实现城市可持续发展。

虽然不同的文献对于城市生态系统动力学演化模型的过程不完全一致，但它们都可以归结为以下 6 个主要步骤，依次为：

① 定义：确定系统的组成和边界，辨识、抽提、模拟城市生态系统的时间、空间特性，画出概念框图。

② 模拟：系统内部各变量的数学和逻辑表达，系统与外部的关联关系表达，系统内部和外部过程的数学表达，系统参数的确定等。

③ 实现：模型的程序或软件实现，可以用程序语言，如 C＋＋、Basic、For-tran、MATLAB 等实现编程，也可以在 VENSIM、STELLA 等视窗软件界面下实现建模。

④ 验证：模型构建完成后，必须进行有效性验证和灵敏度分析，确保模型的合理性、可操作性和稳健性。

⑤ 分析：应用随机分布、Monte-Carlo 模拟、Kriging 插值、拉丁超立方抽样

等方法,对模型参数进行估计和校正以及验证,分析模型不确定性产生的原因,提出解决方案。

⑥ 应用:用多元回归分析、神经网络、专家系统等方法进行模型状态预测,构建模型最优化的多属性、多判据、多目标函数,并用多目标模型或遗传算法、模拟退火算法等方法求解,将模型结果应用到实践工作中指导规划,为城市建设决策者提供辅助决策支持等。

除了上文介绍的系统动力学模型,城市生态系统还有以下建模方法:

1. 数理模型方法

传统的数理模型在城市生态系统动力学演化模型方面具有简单、抽象、易于构建等特点。统计建模的类型有:一元回归、多元回归、模糊建模、灰色建模、Markov 模型等。数理模型在城市生态系统动力学演化模型中的应用,从开始的描述城市演化的某些特征的简单方程,到更为真实地反映城市系统综合过程的复杂方程,再到随机化模型、系统模型、系统仿真模型等,都得到了不断改进和广泛应用。由于软件的成熟和视窗软件的普及,研究者可以通过视图界面完成建模,并模拟城市生态系统演化的复杂过程。

虽然数理模型对于模拟和预测城市的某些子系统具有较大的优势,如建立城市水资源的供需模型、城市污染物的预测、城市环境质量的评价等,但是由于它是由刚性系统衍生出来的,因此它在城市生态系统这样兼有柔性和灰色系统特征的综合研究中,就有一些不足。如何将城市生态系统的柔性和灰色特征、系统内部的复杂反馈机制、动力学特征、系统内部和外部的扰动特征、城市的时空动态演化特征等综合完善于一个集成化的数理模型,是数理模型与城市生态系统动力学模型结合发展的前提。

2. 生态控制论和灵敏度模型

基于反馈机制的生态/生物控制论分析法(Eco-cybernetics),可以解释和评价城市系统复杂的动力学行为。德国维斯特(F. Vester)提出的 8 条生物控制论的基本原理,在此基础上可以建立城市生态系统灵敏度模型。灵敏度模型将系统学、生态学及城市规划综合为一体,较好地模拟和评价了城市生态系统演化的动力学行为。它可以帮助分析城市的自然地理和社会经济条件对城市演化的促进或制约作用,分析系统结构的稳定性、系统适应能力、不可逆的变化趋势、系统瓦解的风险或突变的可能性,使城市管理的政策实验成为可能。

生物控制论被引入到国内的研究时,与我国的复合生态系统模型相结合,发展为生态控制论方法,形成了一类城市可持续发展的复合生态模型。城市生态系统调控方法以生态控制论为基础理论之一,突出强调城市生态系统内部人的宏观调控作用,构建城市生态系统演化的动力学模型,模拟城市生态演化进程,预测多种发展情景,通过各种生态规划策略的实施,达到人对城市功能进行调控的目标。

3. 多目标规划法

多目标规划(multi objective programming,MOP)又称为"连续多准则决策",是解决有多个矛盾的目标函数需要实现优化的问题。而城市生态系统的动力学优化目标就具有这样的特征,如:希望达到经济发展最大化、环境污染最小化、生态环境最优化、社会进步最大化、投入资金最小化等。因此,建立 MOP 模型并求解,可以获取敏感点最优解的集合,再针对具体情况设计模拟运行方案,与决策者进行人—机交互辅助决策,取得系统发展的优化规划方案。

随着对 MOP 研究的深入,一系列的衍生模型也得到了开发,并应用于城市生态系统的动力学演化模型过程中。从不确定理论出发,引入灰色系统、模糊系统、不确定性等概念,有 IMOP、FMOP、IFMOP 等 MOP 的拓展模型类型。从演替思想出发,Simon 提出了无最终目标规划的观点,认为规划实施的每一步都是下一步规划的出发点,据此我国王如松提出了辨识—模拟—调控的生态规划方法和泛目标规划方法。在城市生态系统演化动力学模型建立这一领域,MOP 及其衍生模型有很多成功应用的实例,随着计算机技术的不断发展,到 MOP 的求解过程中越来越多的智能算法被应用,求解途径也越来越宽。我们可以相信,MOP 模型在城市生态演化这一领域的应用将会越来越多。但 MOP 模型也有不足之处,同 SD 模型一样,MOP 与 GIS 的耦合也较为困难,因此构建 MOP-GIS 耦合平台是今后研究的重点之一。

4. 其他

生态足迹(Ecological Footprint,EF)可以按空间面积计量的支持城市生态系统的经济和人口的物质、能源消费、废弃物处理所要求的土地和水等自然资本的数量,因此用 EF 建立的城市生态系统动力学模型可以很直观地体现系统的动力学特征,而且 EF 把城市生态系统的诸多方面都转化到同一个尺度,即土地占用的测度下,有利于对不同时空下的系统动力学特征进行比较。

情景分析法(Scenario Analysis),包括趋势外推,目标反演,替代方案和对照遴选等,对于城市生态系统的动力学预测以及决策辅助也很有帮助。如预计英国 2030 年的城市交通对于土地利用的关系;对荷兰到 2030 年的土地利用进行模拟和预测,并进行情景分析等,能够帮助决策者进行政策评估。

城市复合生态系统设计的 4 因子(功能、结构、行为和内部关系)模型认为,能流、物流变化,生境群落演替,营养结构及纵横等级关系变化等生态过程,会影响城市形态的演化,因此可以从时空尺度上评价和分析人类活动影响下的城市生态演化过程。

也有学者将物理化学的熵值分析引用到城市生态系统的动力学演化模型中,提出了基于信息熵的城市生态系统演化分析,用"代谢"过程描述城市生态系统的演化过程,并且表明:用氧化、还原等物化定义可以清晰地描述城市生态系统的时间轴动力学特征,熵值分析的优点是对于时间序列的分析简单明了,易于被决策者理解和接受,它的缺点是不能很好地体现城市演化的空间特征。

还有一种表征城市生态系统的动力学演化的方法是建立城市生态系统的能流、物流模型,仿照人体吸收、代谢的规律,把城市生态系统的活动分为两大类:生产和生活,这个系统需要输入燃料、矿产、粮食等基础资源和能源,同时生产出各种产品和建筑物、道路等基础设施,也排放"三废"污染物(有机和无机排泄物)。能流、物流模型能够比较清晰地显示出城市生态系统的能量、物质循环特征,但是该模型不擅长处理城市的空间演化特征,而且它本身需要的基础数据量较大。

7.2.5 城市生态系统的因果关系图

1. 城市人口、资源、经济、环境主要反馈回路与总因果关系图

根据城市可持续发展复杂系统的分析,煤炭城市系统动力学模型可分为四个子系统,分别是人口、资源、经济和环境。城市可持续发展复杂系统内主要反馈回路如图 7-1 所示。

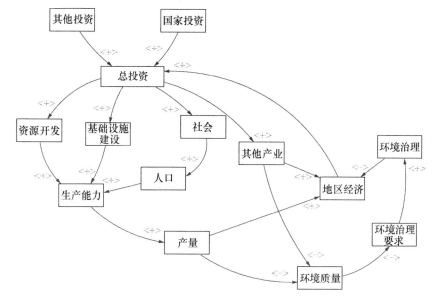

图 7-1 城市人口、资源、经济、环境因果关系图

资料来源:姚平.煤炭城市可持续发展的复杂系统评价与调控研究.哈尔滨工程大学,2008.

正反馈回路：

① 总投资→资源开发→生产能力→产量→地区经济→总投资

② 总投资→基础设施建设→生产能力→产量→地区经济→总投资

③ 总投资→社会→人口(质量)→产量→地区经济→总投资

④ 总投资→其他产业→地区经济→总投资

负反馈回路：

⑤ 总投资→基础设施建设→生产能力→产量→环境质量→环境治理要求→环境治理→地区经济→总投资

⑥ 总投资→其他产业→环境质量→环境治理要求→环境治理→地区经济→总投资

2. 城市人口子系统反馈回路及因果关系图

正反馈回路：

⑦ 总人口→育龄妇女人数→出生率→总人口

负反馈回路：

⑧ 总人口→人均收入→死亡率→总人口

⑨ 总人口→人均医护人员数→保健水平→死亡率→总人口

⑩ 总人口→人均住宅面积→保健水平→死亡率→总人口

⑪ 总人口→人均病床数→保健水平→死亡率→总人口

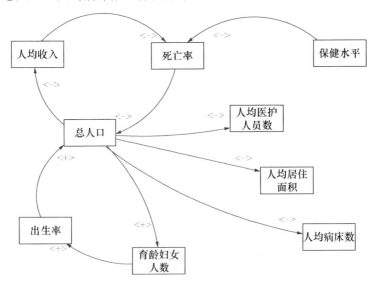

图 7-2 城市人口子系统因果关系图

资料来源:姚平.煤炭城市可持续发展的复杂系统评价与调控研究.哈尔滨工程大学,2008.

3. 城市资源子系统反馈回路及因果关系图

⑫ 资源开发投资→地质储量→工业储量可采储量→储采比→资源持续程度→资源开发投资

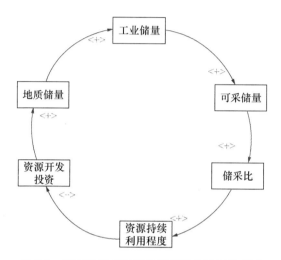

图 7-3 城市资源子系统反馈回路及因果关系图

资料来源:姚平.煤炭城市可持续发展的复杂系统评价与调控研究.哈尔滨工程大学,2008.

4. 城市经济子系统反馈回路及因果关系图

正反馈回路:

⑬ 总投资→生产能力→产量→总收入→利税总额→总投资

⑭ 总投资→其他产业总产值→总收入→利税总额→总投资

负反馈回路:

⑮ 总投资→生产能力→产量→需求量→总投资

5. 城市环境子系统反馈回路及因果关系图

其主要的负反馈回路:

⑯ 总投资→产量→环境质量→环境投资→总投资

⑰ 总投资→产量→废弃物排放量→环境质量→环境投资→总投资

⑱ 总人口→生活废水总量→环境质量→死亡率→总人口

⑲ 总人口→能源消耗量→大气质量→环境质量→死亡率→总人口

⑳ 总投资→工业总产值→能源消耗量→大气质量→环境质量→环境投资→总投资

㉑ 环境质量→环境投资→燃烧方式→大气质量→环境质量

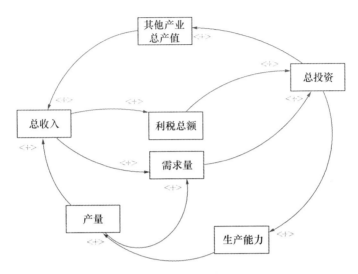

图 7-4   城市经济子系统反馈回路及因果关系图
资料来源:姚平.煤炭城市可持续发展的复杂系统评价与调控研究.哈尔滨工程大学,2008.

㉒ 能源消耗量→大气质量→环境质量→环境投资→能源消耗结构→能源消耗量

7.3   案例:攀枝花市生态复杂系统可持续发展评价

7.3.1   攀枝花市生态系统可持续发展水平分析

攀枝花市位于四川省西南部、川滇交界处,金沙江与雅砻江在此汇合,地处攀西裂谷中南段、山高谷深、盆地交错分布,境内分属金沙江、雅砻江水系。攀枝花始建于 1965 年,全市辖 3 区 2 县,总面积 7440 km²,据 2014 年末统计,全市户籍人口达 111.9 万人。

2016 年,全市生产总值(GDP)实现 1014.68 亿元,按可比价计算,增长 8.0%。其中:第一产业增加值 34.25 亿元,增长 4.4%,对经济增长的贡献率为 1.9%,拉动经济增长 0.1 个百分点;第二产业增加值 715.35 亿元,增长 8.1%,对经济增长的贡献率为 72.7%,拉动经济增长 5.9 个百分点;第三产业增加值 265.08 亿元,增长 8%,对经济增长的贡献率为 25.4%,拉动经济增长 2 个百分点。人均地区生产总值 82 221 元,增长 7.8%。三次产业结构由上年 3.4∶71.4∶25.2 调整为 3.4∶70.5∶26.1。全市民营经济实现增加值 502.12 亿元,增长

8.5%,占 GDP 的比重为 49.5%,民营经济对全市经济的贡献率 51.7%。

全年城镇居民人均可支配收入 32 860 元,增长 8.2%。其中:工资性收入 20 601 元,增长 7.2%;经营净收入 3219 元,增长 22.1%;财产性收入 1891 元,增长 16.4%;转移净收入 7148 元,增长 3.9%。城镇居民人均消费支出 20 745 元,增长 4.5%,其中,食品烟酒支出 7416 元,增长 4.8%;衣着支出 1384 元,增长 3.8%;居住支出 3160 元,增长 6.7%;生活用品及服务支出 1496 元,增长 4.9%;医疗保健支出 2922 元,增长 4.4%;交通和通信支出 2363 元,增长 6.6%;教育、文化和娱乐支出 1414 元,与上年持平。城镇居民恩格尔系数为 35.7%。

全年农村居民人均可支配收入 14 057 元,增长 9.3%。其中,工资性收入 4529 元,增长 4.5%;经营净收入 8157 元,增长 12.0%;财产净收入 372 元,增长 23.9%;转移净收入 999 元,增长 6.2%。农村居民人均生活消费支出 11 092 元,增长 12.0%。其中,食品烟酒支出 4200 元,增长 14.1%;衣着支出 570 元,增长 5.0%;居住支出 2206 元,增长 14.8%;生活用品及服务支出 622 元,增长 6.8%;交通和通信支出 1443 元,增长 3.2%;教育、文化和娱乐支出 962 元,增长 24.9%;医疗保健支出 960 元,增长 8.9%;其他商品及服务 129 元,增长 2.3%。农村居民恩格尔系数为 37.9%。

全年居民消费价格总水平(CPI)上涨 1.7%,其中:食品烟酒类价格上涨 3.2%,衣着类上涨 1.2%,居住类下降 2.1%,生活用品及服务上涨 0.5%,交通和通信类上涨 3.8%,教育文化和娱乐类上涨 2.2%,医疗保健类上涨 1.4%,其他用品和服务类上涨 2.0%。工业生产者出厂价格(PPI)增长 2.8%,工业生产者购进价格下降 1.6%。

根据调查可以看到,2016 年住进单元房的城镇居民家庭占城镇居民的 93%,拥有自有房屋产权的居民占城镇居民的 95.6%,城镇居民的现住房建筑面积已达到人均 35.05 平方米。全市参加养老保险的人数 43.17 万人,同比减少 2.5 万人;参加医疗保险人数 60.49 万人,同比减少 2.7 万人;参加失业保险人数 19.53 万人,同比减少 1.5 万人;参加工伤保险人数 20.95 万人,同比增加 0.19 万人;参加生育保险人数 21.26 万人,同比增加 0.29 万人。城镇登记失业率为 3.7%,比上年增长 0.09 个百分点。

全市享受城镇居民最低生活保障人数 11 306 人,同比减少 3641 人;享受农村居民最低生活保障人数 15 112 人,同比减少 4825 人;社会救济对象人数 79 922 人(包括五保、城保、农保户)。全市拥有社会福利收养性单位 80 个,床位 7099 张;社会福利院 6 个,床位数 870 张;敬老院 24 个,床位数 2431 张。

攀枝花市自然资源得天独厚,这里拥有丰富的矿产、水力和农业资源。地质勘测表明,钒钛磁铁矿储量达 100 亿吨,占全国铁矿储量的 20%,钛资源储量

8.7亿吨,占全国钛资源储量的90.5%,占世界钛储量的35.2%。

7.3.2 攀枝花市可持续发展的能力评价

1. 指标数据的确定

将攀枝花市各年的可持续发展系统看做 SD 系统中的要素(考虑到搜集数据的可行性,选择 2006 年到 2015 年为考察区间),要考察一个城市发展的可持续性,或者说要维护一个城市沿着可持续道路发展,目标就是城市可持续发展,本研究认为城市可持续发展包括社会可持续发展,经济可持续发展,资源可持续发展,环境可持续发展。本书通过四川省统计年鉴、攀枝花市统计年鉴、攀枝花市国民经济年报等进行指标数据的搜集。根据指标体系构建的原则和方法,本书将指标体系略作调整。具体指标的数值见表 7-2～表 7-5。

表 7-2　攀枝花市指标体系数据 1

指标 年份	社会子系统指标值				
	城市从业人数/万人	城市居民人均可支配收入/元	每万人拥有医生数	市区人均公共图书拥有量/册	市区每万人拥有公共汽车量/辆
2005	17	9124.5	31.04	0.49	8.5
2006	16.5	10 226	30.28	0.49	7.6
2007	16.04	11 660	29.61	0.49	8.2
2008	18.32	1343	28.98	0.51	8
2009	17.76	14 960	29.64	0.52	9
2010	24.32	16 882	30.76	0.53	9.2
2011	19.75	19 735	33.51	0.67	9.38
2012	18.6	22 808	32.71	0.67	8.9
2013	24.8	24 906	33.74	0.74	10.52
2014	24.52	27 322	35.65	0.75	9.96

数据来源:四川省统计局。

表 7-3　攀枝花市指标体系数据 2

指标 年份	经济子系统指标值				
	GDP/亿元	第三产业总值/亿元	第三产业产值比重/(%)	进出口贸易总额/亿元	进出口贸易总额占 GDP 比重/(%)
2005	248.01	64.26	25.91	19.63	7.92
2006	290.07	72.47	24.98	14.37	4.95
2007	345.59	82.58	23.90	17.88	5.17

（续表）

指标	经济子系统指标值				
年份	GDP/亿元	第三产业总值/亿元	第三产业产值比重/(%)	进出口贸易总额/亿元	进出口贸易总额占 GDP比重/(%)
2008	427.61	94.75	22.16	25.6	5.99
2009	424.08	103.7	24.45	10.53	2.48
2010	523.99	115.87	22.11	16.18	3.09
2011	645.66	133.65	20.70	16.94	2.62
2012	740.03	152.85	20.65	16.79	2.27
2013	800.88	175.81	21.95	11.93	1.49
2014	870.85	204.42	23.47	19.2	2.20

数据来源:四川省统计局。

表 7-4　攀枝花市指标体系数据 3

指标	资源子系统指标值	
	资源年开采量	
年份	原煤/万吨	铁矿石/万吨
2005	713.46	959.19
2006	885.67	1366.21
2007	900.35	2566.54
2008	920.13	2832.96
2009	981.1	3158.01
2010	1129.1	3846.46
2011	1132.57	5203.98
2012	960.76	6319.65
2013	950.68	7386.59
2014	1015.61	8597.11

数据来源:四川省统计局。

表 7-5　攀枝花市指标体系数据 4

指标	环境子系统指标值		
年份	单位 GDP 工业废水排放量/万吨	城市园林绿地面积/m²	建成区绿化覆盖率/(%)
2005	13.11	1620	42
2006	11.44	1895	38.42
2007	8.22	1954	39.43
2008	8.22	2062	40.90
2009	8.22	2172	41.10
2010	8.22	2392	42
2011	3.52	2273	37.88
2012	5.42	2554	38.70
2013	5.17	2758	43.68
2014	2.93	2652	43.81

数据来源：四川省统计局。

表 7-6 为 1—9 评分法,本研究利用专家意见法和 1—9 评分法结合层次分析法确定指标权重。

表 7-6　标度方法

标度	含　义
1	行元素与列元素相比,两者同等重要
3	行元素与列元素相比,前者相对后者元素稍微重要
5	行元素与列元素相比,前者相对后者元素明显重要
7	行元素与列元素相比,前者相对后者元素强烈重要
9	行元素与列元素相比,前者相对后者元素极端重要
2,4,6,8	介于相邻判断的中间值

根据表 7-6,对指标体系中的各指标进行两两比较,构建判断矩阵。例如指标 P_i 相对于指标 P_j 的重要性为 P_{ji}（如为 3）,则指标 P_j 相对于 P_i 的重要性为 P_{ij}（为 1/3）,如此类推,从而构造出判断矩阵：$P = [P_{ij}]$ 各指标权重的计算。

通过 MATLAB 进行语言编程,直接求解得到判断矩阵的特征值和特征向量,找出最大的特征值和其对应的特征向量。

再根据公式 $CI = \dfrac{\lambda_{\max} - n}{n - 1}$ 获得一致性指标。由随机一致性指标

$$CR = \frac{CI}{RI} \leqslant 0.10$$

认为判断矩阵的一致性是可以接受的。其对应权重 W_i 即为 λ_{max} 的对应向量，根据

$$W_i = \frac{W_i}{\sum\limits_{i=1}^{n}} W_i$$

将权重标准处理。

根据表 7-7，确定攀枝花市可持续发展评价指标体系的权重，如表 7-7 所示。

表 7-7　攀枝花市可持续发展评价指标体系权重

一级指标	系统内权重	二级指标	系统内权重	三级指标	系统内权重	指标权重
社会发展评价指标集	0.225	从业人口指数	0.2	城市从业人数	1	0.045
		人均收入指数	0.3	城市居民人均可支配收入	1	0.0675
		城市化指数	0.5	每万人拥有医生数	0.4	0.045
				市区人均公共图书拥有量	0.3	0.03375
				市区每万人拥有公共汽车量	0.3	0.03375
经济发展评价指标集	0.325	经济效益指数	0.4	进出口贸易总额占 GDP 比重	0.5	0.065
				进出口贸易总额	0.5	0.065
		经济总量指数	0.4	国内生产总值	1	0.13
		经济结构指数	0.2	第三产业总值	0.5	0.0325
				第三产业产值比重	0.5	0.0325
矿产资源发展评价指标集	0.225	矿资开发指数	0.5	原煤年开采量	0.5	0.05625
				铁矿石年开采量	0.5	0.05625
环境评价指标集	0.225	环境影响指数	0.6	单位 GDP 工业废水排放量	1	0.135
		环境优化指数	0.4	城市园林绿地面积	0.4	0.036
				建成区绿化覆盖率	0.6	0.054

资料来源：作者整理。

7.3.3 攀枝花市可持续发展的协调性评价与分析

通过系统动力学模拟,将各个子系统内的分析状况用图表示。

1. 社会子系统(图 7-5,图 7-6)

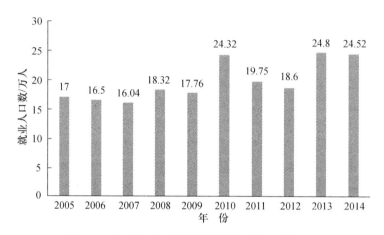

图 7-5 社会子系统可持续发展状况数据分析图 1
资料来源:作者整理。

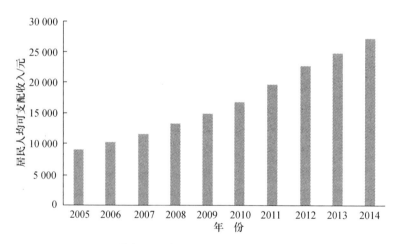

图 7-6 社会子系统可持续发展状况数据分析图 2
资料来源:作者整理。

由图 7-5 可看到,2007 年就业人口数最少,之后就业人数增加,在经历了
2010 年的高峰期之后,2011 年和 2012 年呈下降趋势,之后 2013 年就业人口数

回升,2014 年又有小幅下降。又呈现一个稳步的上升。由图 7-6 可看出居民人均可支配收入呈现逐年增加趋势。

2. 经济子系统(图 7-7~图 7-10)

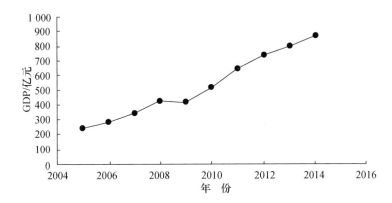

图 7-7　经济子系统可持续发展状况数据分析图 1

资料来源:作者整理。

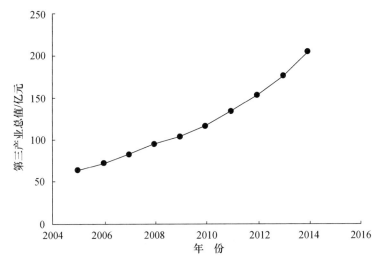

图 7-8　经济子系统可持续发展状况数据分析图 2

由图 7-9 和图 7-10 可知,经济子系统一直保持稳步上升的状态,第三产业比重均保持在 20% 以上,进出口贸易占 GDP 的比重大体呈下降趋势。

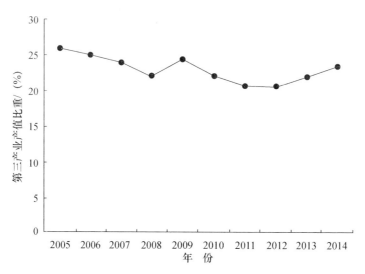

图 7-9　经济子系统可持续发展状况数据分析图 3
资料来源:作者整理。

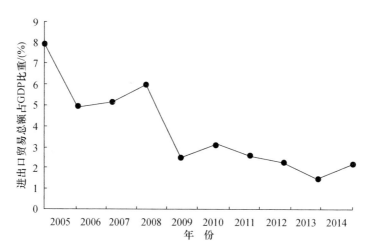

图 7-10　经济子系统可持续发展状况数据分析图 4
资料来源:作者整理。

3. 资源子系统

由图 7-11 可知,资源的开采量逐步呈上升趋势,且铁矿石的开采量远远大于原煤开采量。

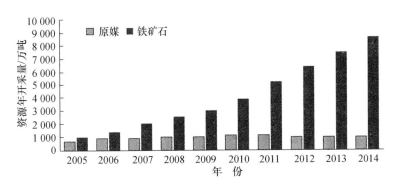

图 7-11　资源子系统可持续发展状况数据分析图 1

资料来源:作者整理。

4. 环境子系统(图 7-12,图 7-13)

由于社会、经济、资源因素的输入,导致环境子系统中的环境质量受到很大破坏。而各种工艺设施及各项宏观调控政策的实施,使得环境质量的破坏趋于平稳。从图 7-12 可以看出,2007 年的工业废水排放量与前两年相比有很大的改善。此外,攀枝花市的环境优化也呈现一种稳步改良的过程,2006 年至今,攀枝花市的环境优化已经产生了很好的效果。

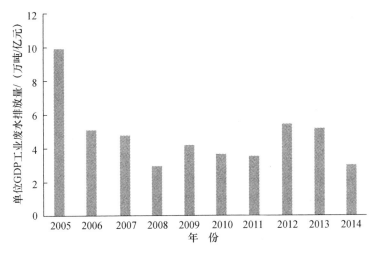

图 7-12　环境子系统可持续发展状况数据分析图 1

资料来源:作者整理。

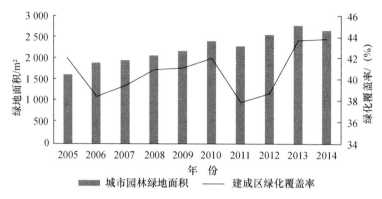

图 7-13 环境子系统可持续发展状况数据分析图 2

资料来源:作者整理。

第八章

国内外城市可持续发展的实施经验及启示

8.1 国内城市可持续发展经验教训

8.1.1 一、二线城市可持续发展经验教训

一、二线城市具有其他城市无法比拟的优势和可持续发展的动力。在对外合作方面,一、二线城市与国际接触机会比较多,是国家对外展示城市发展成就的窗口。与很多国家和城市保持着经济、文化、科技的交往,对其自身可持续发展起着积极的促进作用。在文化教育方面,一、二线城市一般都有着比较悠久的历史文化传统和比较深厚的文化底蕴。现有高等院校,科研机构也比较多,每年能向社会输送许多高素质人才和科技人员,文化教育是一、二线城市的一个很大优势,是其城市可持续发展的最大、最持久的潜在动力。在经济发展方面,一、二线城市有着较强的经济实力。有比较多的金融、保险机构,产业基础比较雄厚,资源丰富,市场潜力巨大。万事万物都有两面性,一、二线城市拥有其他城市无法比拟的优势和可持续发展的动力的同时,也存在很多问题和制约可持续发展的因素,比如因其发展比较成熟,一、二线城市规模往往迅速超常扩大,城市人口大大增加,市区城市用地压力很多,各种"城市病"屡见不鲜,地区水源、能源缺乏,建设用地资源也有限;城市的社会经济发展超过了资源和环境的承受能力,加上人口和产业布局过于集中于市区,环境质量下降,资源供需紧张等。

一、二线城市拥有很多优势,但其可持续发展受到了许多因素的制约,这就需要多多分析研究其他国家一、二线城市可持续发展案例,得出适合自身发展的经验教训。目前,一、二线城市可持续发展较普遍的经验如下:

1. 加强城市功能建设,促进文化经济腾飞

一、二线城市在可持续发展过程中,应该强化其经济文化功能。增建体现城市政治功能以及由它派生的经济调控、信息、交通等功能的各项城市设施,还要加强与国际的合作,引入先进的东西,也让自己走出去。同时还要大力加强城市文化建设。在城市重点地段建设能代表城市最高水平、最新成就的,对全市有指导意义的大型文化设施。同时普遍建设地区性文化设施和文化街区。大力发展文化产业,完善服务城市的高等教育、尖端科研、信息事业、咨询服务等城市功能,促使文化与经济的一体化和全面腾飞。

2. 人口、社会、经济、生态相协调,谋求整体发展

人口过于集中是一、二线城市很头疼的问题,对此,一、二线城市可以对其人口实行近期有控制、有引导地发展,远期适度放开的方针。当前特别要严格控制市区城市人口,把人口控制的重点放在迁移增长上,把建设重点由市区转向远郊区,搞好市区的调整改造,解决人口在市区过于集中的矛盾。通过进一步完善法制建设,对流动人口按照"总量控制、严格管理、依法保护、加强服务"的方针进行宏观调控。

进一步发挥城市科技优势,调整产业结构,大力发展适合一、二线城市自身特点的知识经济。对现有工业要按照技术密集程度高、产品附加值高和能耗少、水耗少、排污少、运量少、占地少的原则进行调整和技术改造,并逐步改变工业过分集中在市区的状况。加强与周边城市的联系协作,为城市可持续发展创造有利的外部条件。

确保城市生态系统的平衡和发展。创建依靠科技进步、提高劳动者素质来促进城市经济增长的新模式,实现改善环境质量和持续利用自然资源的目标。加大改善城市环境的投入,加快基础设施建设。

3. 节约资源并提高资源利用率,实现资源的可持续利用

走内涵式城市发展道路,提高土地使用效率。严格实施"分散集团式"布局原则,开发利用城市地下地上空间,防止城市进一步向外发展。优化城市土地使用,提高工业用地的集约化水平,调整乡镇企业和农村居民点布局,节约城市土地资源。

建设节水型城市。从城市长远发展看,城市水源必须立足本地资源,把建设节水型城市作为一项长期的战略方针。这就需要:① 建立节水型的产业结构,发展符合城市特点的工业,合理安排农业种植结构,全面推广农业节水技术;② 提高用水效率,降低用水消耗,大力发展污水回收利用;③ 加强用水管理,完善计划用水,合理调整水价,对市民进行节水宣传教育;④ 控制市区地下水位下降,实行人工回灌、采补平衡以及地面、地下水的联合调节;⑤ 加强城市水源地

保护,消灭城市水源地区的污水沟和污水渗井。

大力开展节能工作。首先,要继续加强对能源管理工作的领导,抓好计量、定额和奖惩,推行科学的管理方法。其次,认真抓好节能的技术改造、技术进步,以提高产品的产量和质量。此外,要加强节能的法制建设以及新建能源项目和耗能产品生产的审查和监督。同时,运用财政、银行、税收、价格等经济手段,鼓励企业积极搞好节能工作,惩罚浪费能源的行为。

4. 努力改善城市环境

(1)改善城市生态环境,提高城市环境质量

① 治理大气污染,改善大气环境质量。首先要改变以煤为主的燃料结构,争取多调入天然气,提高清洁燃料在燃料结构中的比重。严格限制高耗能工业的发展。控制燃油车的污染,推广使用天然气或液化气等清洁燃料用车。在市区实行对小汽车的总量控制,大力发展公共交通。

② 治理城市污水,保护城市水源。大力建设污水处理厂,完善城市排水管网系统。加强城市河湖水系的管理,尽快实现对市区河湖污染的污水全部截流。实施污染物排放总量控制。

③ 加强固体污染物治理,加强对工业固体废弃物的综合利用工作。加大城市生活垃圾和粪便等污染源的无害化设施的投入。

④ 加强噪声监测和治理,特别要加强建筑施工噪声的管理力度。

⑤ 依靠科技进步,发展环保产业。制定发展环保产业的优惠政策,从信贷、税收等方面给予扶持和帮助。

⑥ 在城市绿化中继续实行规划绿化隔离地带的"以绿引资、引资开发、开发建绿、以绿养绿"的政策,将大片规划绿化隔离地带绿化起来。在加速山区绿化的同时,还要在市区继续搞好干道、铁路、河道两岸以及工业区和居住区之间的防护绿带,新建、扩建一大批大型公园,扩大市区公共绿地,逐步把自身建成花园式文明城市。

(2)改善城市社会环境

从加强教育入手,努力提高市民的思想觉悟、教育层次和文明程度,全面提高市民素质。完善劳动就业政策,增强再就业的工作力度,进一步完善社会保险、社会福利、社会救济和优抚工作等社会保障制度。开展各类创建文明城市的活动。营建良好的社区环境,完善社区物业管理、社区供给、社区保障、社区教育和社区服务等多项功能。营建、开发良好的老年人生活环境的各项设施,包括居住设施、服务设施、保健设施、文娱设施。加强文化环境建设,包括管理街区市容、广告牌、店招牌、霓虹灯、城市雕塑和建设适应国际交往的语言环境等。

（3）改善城市景观环境

按照城市总体规划，在保持原有道路和水系的规划格局以及保有独特的城市色彩，发展平缓开阔的城市空间格局以及保护好城市景观等几个方面的基础上，对城市风貌进行整体保护。

认真实施城区控制性详细规划，严格控制在中心区建造高层建筑和体型庞大的建筑，创造具有丰富文化内容、明显传统格局的优美城市环境。

做好中心区的城市设计，对城市景观中的街道、建筑、广场、园林、河流、湖泊、桥梁、雕塑、立交等进行工程规划。既要处理好工程的艺术造型，使之富有文化气息，又要与周围的景观相协调，创造整体的环境美。

5. 加快城市基础设施建设

（1）城市水源和供排水

坚持"开源、节流、保护水源并重"的方针，大力开展节约用水，实施污水资源化。加快城市污水处理厂的建设，配置相应污水管网，大大改善水环境质量。逐步完善雨水排除系统，解决低洼地区的积水问题。

（2）交通建设

进一步完善市区道路网，建设以几条主要放射路组成的快速路系统和快速公交系统，加速发展地下和地面轨道交通，加快公共电汽车和市郊铁路客运系统建设，有控制地发展私人小汽车，大力建设停车场。

（3）城市能源

发展并完善市区绿色能源使用系统。

（4）城市通信和广播

采用现代先进技术，建成多种通信方式、多功能优质服务的数字化电信网以及优质高效的通信网络。

（5）城市防灾

疏散旧城区过密人口，留出足够的绿地、广场和疏散通道。按照平战结合、平灾结合的原则，充分利用地下空间防灾、避灾。加强对交通及易燃易爆和剧毒化学品的生产、储存和输送设施的管理。交通及市政公用设施要地上、地下结合，环状连通，多路输送，提高灾时的应变能力。建立统一的组织指挥系统，健全通信系统，建立和完善监测预警、抢险急救、善后恢复、宣传教育、组织演习和科学研究等组织机构和规章制度，形成整体运行机制。

6. 建立综合决策机制

城市可持续发展涉及社会、经济、环境、城市建设以及各个行业和各个部门，必须从城市的整体利益出发，结合考虑各个方面的利弊得失，建立起综合决策机制。除了要提高群众、干部尤其是领导干部的环境意识外，还要加强发展环保工作,为此,有如下建议:一要强化各综合部门(如市委、市政府的研究室,市计委、市规委、市建委、市市政管委等)的工作;二要制定并实施环境与发展一体化的政策体系,在制定经济、社会、财政、能源、农业、交通、贸易及其他政策时,将环境与发展作为一个整体来考虑;三要在国民经济与社会发展的计划、统计、核算、审计等国民经济管理各个环节上处理好环境与发展的关系;四要逐步实施对项目计划乃至拟出台的政策进行环境影响评估的制度;五要在对外贸易和经济合作中坚持环境与发展综合决策,坚决抵制通过各种形式将国外污染物转移到国内的违法行为。

8.1.2　三、四线可持续发展经验教训

三、四线城市虽然没有一、二线城市那样具有无法比拟的优势和可持续发展的动力,但是其可持续发展潜力比较大,总结了国内三、四线城市的可持续发展经验,分列如下:

1. 搞好城市规划,促进城市人口、资源、环境的协调发展

三、四线城市的城镇化还有一定的空间,城市规划尤为重要。为了实现三、四线城市一定时期内城市的经济和社会发展目标,确定城市性质、规模和发展方向,合理利用城市土地,协调城市空间布局和各项建设的综合部署。三、四线城市的重要任务是优化城市土地资源配置,通过合理的城市空间组织,促进生产力和人口的合理布局,实现合理用地、节约用地、保护环境的目标。要实现城市的可持续发展,就要科学制订城市规划,并按照城市规划来建设和管理城市,实施城市规划是实现城市可持续发展的关键。

三、四线城市虽然在资源的有限性与不断增长的人口对资源(特别是土地资源)的需求方面的矛盾不如一、二线城市那么突出,但其人口、资源、环境方面的压力也不容忽视,城市规划是解决这一矛盾的有效方法之一。城市规划既要解决城市资源的合理利用问题,也要解决城市人口、资源、环境的协调发展问题,实现经济效益、社会效益和生态效益相统一的发展目标。也就是说,城市规划的一个重要目标就是实现城市的可持续发展。因此,城市规划就不仅是建设规划,还是在城市化、工业化的过程中,为城市的开发、建设、发展的决策提供可靠的依据和可供选择的方案。其中一个重要问题就是保证今天的开发、建设的决策不给未来的发展带来不利影响,即可持续发展问题。城市可持续发展体现在城市规划方面,主要是空间上的协调发展和发展的连续性问题,为保证城市规划的权威性,世界各国普遍以法律形式赋予城市规划约束力,以防止城市开发、建设中的短期行为,保证城市的可持续发展。

为促进城市的可持续发展,必须制订科学完善的城市生态规划,内容包括生

态功能区划与土地利用布局、环境质量保护规划、人口适宜容量规划、产业结构与布局调整规划、园林绿地系统规划、资源利用与保护规划等方面,以实现人与自然、人与环境关系的持续共生、协调发展。

2. 加强城市基础设施建设,提高城市居民的生活质量。

城市交通是城市最主要的基础设施之一,是影响城市可持续发展的重要因素。三、四线城市的交通与一、二线城市比起来差距还是非常大的。因此,解决城市交通问题也非常重要,首先可以制订适合三、四线城市整体交通发展战略和科学合理的城市交通规划,明确城市交通发展目标,确定交通方式和交通结构,并与城市土地利用有机结合,建设与城市发展相适应的现代化综合城市交通体系。其次,要根据城市交通规划调整城市土地使用功能和产业布局,缓解城市中心地区用地和交通矛盾,同时加快城市道路和交通设施建设,加强城市道路管理,提高城市道路通行能力。再次,要根据城市特点,优先发展城市公共交通、城市公共交通高效低耗,具有良好的经济效益和社会效益,是解决城市客运交通的最有效方式。

居住是人类生存的基本条件。解决城市住房问题,使“人人享有适当的住房”,是实现城市可持续发展的一个重要方面。三、四线城市居民的住房水平还不能满足现有城市居民的需求,要满足广大居民日益增长的住房需求,在相当长一段时间内,必须保持较大的住房建设规模。三、四线城市要继续深化城镇住房制度改革,逐步建立持续拉动住房建设,实现有效的机制,促进住房建设的发展。

与此同时,要加强城市公用设施和机构的建设,如供水、供电、供暖、供气、垃圾和污水处理、园林绿地等公用设施;图书馆、博物馆、科学馆、文化馆、体育馆、美术馆等文体设施;养老院、孤儿院、残疾康复中心等福利设施,以健全城市的居住、公共服务和社区服务功能,创造良好的人居环境。要广辟投融资渠道,建立城市建设投融资新体制,鼓励中外企业和城乡居民投资,形成投资主体多元化格局。

3. 加强城市综合管理,全面改善城市环境

一是要加强城市经济管理,大力发展城市经济,提高城市吸纳就业的能力,经济是城市发展的基础和动力。在市场经济条件下,政府应在充分发挥市场机制作用的基础上,加强政府的引导和调控,合理调整工业布局,加快改组、改造传统产业,积极发展高新技术产业,重视发展劳动密集型产业,推动工业结构优化升级和可持续发展;大力发展现代服务业,改组、改造传统服务业,明确提高服务业增加值占城市国内生产总值的比重和从业人员占全市从业人员的比重;加快城郊生态农业和绿色农业基地建设,促进农业生产发展与农村生态平衡的协调统一。

二是要加强城市社会管理,塑造良好的城市形象。要加强城市人口管理,大

力发展教育、文化、卫生、体育事业,促进人口规模合理化、人口素质优良化和就业结构多元化。要改革城镇户籍制度,取消对农村劳动力进入城镇就业的不合理限制,形成城乡人口有序流动的机制。要加强城市社会治安和交通管理,确保城市人口的安全和社会的稳定。要加强城市社区组织建设,充分发挥社区组织在密切政府与居民的联系,加强治安保卫、调解民事纠纷,办理各种公共事务和公益事业等方面的作用。要注重城市形象的设计、整治和传播,以增强城市的吸引力、凝聚力和发展的持久动力。

三是要加强城市的生态管理,加大环境保护和治理力度,提高城市的环境质量。随着城市化水平的提高和可持续发展观念的崛起,现代城市中的生态管理日益成为城市发展与管理的突出主题,在城市经济、社会、文化、生态等系统要素的协调发展中成为最令人关注的因素。为实现城市生态系统的良性循环,必须加强城市的生态规划和生态建设,强化环境保护和污染综合治理。要加快城市污水处理设施建设,提高污水集中处理率。加强城市环境空气污染防治,减少污染物排放量。推行城市垃圾无害化与危险废弃物集中处理。推行清洁生产,控制和治理工业污染源,依法关闭污染严重、危害人民健康的企业,加强城市噪声污染治理。加强环境保护关键技术和工艺设备的研究开发,加快发展环保产业。完善城市环境标准和法规,修改不合理的污染物排放标准,健全环境监测体系,加强环境保护执法和监督。全面推行污水和垃圾处理收费制度。开展全民环保教育,提高全民环保意识,推行绿色消费方式。建立城市灾害预报预防、灾情监测和紧急救援体系,提高城市防灾减灾能力。

8.1.3 资源型城市可持续发展经验教训

近几十年,我国的经济发展快速,不能否认,资源型城市在经济发展进程中曾发挥过重要的作用。然而,目前资源型城市的发展前景却让人担忧,这些资源型城市虽然部分仍然保持着良好的发展势头,但大多数由于资源枯竭而濒临绝境。因此,总结、借鉴这些城市发展的经验教训,将对目前资源型城市的可持续发展起到重要的作用。

1. 适应发展需求,调整产业结构

每个城市都有其独特的发展经历,各个资源型城市的发展经历不同,情况也就不一样,但是同其他城市比较而言,资源型城市有一个共性,那就是资源递减。城市经济基础比较薄弱,缺乏自我积累、自我发展的能力,经济发展日益面临困境。就以煤炭城市为例,煤炭城市大多严重依赖煤炭工业的发展和煤炭市场价格的上涨来盈利,这种模式的经济效益普遍很低。经济效益低,就造成了地方财政非常困难的局面。许多煤炭城市中煤炭工业所提供的产品税并不足以弥补地方财政对煤炭工业职工和家属的生活补贴。财政根本没有余力再有其他作为,这导致地方财政没有积累能力,无力对产业结构进行调整,经济发展后劲严重不足。地方财政困难,用于城市建设维护的费用肯定十分短缺,因此,大多数资源型城市,特别是单一产业型的小城市,其基础设施如下水道、公共交通、道路、住房、环境等都存在比较严重的问题。

　　煤炭和矿产资源都是不可再生的一次性能源,仅仅是依赖于煤炭和矿产资源的单一产业结构是不可能持久的,"每个煤矿或矿区都必然经历一个'开发—兴盛—衰竭—报废'的过程"。这是经过长期总结得出的规律,也是一个不能违背的自然规律,毕竟资源越开采越少。尽管多数矿产资源城市还没有进入资源衰竭期,但面临资源递减速度加快后的产业结构调整问题是迟早的事,单一性产业城市正在受市场需求变化、资源枯竭等种种问题的严峻挑战和考验,产业结构调整已势在必行。

　　2. 致力资源环境可持续发展,实现良性循环

　　目前看来,我国的工业污染相当严重,工业生产过程中产生的大量废渣、废液排泄到河流,水资源受到严重污染,人类离不开水,依赖水资源的渔业发展也受到打击性影响,人类安全无可避免地受到威胁;工业生产过程中产生的大量废气排入大气,造成空气污染,甚至还导致许多地方连续出现酸雨,危及人类生存。工业污染出现的种种问题,值得我们深刻地反思。

　　"二战"结束以后,各国都致力于战后经济的恢复,在此基础上,都在不留余力地发展经济。为了实现经济高速增长的目标,各国政府和学者虽然先后在相关领域开展了大量分析研究,提出了各式各样的经济增长理论,制订并实行了一系列以推进经济增长为目的的政策和法律,但是这不能完全消除各国在工业化时期破坏生态环境,掠夺自然资源所造成的恶果,况且在后工业化和高消费发展阶段大量消耗资源能源和环境污染等问题仍在继续。特别是某些新兴国家和地区以及为数众多的发展中国家,为了谋求在基础薄弱、资金短缺条件下的经济增长乃至高速增长,多采用以粗放型经济增长方式为主的发展模式,并以资源大量消耗和浪费,环境污染和生态破坏为代价。可持续发展的理论,一是强调人类在追求健康而富有生产成果的生活权利时,也应采用与自然相和谐的关系与方式来形成和保持其追求发展的权利,不应以耗竭资源、破坏生态和污染环境等方式追求这种发展权利的实现;二是强调当代人在创造和追求当代发展与消费时,不应毫不留情地剥夺后代人本应合理享有的同等发展和消费的机会。我国土地辽阔、资源丰富,但人口众多,人均占有资源甚微,从满足需要来说,资源严重不足。我国许多城市的物质消耗过高,存在着严重浪费的现象。然而,资源的再产生是一个漫长的过程,很难赶上资源的使用速度。这种状况的日益恶化,势必严重破

坏我国国民生存的环境,造成灾难性的后果。我国一些城市的发展过程中严重存在的不顾生态环境的保护只顾追求眼前经济利益的做法,是严重不利于经济可持续发展目标的实现的,我们必须从中汲取教训,注重资源节约,保护环境,实现资源型城市和整个国民经济发展的良性循环。

3. 发展替代性产业,做好最佳选择

由于受资源递减规律影响,产业结构调整是资源型城市得以持续发展的必由之路,其兴起和发展是靠具有地区优势的资源,在经过多年的发展和积累之后,逐步形成了各具特色的优势产业,并服务于一定地区和行业部门。当地的资源优势不单单在于自然赋存的不可再生资源,还包括所积累的资产资金、技术和劳动力等生产要素和区位条件。那么,在产业结构调整过程中要充分挖掘潜力,必须充分利用后一种资源。同时产业结构调整的重要内容之一就是支柱产业的选择,其基本立足点应放在城市本身具有的自然资源优势和要素优势上,使资源得到优化合理配置、综合利用。

从我国资源型城市目前替代产业的发展模式来看,基本上可概括为两种,即资源型发展模式和效益型发展模式。所谓资源型发展模式,是指把替代产业的发展立足于转卖资源或资源开发上,采用先进技术对其进行深度加工,通过深度加工取得高效益。比较其优劣,效益型发展模式更适合我国资源型城市的长远发展,对于资源型城市,替代产业发展规模的形成起着决定性的作用。这是因为:其一,效益型模式立足于科学技术的投入,它可在替代产业发展过程中减少资源匹配总量;其二,效益型模式有利于产业结构的调整和优化,并通过产业结构的调整和优化,将其资源配置到替代产业中去,促进替代产业的快速发展。资源型模式的优点在于:通过资源开发或转卖,可在短期内解决资金的短缺问题,对替代产业的短期发展有一定的推动作用。但其严重缺陷是:随着资源的短缺,必然约束资源型城市替代产业的发展和规模的形成,使替代产业发展缺乏应有的后劲,而这一点又是与资源型城市经济的长期发展不相符的。因此我国资源型城市在替代产业发展上必须由资源型模式向效益型模式转化,通过不断采用高新技术走出一条充分利用地域资源、立足于深度加工、生产高附加值的替代产品的新路子。

8.2　国外城市可持续发展经验

中国的城市化是一场自下而上伟大的实践,在实践的过程中有许多重大的课题值得我们去深入地研究。我们需要吸取西方发达国家在城市化过程中的经验和教训,以便深入研究中国城市化的特殊规律。美国、欧盟、日本、澳大利亚等发达经济体在城市可持续发展方面的建设做法,对我国的城市可持续发展战略有着现实的指导和借鉴意义。

8.2.1 美国城市可持续发展

1993 年,时任美国总统克林顿(Clinton)发布总统令,成立了"总统可持续发展理事会",1996 年出台了美国可持续发展战略报告。在随后的十多年来,也进行了许多卓效显著的实例研究,其中包括美国第一批明确的可持续城市大型项目,例如,对旧金山由原军事基地转变而成的娱乐区进行复合社区的开发,对洛杉矶居住区的内填式再开发以及结合了环境创新和大都市传统的曼哈顿可持续社区炮台公园(Battery Park City)建设等。美国环保署对其支持的可持续发展领域进行了分类:建筑环境;水生态系统与农业;能源与环境;产品、原材料和有毒物质等。此外,ASTM 各技术委员会针对这些领域制定了多项重要标准。纽约市"2030 纽约规划"提出了涉及经济、基础设施、环境和社会的一系列可持续发展目标,根据美国联邦、纽约州以及纽约市政府自身制定的各项标准,实施了一系列相互联系、相互渗透的具体措施。在可持续城市发展的道路上,纽约市政府从目标计划的制定到具体标准的适用以及各项政策和措施的落实,形成了城市可持续发展建设从蓝图到现实的有效实践,值得我们学习。

8.2.2 日本城市可持续发展

日本的经济社会发展模式是政府主导型。

从宏观层面看,政府对日本城市可持续发展的战略规划制定、法律框架确立、产业政策倾斜、技术创新体系构建等方面都起到了关键性的指导作用。政府出台回收奖励政策、税收优惠政策、废弃物再循环价格优惠政策,补助中小企业环保技术开发,对引进 3R 技术的企业提供低利率贷款,对引进再循环设备的企业减免部分税收。同时,日本政府积极建立健全各层次的法律保障体系。比如,日本自上而下制定了综合性的循环利用法,分为四个层面:基本法、综合性法、具体物质产品法和绿色采购法。目的是促进日本的经济社会管理逐步实现由行政主导型向法制主导型的转换。

从产业层面看,日本采取了经济手段和行政手段并用的方式,引导产业结构调整,使其经历了一个从劳动密集型—资本密集型—技术密集型—知识密集型的过程,从而促进了整个日本城市的可持续发展。

从企业层面看,日本企业生产经营所追求的目标就是环保化,从原料采购到生产制造、最终到销售和废弃物处理,全过程都必须遵循环保的要求。日本的大型企业均以保护生态环境为己任,将可持续发展理念融入企业灵魂。如,住友电工提出的"以可持续发展企业为目标";松下提出以电子产业 No. 1 的"环境革新企业""构建智能城市"为目标;岛津制作所提出"为了人类和地球的健康"的发展理念;永旺则以"实现低碳社会、保护生物多样性、有效利用资源和应对社会课题"为实现可持续发展的基本方针。

8.2.3　其他国家城市可持续发展

1. 澳大利亚

澳大利亚地广人稀,自然条件优越,生态环境良好,能源开采循序渐进,食品安全可靠,社会和谐稳定。该国名城墨尔本连续 10 次被评为全球最适合人类居住的城市。它的可持续发展战略在促进国民经济持续增长的同时,居民的生活质量也得到了提高,整个社会形成了良性循环。

2011 年 10 月 12 日,联邦议会通过了碳税立法,从 2012 年 7 月开始执行。对现有全国 50 家碳排放大户,涉及矿业、发电、化工等,每吨征收 23 澳元碳税,并自 2012 年起至 2015 年,碳税每年增加 5%。碳税主要用于补贴低收入家庭和提供老年人福利,同时补贴资助新型环保节能企业,目的是通过税收杠杆迫使排放大户采取节能减排措施。自 2015 年起,实行碳交易体制,即在全国实行碳排放配额制度,限定企业碳排放总额。澳大利亚从而成为世界上率先实行碳排放刚性控制政策的国家。此外,澳大利亚的可持续发展教育实践非常值得我们学习。2010 年 5 月澳大利亚联邦政府颁布《可持续发展课程框架》,作为相关课程开发者和政策制定者的指导性文件。该框架依据可持续发展行动过程、生态和人类系统的知识、实践的指令系统三大结构对三个学龄段的可持续发展课程进行了描述,旨在将可持续发展教育贯穿和渗透到幼儿教育至大学教育的各阶段和几乎所有的课程。其成功做法非常值得我们借鉴。

2. 欧盟

欧洲的工业化历史悠久,城市化水平较高。2011 年,欧盟的城镇人口占总人口的比例高达 74%,其成员国中城镇人口占总人口的比例分别为法国 86%,英国 80%,德国 74%,荷兰 83%,丹麦 87%。1998 年,欧盟制定了城市可持续发展的框架政策。2007 年,27 国的主管部长共同签署了《莱比锡宪章》。2009 年,欧盟开始实施 JESSICA(Joint European Support for the Sustainable Investment in City Areas)计划,并建立基金。此外,欧盟的第七旗舰项目(Framework Programme FP7)也对城市可持续发展相关技术的研究给予了大量资助。欧盟于 2010 年制定了欧洲"2020 战略",把可持续发展作为三个优先发展的事项之一。2011 年,欧盟委员会提出欧洲城市可持续发展的愿景,并制定了一系列的具体相关政策。

可见,欧洲城市可持续发展已经形成了一套比较完善的体系:既有宏观的可持续发展战略,也有相应的政策,还有配套的技术法规和标准。利用这套体系,欧洲城市可持续发展水平已经走在了世界前列,的确值得我们学习。

8.3　国内外城市可持续发展的启示

8.3.1　国内城市可持续发展的启示

1. 国内城市可持续发展出现的问题

在我们这样一个拥有13亿人口的发展中大国实现城镇化,在人类发展史上没有先例。城镇化是一个自然历史过程,是我国发展必然要遇到的经济社会发展过程。现阶段,制约我国城市可持续发展的各方面因素还很多,我们不能急于求成,而只能从我国社会主义初级阶段基本国情出发,参考各城市的可持续发展经验,一步一步稳步发展。

(1) 宏观政策方面:指导性文件涵盖不足,相关法律法规不完善

近年来,城乡住建部等部委发布了国家低碳城市标准、国家园林城市标准、国家节水型城市标准、国家宜居城市标准、国家森林城市标准、国家生态城市标准、国家数字城市标准等涉及城市发展的部门文件,但这些文件基本都是从低碳、环保、宜居、旅游、生态等城市管理的某一方面或某几个方面提出的指标体系,并没有涵盖社区可持续发展的经济、社会、环境等其他方面。

2007年国务院下发了《国务院关于促进资源型城市可持续发展的若干意见》,其中提出了"建立资源开发补偿机制、建立衰退产业援助机制和完善资源性产品价格形成机制"。我国部分城市也围绕可持续发展提出了一些好的做法和机制。但是总体来说,我国现有的相关法律法规并不完善,具体的可操作性政策意见和相关标准缺乏,针对不同类型城市的可持续发展机制建设仍然滞后于城镇化的发展速度,远远不能满足城市可持续发展的需要。

(2) 客观环境方面:资源短缺,城市环境质量较差

从城市资源方面来看,城市水资源短缺,机动车保有量持续快速增加,生活污水、垃圾等废弃物产生量大幅攀升,污染物排放总量超过环境容量。近10年来,我国城市生活污水排放量每年以5%的速度递增,但全国城市生活污水集中处理率不足60%。根据住建部的一项调查数据,可以看到,目前全国被垃圾包围的城市占了1/3之多。全国城市垃圾堆存累计侵占土地75万亩。城市生活垃圾产生量也以每年5%～8%的速度增加,全国虽有近80%的城市对生活垃圾进行了无害化处理,但许多城市处理能力不足,垃圾处理处置设施运行效率低下。

从城市基础设施来看,我国的城市环境基础设施建设远远跟不上城镇化进程的速度。即使是中国的发达城市,进行横向比较的话,也与我们的经济大国地位不相匹配。根据美世咨询公司发布的《2012 美世城市基础设施排名》和《2012 美世全球城市生活质量调查排名》,中国内地城市中上海、北京分别为第 86 和 93 位,南京、成都分列第 117 和 118 位。

此外,全国各地区城市环境质量、环境建设及环境管理水平也有较大差异。在环境质量方面,东部地区城市普遍优于中西部地区城市;在城市环境基础设施建设方面,东部地区普遍好于西部地区,西部地区则好于中部地区;而城市环境管理水平方面,也与各地区经济发展状况、技术水平和管理能力大致相当。由此可见,西部地区在环境质量、城市环境管理水平、工业污染防治、环保能力建设方面还需提高;中部地区的环境质量和城市环境基础设施建设都需要进一步加强。此外,在我国的城市化发展过程中,出现了一些有别于西方国家的城市现象,如亦城亦乡的"灰色区域"的出现、大城市的扩展辐射与农村自身城镇化的双向运动,等等。

2. 国内城市可持续发展的启示

(1)宏观政府层次:政府宏观调控,把握城市可持续发展方向

① 可持续发展离不开政府的财政税收扶持。尤其是在初期,中央和省级政府应分别对城市的生态环境治理、社会保障、基础设施建设、接替产业发展等方面给予支持,待经济进入正轨后再逐步减少或取消扶持。

② 培育发展中小型企业。建立企业技术创新中心,帮助新企业制定规划,并在初期和成长期为之提供各种服务,帮助创业初期的中小企业渡过难关,促使其迅速成熟起来。

③ 因地制宜地选择并发展接续或替代产业。我国资源型城市众多,情况各异。政府在进行资源型城市接续或替代产业的选择时,必须充分考虑不同城市的独特优势,因地制宜地选择接续或替代产业,而不是一味地发展高新技术产业。同时在国家财力和政策大力支持的基础上,全方位、多层次、多方式、多渠道地筹措转型资金,促进接续或替代产业的快速发展。

④ 保证充足的资金投入。政府通过财政资助、税收减免、金融服务、企业用地等一系列招商引资的优惠政策,吸引大批企业的入迁。吸引投资不仅能带来公共利益和社会福利的改善,还可以优化地方的市场结构,促进技术更新改造,能够在地方的就业、消费、教育、生活等各方面带来明显改善。

⑤ 制定切实的可持续发展规划。资源型城市的可持续发展是一项十分复杂的系统工程,政府必须提前对可持续发展的步骤以及实施措施等制定出明确而详细的规划,不仅包括总体规划和专项规划,还包括长期规划和短期规划,对

资源型城市的可持续发展进行指导。

⑥ 采取多种措施妥善安置下岗职工。根据再就业和产业发展的需要,对下岗职工进行转业培训,建立职业介绍中心,帮助下岗职工实现再就业。同时,以税收减免、财政补贴等方式鼓励企业安置下岗职工。

(2)中观产业层次:提高城市工业水平,在发展过程中改善城市环境质量

实现城市生态环境的可持续发展,彻底改善城市环境质量,需要解决发展过程中出现的"大城市病"、人口城镇化滞后、生态环境破坏和资源危机、中小城镇经济乏力等诸多问题和困局,这就要求我们大力提高城市工业化水平,这就需要解决劳动力转移、产业吸纳能力有限、解决工业化中的资金障碍、优化产业结构以及合理布局产业等问题。对此,需要从以下几个方面着手努力:

① 加强职业教育培训。

对于解决适龄劳动力就业问题,大力开展职业教育工作具有重要价值。

我们需要有针对性地开展职业教育培训工作。首先,采取多种形式开展职业教育培训工作。根据城乡各类具有就业要求和培训需求的劳动者开展培训,以强化其操作技能和职业素质为主要内容,提高其就业技能;根据用人企业在不同时期对劳动力的需要,根据不同特点的创业者对培训的不同需求,采取多种形式开展就业创业培训工作,从而提高民众就业、创业的能力和成功率。其次,努力提高职业教育培训工作的实效性。需要坚持以就业为导向,采取订单、定向、定岗等多种培训方式,以提高培训工作的针对性和有效性;需要整合培训工作所需资源,提高职业培训机构的工作能力,提高职业培训机构的基础能力;需要加强职业技能考核评价等方面的服务工作,引导社会力量参与到职业培训工作之中,促进民办职业培训工作的健康发展。最后,加大对职业教育培训的资金支持。为促进职业教育培训工作的顺利开展,需要建立健全职业培训教育补贴体制机制,并需要加强职业培训资金的监管力度,切实保障资金安全;需要根据社会需要,根据需求较大的职业开展突击培训工作,并加强劳动力的职业教育工作,引导其转变就业观念,适应各种形式的非正规就业,以提高劳动力的就业率,吸引社会资本注入职业培训教育工作。

② 积极开展职业教育招商引资工作。

招商引资工作需要从招商引资政策以及模式两个方面着手努力。首先,在招商引资政策方面,需要对引荐人和落地企业加大奖励力度。对于引荐人的奖励需要做到公平公正,奖励金额需要做到适中有度,并坚持精神奖励与物质奖励相结合;对于落地企业的奖励,则需要体现当地经济发展的倾向性,展现出地方政府经济政策的引导性等。其次在招商引资模式方面,当前城市比较常见的模式包括园区招商、委托招商等。所谓园区招商主要是指城市建立相关工业

园区,并以之为依托引进相关企业入驻园区;委托招商则主要是指通过授权等形式聘任招商顾问或者大使,设立专门的招商代理处,以协议形式对外开展招商工作。此外,当前城市还存在通过商人开展招商的"以商招商"模式、通过网络平台开展招商的"网络招商"模式以及通过商会等形式开展招商的"以情招商"模式等。

③ 依托产业平台促进城市工业化水平的提高。

对于城市来说,欲实现产业的快速发展就必须依赖相关的产业平台,从而推动城市有序、合理、可持续发展。对此,需要做好城市功能区规划、产业园区规划以及孵化园规划等工作,使相关产业集中落户于城市的经济开发区和工业区;使具有区域特色的企业落户于城市的特色产业园区;使具有巨大发展潜力的产业落户于产业孵化园等。依托这些产业平台可以实现城市产业发展的集约化,形成产业发展的集群效应及规模效应。同时,企业的相对集中,也有助于降低企业对居民区的不良影响,有助于集中有效地进行环境污染处理工作,进而节约城市发展成本。

在开展城市产业平台建设工作过程中,需要做好规划,为城市今后经济发展留足后劲,而非过分地追求短期利益,需要着眼于产业机构调整和优化的发展趋势,着眼于城市经济的长期可持续发展。在城市产业平台建设过程中需要关注民生,即要为占地村庄留有分成,需要实现企业用工的本土化,提高当地生产资源的合理有效使用。在城市产业平台建设过程中,需要正视当前我国土地资源日益紧张的趋势,珍惜利用每一处土地资源,提高产业平台的用地效率。在城市产业平台建设过程中,需要对违规用地现象加以整治,以激活其生产活力,从而实现产业在空间领域的集约化,实现产业的合理有效布局,坚决避免重复建设和资源浪费。建设城市产业平台的目的在于为相关项目建设提供更为优质的服务,在于降低企业的生产成本,以实现不同企业间的合作共赢。因此,城市产业平台在开展具体工作时,如招商引资工作等,需要加大组织协调性,减少企业同构以及企业间的相互竞争,以实现落地项目的合理化发展,最终实现产业链的完善发展和产业集群的健康发育等。

④ 坚持以项目带动城市化的发展战略。

城市需要确立以项目带动产业发展的战略,以推动城市产业的积聚型发展,以为城市产业的健康发展为目标确立良好的方向,这就要求城市在产业发展过程中要"做大优势产业,培育战略性新兴产业,推进产业升级;积极培育生产性服务业,推进工业与服务业融合发展,促进工业经济结构调整;协调发展中心城区及新城区工业,发展中优化工业布局"。所谓以项目带动产业的发展战略,就是指以项目带动为着力点,实现项目生成和工作体制的创新,带动集群产业生产要素的有效发展,提高投资增长度,提高经济的综合竞争力和发展后劲;同时,以项目带动产业的发展战略还强调以项目发展推动政府职能的转变,提高政府廉政建设工作的实效性,实现政府工作作风的改进,提高政府的工作效率,从而为创造良好的产业发展环境、良好的投资创业环境提供条件。

所谓项目,其可能是建立某一企业,可能是建立某一产业,也可能是建立某一产业集群。当前,在城市工业化过程中,项目带动工业化已经成为城市快速发展的主要途径和着力点,即项目工业化的实现将会为城市创造新的经济增长点,提供更多的就业机会,增加地方的财政收入,因此大项目往往能够为当地城市发展带来较大的收益,小项目则往往是带来相对较小的收益。反之,假如工业化进程中缺少必要的项目,那么工业化将会是空心工业化,甚至走向于停滞。

当前,我国土地资源供给日益紧张,这就需要对引进项目设定相关门槛,而不是毫无节制地引进。首先,对项目加以审核与选择,需要选择能够为地方经济发展做出较大贡献的项目,并对这些项目提供各种政策性的支持,优先推进其发展。这不仅有利于地方 GDP 的快速增长,也有助于产业链的成熟发育,从而提高经济的活力。其次,需要有针对性,以更好地带动区域经济发展。选择大项目需要对项目的初始资本进行设置,以提高单位土地的资金承受能力;大项目不能是那种一次性的大项目,而需要着眼于产业的协调可持续发展,以长期有效地促进经济发展。再次,需要严格遵守国家的环保规定,需要根据优化产业结构的要求,控制高污染、高耗能型项目的数量,以提高经济发展的绿色性。最后,需要依照产业发展趋势确定发展潜力较大的项目。对此,需要依照国家发改委下发的产业发展目录,尽量选择那些投资小、发展空间较大、前景相对广阔的项目。

(3)微观个体层次:做好环保教育,全民参与改善城市环境质量

① 扩大环保宣传教育层面,提高全社会环保意识。

保护环境是公民的职责,也是公民的义务。而只有每个公民都自觉树立起保护生态环境的意识,将生态环境保护作为自己的责任的时候,环境保护问题才能从真正得到解决。虽然很多城市对生态环境的保护宣传工作十分重视,也开展了很多年,但是由于覆盖面过窄,多局限于城区、乡镇政府驻地和企业,而在广大农村地区宣传不足。其次,宣传的手段单一,不够多样化。在当今的形势下,应当加传统宣传方式的力度,重视新媒体的宣传方式。宣传的内容要通俗易懂,接近群众生活。使得宣传能真正地深入到城市生态环境之中,深入到城市生活之中,深入到人民群众的需要之中。

首先要注重实地调查,没有调查,就没有发言权。各地的情况不一样,因而宣传的方式、宣传的内容、宣传的主要对象也就不一样。因此,要根据各地的实际情况采取合适的方式,这样才能说服人。其次,要将环境保护的宣传融入到百

姓的日常生活中去,要让百姓认识到环境保护与他们的日常生活息息相关,良好的城市生态环境是百姓幸福生活的必要保障;环境保护不仅仅是某个人、某个团体或者政府的事,也是每个人都要承担的责任;除了注重在城市中的宣传环境保护就在日常生活之中,我们有能力为环境保护贡献力量。最后,要提高群众对环境保护的认识水平,帮助他们树立科学的环境价值观。还要注重对农村生态环境保护的宣传。城市生态环境和农村生态环境息息相关,相互影响。在农村生态环境保护的宣传工作中,需要将提高民众环境保护意识作为今后工作开展的主要内容,需要面向乡镇与农村,运用电视等多重形式,开展专门性的宣传工作,以引导民众了解保护农村生态环境工作的重要性与必要性,并帮助其减少在生活中给环境带来的各种污染。引导农村民众了解当前自己生活环境中存在各种环境问题以及发展趋势,让其认识到这些污染将会给其生活带来的危害,以增强生态环境保护意识和可持续发展观念,提高农村民众参与环境保护工作的积极主动性。应当将环境保护和经济发展结合到一起进行宣传,让民众正确认识到环境保护和经济发展之间的辩证关系,不因为过于重视经济发展而牺牲生态环境。当然,也必须在做好生态环境保护的前提下合理发展经济。发展经济是社会发展的前提,保护生态环境是社会发展的保障和基础,二者对于实现人类自然、经济与社会的可持续发展同样重要。

环境保护和经济发展有着紧密的关系,二者相辅相成,只有注重环境保护,才能更好地促进我国经济水平的不断提升。我们眼中的发展需要是生态环境的快速、良好发展,否则,发展就是用极大的代价换来极小的收益,这样的发展是得不偿失、违背发展本身的。在解决环境问题过程中,党员干部要充分发挥自身共产党员的先进性,要积极参与到生态环境意识教育工作之中,在工作和日常生活中都要严格要求自己,以起到模范表率作用,以推进环境教育工作的有序进行。

② 开展环保政策教育工作,大力提高民众环保法治观念。

环境保护不仅仅靠个人自觉,还要依靠法律。没有国家权力做后盾,宣传就是没有保障、没有力度的大话和空话。制定环境保护的相关政策,加强环境保护立法,可以充分调动社会各方力量。同样,仅仅制定政策和法律,而没有人落实和遵守,这样的政策和法律也只是一纸空文。因此,要注重对政策法律的宣传,让民众知法、懂法、守法、护法。对此,我们需要在工作之中切实践行"预防为主,防治结合"的方针,以提高广大民众的环保法治观念。因此,需要加强环境保护法治工作的宣传工作,即通过多种方式来提高民众的法治观念。

③ 多开展环保宣传活动,营造珍爱环境的良好社会氛围。

政策和法律都是硬性的条款,然而做人的工作却需要人文关怀。如何体现人文关怀？那就是要真正想民之所想，急民之所急。通过各种生动有趣的活动，一方面可以调动民众的积极性，让民众在活动中受到教育，树立良好的环境保护意识；另一方面可以通过活动了解民众真实的想法，真正了解问题的症结所在，从而能够对症下药，并且药到病除。那么，怎样开展活动呢？对此，我们可以通过各种生态保护日的设定，以新颖的形式、丰富多彩的内容，开展主题鲜明的环境保护宣传工作。比如，我们可以由政府环保部门抑或社区等组织开展环境保护实践工作，引导各个单位、广大民众积极参与"世界地球日""中国爱鸟周"等主题活动，使其在实践过程中切身体会到保护生态环境的重要性。在农村，村委会可以在农闲时期组织大家参观生态环境保护工作较好的地区，然后与保护工作相对较差地区进行对比，这既借鉴了先进的工作经验，同时也引导大家在切身体会中自觉形成环境保护意识，使其认识到"环境的破坏也是一项巨大的经济损失，因此要实现多元的发展，必须树立协调的观念"，以努力构建资源节约型、环境友好型社会，以创造一个人人爱护自然，人人保护环境的社会。

④ 加强环境保护教育工作，需要从小抓起。

环境保护并不是一代人就能够完成的任务，也不是某个时代某些人才会面对的特殊问题。环境保护问题是人类社会长期面临的问题，需要几代甚至几十代人坚持不懈的努力。因此，为未来的环境保护筹备人才，是进行环境保护工作重要的一环。对此，相关教育部门需要采取多种教育方式，坚持正面教育与渗透教育相结合的原则，将学校环境保护专题教育工作与学校绿化工作相结合，在学校范围内大力发展环境知识普及教育工作与环境保护理念的宣传工作，引导孩子从小就养成参与环境保护工作的良好习惯，从而通过以点到面，来提高孩子父母及周围人群的环境保护意识，即通过这种潜移默化的影响来增强广大民众的生态环境意识。同时，需要将广大中小学生纳入环境保护宣传队伍之中，引导广大中小学生积极参与环境保护的宣传工作，提高其环境保护意识以及参与环境保护工作的积极主动性。广大中小学生正处于接受人生观教育的重要时期，通过环境保护教育工作的有序开展，将会收到事半功倍的效果。假以时日，当他们成为社会发展的中坚力量之时，环境保护工作的效果也将大为提高。

⑤ 通过培育典型，树立模范，提高民众的环境保护意识。

相对于政府宣传机构来说，树立典型或者通过意见领袖的宣传工作，所起到的效果往往更能够说服人，更能够取得意想不到的效果。一个典型的成功可以影响周围的人，多个典型就可以影响更多的人。人们都是在相互的学习和模仿，只要树立起了典型，在社会中就会产生影响。对此，需要加大新闻媒体的宣传工作，通过宣传生态建设工作与环境保护工作的先进模范典型，来引导民众积极参与环境保护工作。在宣传教育过程中，要充分挖掘身边小事的宣传价值，引导民众在有榜样、目标和信心的情况下,积极参与环境保护工作。开展保护环境宣传教育是解决环境问题不可缺少的一个环节,同时,也要认识到提高民众环境保护意识并非一项短期就可完成的任务,而是极为复杂、极具系统性、任重而道远的工作。对此,唯有全社会的共同努力,齐心协力地开展宣传教育工作,方可建立健全城市生态环境教育工作的长效机制,方可真正地提高民众的环境保护意识与能力,方可使全社会各界都积极参与到环保中来,人人具备环保意识,自觉履行环保义务,从自己做起,从身边的每一件小事做起,时时注意环境保护,才能真正解决环保问题,更好地保护和美化我们的家园。当然,树立典型既要树立正面典型激励人心,也要树立反面典型警醒世人。树立典型也不能够太过于脸谱化,要贴近生活,真实可靠。

8.3.2　国外城市可持续发展的启示

1. 宏观政府层面:建立城市指标体系,强化相关法律法规。

在外部环境建设方面,政府需要顺应国际上城市环境相关标准的需要,修改完善并建立适合我国国情的城市指标体系。全球城市指标机构(GCIF)通过与联合国人居署、地方环境行动国际委员会、世界银行、多伦多大学、世界发展研究中心、经合组织及联合国环境规划署的合作,研究建立了一套城市指标体系,以生活质量和城市状态两个方面来评价城市发展状态。2012 年 7 月,成立了 ISO/TC 268/WG2 全球城市指标工作组,加快了推动城市指标体系 GCI 成为国际标准的进程。GCI 围绕城市居民生活质量,建立了 20 个方面的指标,其中涉及城市的财政、公民参与、温室气体等敏感指标。在 GCI 正式成为国际标准之前,中国政府应开展试评估工作,找出我国城市发展中的不足,以便在以后的实际运行中更好地应对该项国际标准。这也可为下一步结合我国城市发展的实际情况,制定符合我国需要的国内标准打下基础。在内部环境建设方面,政府要强化法制建设,通过各级职能部门发挥其组织、协调作用,制定和执行经济发展计划,指导国民经济有步骤地发展。根据不同阶段经济发展目标的不同和对国内外环境、主客观因素的分析,在经济战略和对外贸易体制的选择上要有一定的灵活性,充分发挥权威协调作用。同时,要引导企业进行标准化质量生产,提高国际竞争力,在健全和完善各类指标体系的基础上,为企业间的充分竞争提供一个良好公平的国内环境。

应该看到的是,中国目前正处于经济体制转型阶段,而政府在经济转型期要把握好开放与保护的尺度。市场经济并不否认政府的宏观调控。相反,政府的有效指导和干预是市场经济正常运转的有力保障。日本的经验表明,即使中国对外贸易体制向更开放的状况转变,在一些具体体制形式的选择、开放顺序的设计和宏观经济政策的配套方面,仍有较大的选择余地,可以因时因地进行调整。在这个过程中,政府可以而且应该积极发挥宏观调控职能,处理好开放与保护的关系。

2. 中观产业层面:优化产业结构,加快经济结构调整

我国的城镇化发展滞后于工业化和农业现代化。根据国家统计局的数据,2011 年我国城镇人口比重为 51.27%,明显低于第二、第三产业就业人员在全国就业人员中 65.2% 的水平,所以必须加快经济结构调整。而经济结构调整首先就要优化产业结构,实现三大产业之间及其内部关系协调和升级,将三大产业的产值和劳动力比例由目前的"二、三、一"结构调整为"三、二、一"结构,通过增强创新能力,在改造提升传统产业的同时,大力发展战略性新兴产业。而新型城镇化必然涉及城市产业的发展及其与城市发展的关系,我国各类城镇必将沿着早期成本效率为追求的工业集中阶段、中期竞争优势为追求的产业集聚阶段、未来创新驱动为追求的新城区新社区阶段的发展路径逐步发展。具体来说,可以从以下几个方面着手:

(1) 在产业保护方面,运用合理的产业保护措施对我国需要扶持的幼稚产业、新兴产业等进行保护。这些产业目前的发展基础还比较弱,但未来的发展势头良好,前景可观,对国民经济有不可低估的拉动作用。我们对这些暂时处于比较劣势的产业,需要设置一段时间的保护期,再慢慢加大开放力度,采取相关的激励措施,逐步将其转化为优势产业。当然,对这些幼稚产业、新兴产业等,要科学地界定它们的内涵和范围,正确选择符合条件的产业,确保这些产业的发展与产业结构的优化相一致,确保在未来国民经济发展中发挥支柱作用。另外,还需要科学地界定对它们的保护力度,制定阶段性保护目标,尽量避免保护过程中产生的负面效应。我们可以根据国家产业政策以及各行业的具体条件和发展水平,选择那些具有巨大需求潜力和一定基础的行业进行重点保护,对这些行业从研发、投入、税收、信贷等方面加大政府扶植的力度。

(2) 在产业培育方面,我们要大力培育民族产业。在如今的知识经济时代,新的国际分工格局正在形成过程中,中国传统的劳动力比较优势已经逐步丧失。要想在未来的国际市场上获得长久的经济利益,我们必须向日本学习,进行自主创新。有资料显示,日本引进技术时期,平均花 1 美元引进,要花 7 美元进行消化吸收和创新。以汽车业为例,中国汽车产业通过原始创新、集成创新和引进消化吸收再创新,取得了一系列重大技术创新成果。2012 年,中国汽车产销都超过了 1900 万辆,连续 4 年保持世界第一。然而,105 万辆的出口量只占汽车产量的 5% 左右。纵观 2012 年各汽车强国,汽车出口量都占到总产量的 50% 以上:德国为 77%,西班牙、比利时为 90%,英国为 80%,韩国、法国在 70% 左右,

日本也超过了 50％。与这些国家相比,中国 5％ 的占比显得微乎其微。究其原因,除了劳动力和原材料的价格上涨及人民币的升值,导致汽车企业成本增加外,另一个重要因素就是,中国汽车缺乏核心技术。中国汽车企业虽然发展很快,但像整车制造平台技术、乘用车的发动机技术等核心技术仍然缺乏。所以,中国的当务之急是自主加速产业结构的升级,促进产业结构的调整与优化,最终目的是建立创新型国家。

（3）在产业结构方面,对老城区的产业布局调整,应按照最佳社会效益、最佳经济效益、最佳生态效益的原则对现有的工业生产用地实施部分置换;在新的产业空间区位的选择上,不仅要突出主导产业,还要加强市场配套产业的功能,形成生产中心、市场中心、科研服务中心等新的空间配置。在城市产业布局和城市用地结构调整中,最为重要的是协调好各个功能分区之间的关系,避免城市过于集中与过于分散并存,控制好城市整体及各功能分区集聚规模的平衡,保持结构整体始终处于高效益的运行状态。此外,还要通过产业结构优化升级促进绿色化发展,大力构建以生态农业、绿色制造业和现代服务业为主体的绿色产业体系,创新绿色科技、生产绿色产品、开发绿色能源,推进整个经济系统的绿色化。

3. 微观企业层面:确立环保标准,加强企业管理。

中国企业要向日本学习,把符合国际要求的相关环保标准融入到企业的研发、生产、制造、加工、销售等各个环节中去,贯彻到企业的经营发展理念中去。同时,我们应在实施贸易自由化或走向更开放的贸易体制的过程中,学会综合运用各种关税、非关税壁垒以及其他各种手段来实现对国内企业的保护和扶植。这些保护扶持政策措施可以通过立法体现出来,通过法律途径来贯彻实现环保标准和可持续发展。可喜的是,我国政府已经在这方面迈出了步伐。2010 年国务院发布《国务院关于加快培育和发展战略性新兴产业的决定》,七大战略性新兴产业包括节能环保、新一代信息技术、生物、高端装备制造、新能源、新材料和新能源汽车。政府对这七大战略性新兴产业将加大财税金融等政策扶持力度。这就为我国企业未来的经营发展方向提供指引。企业只有围绕这七大战略性新兴产业进行相关经营生产,才能在未来的国际舞台上有立足之地,才能增强自身的国际竞争力。同时,这也是我国城市实现可持续发展的需要。此外,我们还要吸取日本忽视体制创新的教训。20 世纪 90 年代以后,日本没有及时进行经济体制和经济结构调整,丧失了利用新技术创新成果推动经济增长的机遇,也错过了进入世界技术领先国家行列的机会,使经济陷入长期衰退和停滞不前,经历了失去的 20 年。从长期来看,扩大开放和增强企业的核心竞争能力,建立创新型国家,才是中国经济长期稳定发展和成为现代化强国的必由之路。

　　另外,现代城市可持续发展的内涵超越了传统的城市经济发展、环境保护和生态建设的观念,可持续发展城市也不仅仅等同于近年来提出的低碳城市、宜居城市、生态城市、森林城市等概念。所以,我们需要不断强化城市决策者、领导者和普通市民的可持续发展意识,通过各种形式鼓励各利益相关方积极、主动地参与到城市的可持续建设中去。只有全民参与可持续发展,才能真正实现城市的可持续发展。

第九章

城市生态系统和承载力可持续发展建议

9.1 城市生态系统可持续发展建议

9.1.1 国家层次城市生态系统可持续发展建议

不可否认,全球变暖、酸雨、土地荒漠化、物种锐减、大量生物消失、能源短缺、水源枯竭等生态环境恶化问题,与不可持续的传统生产和消费模式有很大关系。要想实现城市生态系统的可持续发展,必须要改变这种不可持续的传统生产和消费模式,然而一个传统模式的改变总会受到种种阻碍,这就需要一个强有力的外力去促成这种改变。毫无疑问,政府就是这个强有力的外力,所以,为了保证我国城市生态系统的可持续发展,政府及各单位很有必要采取有效的措施去改变这种传统观念,从而能够实现从国家层次促进我国城市生态系统的建设和健康,对于国家层次的生态系统可持续发展建议如下:

1. 完善相关法制法规,加强环境问题执法力度

生态环境问题是整个地球面对的普遍问题,是当今国际社会生存和发展不得不面对的问题,每一个国家地区都在这个问题的阴影笼罩中,它不仅仅是事关社会发展的某一环节问题,更是关系到全局发展的重大现实问题。今天,市场经济已日益走向成熟,法制建设逐步推进,如果不把环境保护问题纳入到法治进程的轨道,加强生态环境法制法规的建设,以法治为主进行环境综合治理,可以说就再也找不到解决当前全球城市生态环境问题的最佳方案了。因此,完善我国现有的有关生态环境立法,建设新的生态环境法律法规,以保证我国的生态环境法制法规适应国内生态环境保护的需要,不与国际脱轨已成为大势所趋;国家在法制建设的过程中,首先要确定一个关于生态环境问题的立法标准,这需要依据

国际上关于生态环境问题的立法标准,同时还需结合我国的实际情况和各城市生态环境问题的特点。其次要加强生态环境法制的执法力度,这方面应该积极调动相关部门的积极性,可以将现行的有关环境问题的大量行政处罚上升为具有刑事责任性质的处罚,检察机关在其中起了很大的作用,应建立起以检察院为主体的公益诉讼制度,检察院代表环境公害的受害者提起诉讼。

2. 建立城市生态系统可持续发展评价指标体系,为城市生态系统可持续发展提供科学依据

回顾我国城市化的发展进程,可以明显看出本世纪我国的城市化进程将进入加速发展的阶段,这意味着各种规模的城市在城市生态系统的可持续发展能力方面都会受到巨大压力,它们将会面临来自多方面的严峻挑战。目前,要实现我国城市生态系统可持续发展,各城市面临的首要问题是如何让城市建设的决策者和市民意识到自己所面临的处境,然后结合自己所处城市的实际情况,遵照可持续发展原则去规划城市、建设城市、监督和管理城市。

这个问题首先涉及城市可持续发展的科学标准。所以,建立城市生态系统可持续发展的指标体系已刻不容缓。各城市迫切希望有一个能够描述城市经济建设、社会发展和生态环境保护现状,并且在城市开发建设过程中为避免破坏资源环境提供参考的科学衡量标准,这个标准还需要有预测城市未来生态系统可持续发展趋势的能力。

3. 打破传统线性单向流动经济模式,建立循环经济社会

目前,许多国家的经济模式都是"资源—产品—污染物排放"的线性单向流动经济模式,即大家所说的传统经济模式。今天所说的循环经济与传统经济模式有很大不同,该模式采用的是闭路式的"资源—产品—再生资源"反馈流程经济模式,这种模式与传统经济模式的本质区别是不再排放污染物,而是对排放物进行再次利用,这需要在生产和生活过程中运用各种链的技术,使不同层次的循环链接建立起来,以达到环境、社会、经济三者的协调统一,实现良性循环。循环经济模式包括生产与生活,城市与农村两个层次。对生产来说,要最大限度地利用现有资源,建立起资源循环链,让上游企业生产过程中产生的各种废物变为下游企业的生产原料,以达到生产成本的最低,使经济效益达到最佳,生态环境效益最好;对生活来说,可以建立资源循环利用圈,精心设计出比较适宜的物资循环链,务必使各种资源的利用率达到最高。比如把城市生活用水按使用标准分为几个等级,上一等级使用后流入下一等级,最后经过处理再达到标准后又流入各个等级;生活垃圾细化分类,经处理后流入生产或继续回收利用;各地因地制宜,对当地农村气候土壤水资源进行调查分析,找到最佳种、养、牧方案,并把三者有机结合起来,从而大力发展种、养、牧综合生态农业;生产与生活,城市与农

村是循环链的两端,要在其中涉及各种循环圈、流动链,运用生态学的各种原理,把环境、社会与经济组成一个系统,实施综合利用措施,建立一个复杂的反馈流程闭合系统,在这个系统里,物质与能量能得到合理和持久的利用,使其利用率得到最大限度的提高。以生态规律为依据,从自然资源和环境容量综合考虑,使经济活动生态化。要实现城市生态系统可持续发展,以往我国经济活动中所采用的以高消耗、高污染来带动经济增长的模式是与中央提出的建立节约型和谐社会的要求严重相悖、行不通的,在知识经济时代的今天,通过发展新经济和高新技术来拉动城市的经济发展才是城市的必然选择和必由之路。

　　20 世纪 60 年代以来,循环经济发展模式已在发达国家得到广泛的实施,并且取得了很大的成果。实施循环经济发展战略,在保证国家经济发展速度的同时,还能在很大程度上减少城市环境污染、减轻环境资源压力。反观我国这几年的经济增长,经济在连续多年保持高位增长的同时,却受到资源不足、环境污染加剧的严重制约,我国经济社会发展避不开这些问题。因此,要建立我国城市循环经济体系,在建立循环型的生产技术体系的同时,还需要确立循环型的生产组织与社会经济体系,把循环经济纳入国家的城市化发展进程,建立起我国城市循环经济体系,促进城市生态系统可持续发展。

　　4. 建立多元化城市环保投资体系,充分发挥市场机制在资源优化配置中的积极作用

　　西方发达国家之所以取得良好的社会经济和资源环境效益,与他们在城市基础设施建设、城市环境保护等方面充分发挥市场机制的作用有很大关系。反观我国,虽然一些城市在坚持以政府作为城市环保投资主体同时,已开始实行工业污染防治由污染者负担的原则,并把企业作为投资主体,政府给予必要的经济、技术和政策扶持,但是这种多元化的城市环境保护投资体系仅仅只是在部分城市实行,国家应该在各个城市把这种体系建立起来。这种体系不仅能吸引更多的城市建设资金,既能减轻政府的压力,又能发挥社会各界的积极性和创造性,加快城市化步伐;而且,多元化投资主体能将市场竞争机制引入城市建设中来,使要素资源得以更加高效的利用,让有限的城市建设资金发挥作用,提高城市生态系统可持续发展能力。

　　5. 推行清洁生产与绿色消费

　　清洁生产是指通过不断采取改进设计、改善管理、综合利用、使用清洁的能源设备等措施,从源头削减污染物,在生产、服务环节以及产品使用过程中减少污染物的产生和排放,对于能源和原料,可以采用先进的工艺技术提高其利用效率,避免、减少或者消除其对人类健康和环境的危害。以往提倡的"无废""少废"工艺观念,现已发展为"清洁生产"概念,这是实施综合防治的战略转变,要求从

原材料到产品的整个生命周期都要减少"三废"排放,将对人类健康和环境的影响降到最小。推行清洁生产,应做好一些工作:

(1)制定清洁生产的推行规划

目前我国在清洁生产方面,投资、融资渠道受阻,投入严重不足,市场竞争不平等,大家都习惯于把清洁生产作为科研项目来做,缺乏整体的推广思路;在清洁生产的推行上,基础工作严重不足,技术的指导和引导力度大大不够。要从根本上解决这个问题,各相关部门应该积极组织制定推行清洁生产的规划,以实现资源的高效和循环利用等。

(2)建立清洁生产信息系统

目前我国清洁生产技术信息交流不够,企业缺乏寻找清洁生产技术的正常渠道。因此,组织和支持建立清洁生产信息系统和技术咨询服务体系,向社会提供有关清洁生产的方法和技术、可再生利用的废物供求,有关主管部门定期发布清洁生产技术、工艺、设备和产品导向目录、清洁生产指南、技术手册,以及清洁生产政策等方面的信息和服务。

(3)强化清洁生产审计

清洁生产审计是推行清洁生产工作的基础。我国清洁生产审计技术要求一般分为三级。一级要求:企业的生产行为符合可持续发展的思想,各项要求均达到国际上同行业先进水平。二级要求:企业的生产行为较符合可持续发展的思想,各项要求均达到国内同行业先进水平(国内 1/3 企业可达到的先进水平)。三级要求:企业的生产行为基本符合可持续发展的思想,各项要求均达到国内同行业平均水平(国内 1/2 企业可达到的平均水平)。企业除满足以上要求外,同时应满足国家和地方污染物排放标准。对国内生产总值的统计,要扣除资源损耗和环境污染的损失。

(4)加强宣传教育和人员培训

将清洁生产技术和管理纳入有关教育课程、职业教育和职工技术培训体系。组织开展清洁生产宣传和培训,提高国家工作人员、企业经营管理者和公众的清洁生产意识,培训清洁生产管理和技术人才。利用各种有效的新闻媒体宣传清洁生产。优先采购、鼓励购买和使用节能、节水、废物再生利用等有利于环境与资源保护的产品。

(5)倡导绿色消费

绿色消费是指既满足人的生存需求,又满足环境资源保护需求的一种消费形式。近二、三十年来,绿色消费迅速成为各国人们所追求的新时尚。据有关民意测验统计,77%的美国人表示,企业和产品的绿色形象会影响他们的购买欲望;94%的德国消费者在超市购物时,会考虑环保问题;在瑞典85%的消费者愿意为环境清洁而付较高的价格;加拿大 80% 的消费者宁愿多付 10% 的钱购买对环境有益的产品。日本消费者更胜一筹,对普通的饮用水和空气都以"绿色"为选择标准。人们消费的各个领域都可以看到绿色消费的身影,绿色消费在人们的生活消费中已占了非常重要的地位。绿色消费主要通过以下途径实现:

① 节俭消费,减少污染和浪费资源。

过度消费行为,不仅增加了对资源的索取和环境污染荷载,而且加剧了穷人的相对贫困感和贫富悬殊的矛盾。随着生产力的发展和生活水平的提高,人们的消费动机日益呈现出多元化的趋势。提倡绿色消费,即提倡节俭,减少污染。

② 重复使用,多层利用,分类回收,循环再生。

传统的消费基本上是一种单通道的线性过程,在其消费过程中,自然资源被转化并用以满足人的需求,用过的物品,大多作为废物被抛弃,这是一种高排放的线性消费,加快了资源消耗和环境退化。事实上,某一消费主体的废弃物,可能对另一消费主体具有使用价值。对消费废弃物进行资源化处理既减少了资源索取量,也减少了污染数量。为此,消费者要通过重复使用和多层利用,提高物质利用率;通过分类回收,促进废物的循环再用,提高废物的资源化率。一物多用,物尽其用,要化废为宝,使废物成为可再用的资源。

③ 保护物种,万物共生。

绿色消费主张食用绿色食品,不吃珍稀动植物及其制成品。减少化肥、农药的使用,保护珍稀动植物有利于维护物种多样性。

6. 建设生态住宅

(1) 提倡可持续性的生态建筑设计

可持续发展的生态建筑设计是:将建筑环境看作是生态系统的有机组成部分;追求人、建筑、自然三者的协调发展;推广使用不污染环境,不破坏生态平衡的建筑材料;利用可再生自然资源的高效、节能的建筑技术。以实现生态系统的良性循环,从而为人们创造一个人工环境与自然环境有机交融的绿色建筑空间。

(2) 大力开发利用可再生能源

生态建筑节约能源的基本途径是对可再生能源进行高效利用,如太阳能、风能、地热能、潮汐能、生物能等,使建筑由传统的能源消耗者变成生产者,从而有利于降低能耗,减少污染,形成人与自然协调发展。

(3) 使用环保型建筑材料

选用建材应综合考虑自然生态效应和社会经济效应,并尽可能选用可循环使用、低能耗的材料,避免有毒污染材料。

7. 发展环保产业

环保产业为防治环境污染,改善生态环境质量,保障资源永续利用,为实现可持续发展提供物质条件和工程技术支持,在保护城市生态环境,促进经济发展中起重要作用。它既是城市经济新的增长点和振兴经济的希望,又是调整经济结构,实现可持续展的重要手段。因此,提高环境工程设计资质,规范环境工程设计,做好环境标志产品,保证设施运营质量,将有助于城市生态环境的改善和城市生态建设。大力发展环保产业,形成一整套跨部门、跨行业、跨学科、高科技、纵横交错、相互联系的环保产业体系。

9.1.2 地方层次城市生态系统可持续发展建议

1. 搞好城市规划,促进城市人口、资源、环境的协调发展

城市规划是为了实现一定时期内城市的经济和社会发展目标,确定城市性质、规模和发展方向,合理利用城市土地,协调城市空间布局和各项建设的综合部署。城市规划的一项重要任务是优化城市土地资源配置,通过合理的城市空间组织,促进生产力和人口的合理布局,实现合理用地、节约用地、保护环境的目标。要实现城市的可持续发展,就要科学制订城市规划,并按照城市规划来建设和管理城市,实施城市规划是实现城市可持续发展的关键。

资源的有限性与不断增长的人口对资源特别是土地资源的需求形成了一对突出的矛盾,使人口、资源、环境的压力不断加大,而城市规划是解决这一矛盾的有效方法之一,城市规划既要解决城市资源的合理利用问题,也要解决城市人口、资源、环境的协调发展问题,实现经济效益、社会效益和生态效益相统一的发展目标。也就是说,城市规划的一个重要目标就是实现城市的可持续发展。因此,城市规划就不仅是建设规划,而且是在城市化、工业化的过程中,为城市的开发、建设、发展的决策提供可靠的依据和可供选择的方案。其中一个重要问题就是保证今天的开发、建设的决策不给未来的发展带来不利影响,即可持续发展问题。城市可持续发展体现在城市规划方面,主要是空间上的协调发展和发展的连续性问题,为保证城市规划的权威性,世界各国普遍以法律形式赋予城市规划约束力,以防止城市开发、建设中的短期行为,保证城市的可持续发展。为促进城市的可持续发展,还必须制订科学完善的城市生态规划,内容包括生态功能区划与土地利用布局、环境质量保护规划、人口适宜容量规划、产业结构与布局调整规划、园林绿地系统规划、资源利用与保护规划等方面,以实现人与自然、人与环境关系的持续共生、协调发展。

城市环境规划包括生态规划与污染综合防治规划两方面,其主要内容有:

① 城市开发规划概要。

工业规划:工程类型、投产时间、主要产品品种、年产量;

自然环境改变:挖掘、填筑、整理、采伐等引起的形状、面积和土方量变化;

人口变化：组成、分布等变化。

② 土地利用规划。

总体规划：城市总体布局、土地总体利用规划；

工业区划：各专门工业区、工业区和准工业区面积和人口；

居住区和商业区划：一等专门居住区、二等专门居住区、二等专门居住区、邻近商业和商业区的面积和人口。

③ 水资源管理规划。

总体用水规划、水的收支、分配、主要取水水源等。

工业用水：工业用水量增长预测、水资源的平衡、供水来源等；

生活用水（包括饮用水）：生活用水增长预测，供水量及来源等；

农业用水：用水量、配水规划等。

发生源变化预测、水质污染预测、水文变化预测；发生源控制规划、地面水保护等；水资源保护规划（水质、水量）；渔业、其他水生生物的养殖等。

④ 城市能源规划。

能源利用规划：能源消费预测、能源规划、能源构成；

能源环境影响预测：能源大气污染预测，热污染预测；

能源环境管理规划：分配规划、城市能源政策、控制能源造成的污染所采取的措施。

⑤ 工业污染源控制规划。

骨干工业：生产工艺、生产技术水平、能源、资源消耗预测、单位产品或单位产值的排污量，污染增长趋势；

中、小工业：按行业调查分析其经济效果与环境效果，预测其对环境的影响和对经济发展的作用。

⑥ 大气污染综合防治规划及其他。

大气环境质量预测：对大气气象条件、主要污染物的浓度分布进行分析，并对大气质量进行预测；

大气污染防治：制定大气污染综合防治措施，包括环境目标、工程及管理措施；

固体废物，化学品、噪声污染预测及防治：对固体废物增长及可能造成的环境影响进行预测、噪声环境影响预测、化学品增长及环境影响预测。

⑦ 城市交通规划。

包括城市道路、城市车辆类型、数量的发展规划及其对环境影响；铁路、公路、航空、水运规划及其对环境影响；改善环境的措施、交通管理及环境设计。

⑧ 城市绿化和建立生态保护区。

主要包括树种选择、郊区森林及城市各种绿地的规划、绿地指标;城市周围建立自然保护区,生态调节区的规划;文物、古迹等保护区的规划。

2. 加强城市基础设施建设,提高城市居民的生活质量

(1) 加强城市交通建设

城市交通是城市最主要的基础设施之一,是影响城市可持续发展的重要因素。解决城市交通问题,首先要制订适合我国国情的整体城市交通发展战略和科学合理的城市交通规划,明确城市交通发展目标,确定交通方式和交通结构,并与城市土地利用有机结合,建设与城市发展相适应的现代化综合城市交通体系。其次,要根据城市交通规划调整城市土地使用功能和产业布局,缓解城市中心地区用地和交通矛盾,同时加快城市道路和交通设施建设,加强城市道路管理,提高城市道路通行能力。再次,要根据国情和城市特点,优先发展城市公共交通、城市公共交通高效低耗,具有良好的经济效益和社会效益,是解决城市客运交通的最有效方式。在城市交通的各种交通工具中,轨道交通具有运量大、速度快、节约土地、保护环境等优势,人口在 100 万人以上的特大城市,要发展城市轨道交通,以减轻城市环境污染,缓解城市用地紧张的矛盾

(2) 提高居住质量水平

居住是人类生存的基本条件,解决城市住房问题,使"人人享有适当的住房",是实现城市可持续发展的一个重要方面。我国城市居民的住房水平还比较低,要满足广大居民日益增长的住房需求,在相当长一段时间内,必须保持较大的住房建设规模。国家要继续对住房,特别是经济适用住房建设给予一系列的优惠政策,以加快住房建设。要发展住房金融,研究制定鼓励住房消费的政策措施,积极引导居民调整消费结构,鼓励个人贷款购房。要培育住房交易市场,规范交易行为,实现多种形式的住房消费。要继续深化城镇住房制度改革,逐步建立持续拉动住房建设的有效的机制,促进住房建设的发展。与此同时,要加强城市公用设施和机构的建设(如供水、供电、供暖、供气、垃圾和污水处理、园林绿地等公用设施;图书馆、博物馆、科学馆、文化馆、体育馆、美术馆等文体设施;养老院、孤儿院、残疾康复中心等福利设施),以健全城市的居住、公共服务和社区服务功能,创造良好的人居环境。要广辟投融资渠道,建立城市建设投融资新体制,鼓励中外企业和城乡居民投资,形成投资主体多元化格局。

3. 加强城市综合管理,全面改善城市环境

(1) 加强城市经济管理,大力发展城市经济,提高城市吸纳就业的能力

经济是城市发展的基础和动力,在市场经济条件下,政府应在充分发挥市场机制作用的基础上,加强政府的引导和调控,合理调整工业布局,加快改组改造

传统产业,积极发展高新技术产业,重视发展劳动密集型产业,推动工业结构优化升级和可持续发展;大力发展现代服务业,改组改造传统服务业,明确提高服务业增加值占城市国内生产总值的比重和从业人员占全市从业人员的比重;加快城郊生态农业和绿色农业基地建设,促进农业生产发展与农村生态平衡的协调统一。

(2)加强城市社会管理,塑造良好的城市形象

要加强城市人口管理,大力发展教育、文化、卫生、体育事业,促进人口规模合理化、人口素质优良化和就业结构多元化。要改革城镇户籍制度,取消对农村劳动力进入城镇就业的不合理限制,形成城乡人口有序流动的机制。要加强城市社会治安和交通管理,确保城市人口的安全和社会的稳定。要加强城市社区组织建设,充分发挥社区组织在密切政府与居民的联系,加强治安保卫、调解民事纠纷,办理各种公共事务和公益事业等方面的作用。要注重城市形象的设计、整饬和传播,以增强城市的吸引力、凝聚力和发展的持久动力。

(3)加强城市的生态管理,加大环境保护和治理力度,提高城市的环境质量

随着城市化水平的提高和可持续发展观念的崛起,现代城市中的生态管理日益成为城市发展与管理的突出主题,在城市经济、社会、文化、生态等系统要素的协调发展中成为最令人关注的因素。为实现城市生态系统的良性循环,必须加强城市的生态规划和生态建设,强化环境保护和污染综合治理。要加快城市污水处理设施建设,提高污水集中处理率。加强城市环境空气污染防治,减少污染物排放量。推行城市垃圾无害化与危险废弃物集中处理。推行清洁生产,控制和治理工业污染源,依法关闭污染严重、危害人民健康的企业,加强城市噪声污染治理。加强环境保护关键技术和工艺设备的研究开发,加快发展环保产业。完善城市环境标准和法规,修改不合理的污染物排放标准,健全环境监测体系,加强环境保护执法和监督。全面推行污水和垃圾处理收费制度。开展全民环保教育,提高全民环保意识,推行绿色消费方式。建立城市灾害预报预防、灾情监测和紧急救援体系,提高城市防灾减灾能力。

9.1.3 企业层次城市生态系统可持续发展建议

1. 全面实施 ISO14000 认证

ISO14000 是国际通用的综合环境管理系列标准,是国际标准化组织(ISO)为了协调全球环境问题而制定的环境管理国际标准,以满足经济持续发展的需要。其中 ISO14001 标准是 ISO14000 系列标准的核心与龙头,主要用于规范世界各国的企业和社会团体等的环境行为,促进实现节约资源、能源的目标,以达到减少和预防环境污染,提高环境管理水平,改善环境质量,进而消除贸易壁垒,

促进经济持续健康发展的目的。

ISO14000 标准不仅适用于企业，而且也适用于城市或区域。实践证明，实施 ISO14000 标准，对促进城市可持续发展具有重要意义：

① 有利于改善城市环境管理模式，建立完善的环境管理体系。推动各部门更严格地执行环保法律、法规。

② 有利于推动城市环境综合整治，强化城市基础设施建设。有利于城市环境管理体系的建立与保持，使城市环境综合整治更加系统化、规范化，更具有可操作性，特别是按照持续改进螺旋图式运行，将使城市生态环境不断优化。

③ 有利于推动污染全过程控制，实施清洁生产。节能、降耗、减污是提高企业经济效益、环境效益，实现持续发展的主要内容。清洁生产是实现节能、降耗、减污，全过程控制的重要措施。ISO14000 标准则要求建立环境管理体系的单位必须实施清洁生产、全过程控制，不仅要减少污染而且要合理利用自然资源。

④ 有利于改善城市生态环境，保证社会稳定，减少环境灾害。该系列标准突出全面管理、预防污染、持续改进的思想，是环境管理思想和方法的总结和创新。通过实施 ISO14000 标准来改善城市环境质量，促进经济与环境的协调发展，为实施城市可持续发展提供一种新的方法和手段。

⑤ 有利于打破"绿色壁垒"。"绿色壁垒"是国际贸易中出现的一种新形式，并构成了国际市场的新的贸易保护网。"绿色壁垒"形式有："绿色关税""绿色技术标准""绿色检疫"等。发达国家通常把环保要求与国际贸易相联系，利用技术标准、卫生检疫、农药残检、商品包装和标签等规定，对出口国严格要求，一旦出口国的产品达不到进口国的环境标准就将被拒之门外，造成损失。通过了 ISO14000 认证，就可以获得免检。

ISO14000 环境标准系列将规范企业和社会团体组织的环境行为，减少人类各项活动所造成的污染，最大限度地节省资源，改善环境质量，保持环境与经济协调，促进可持续发展。该系统涉及几乎所有全部组织活动及产品服务全过程，要对这些过程中的环境行为进行有效规范、控制、监督，旨在促进全球环境质量的改善，不仅适应世界各国可持续发展的需要，也是改善城市生态环境，使人类与自然环境趋于良性循环的根本要求。

2. 加快技术更新步伐，提高资源利用效率

就目前我国的许多企业而言，由于生产过程中对设备的投入不足，致使现有大部分设备技术落后，低产高耗。为实现企业、城市乃至国家的可持续发展，建设资源节约型社会，提高企业资源利用效率，必须注重加大生产过程的投入，引进先进装备与技术，加快技术更新步伐，采用新技术、新工艺，体现"宜大则大、宜中则中、宜小则小"的原则，实现高产高效。

生产企业应体现污染全过程控制、污染预防和持续改进的特点,限期淘汰浪费资源和严重污染环境的落后生产技术、工艺、设备和产品;设立节能、节水、废物再生利用等环境与资源保护方面的产品标志。生产企业的污染物排放需满足国家和地方现行污染物排放标准及相关要求的规定,从源头上控制污染物的排放。

3. 建立企业内部目标责任制,减少"三废"排放量

根据环境管理部门下达的企业排污标准和企业制定的排污目标,将任务和目标在企业内部进行层层分解,建立企业内部目标责任制,使企业的各个部门、各个车间、各个工序均建立起减污、治污的目标,减少和控制生产活动过程废物的产生和排放,使企业经济效益和社会效益共同提高。

9.2 城市生态环境可持续发展建议

由于城市是一个高效的"社会—经济—自然复合生态系统",加强城市生态环境建设是一项复杂的系统工程。可以根据对各城市生态环境可持续发展能力的评价与分析,结合各城市社会发展、经济建设、环境保护等各方面所面临的问题,遵循生态规律,坚持以城市的持续协调发展为目标,综合协调城市及其所在区域的社会、经济、自然复合生态系统的平衡,协调好人类与自然以及人类与社会环境之间的关系,以促成健康、高效、文明、舒适、可持续的人居环境的发展,保障城市生态的健康协调持续的发展。

9.2.1 加强城市生态环境建设,提高城市环境质量

城市生态环境的有序发展依赖于城市环境的质量,目前大多数城市环境保护与建设的主要任务是通过重点开展水环境治理、大气环境治理、固体废物处置、重污染工业区环境整治和绿化建设工作,进一步提高和改善城市环境质量。

1. 水环境治理

城市生态环境建设必须把水资源的保护与合理利用放到突出位置。要以城市各大型水域综合整治为重点,带动城市中小水域整治,使水功能区环境质量全面达到国家标准,显著改善城市水环境质量,努力使城市水质恶化趋势得到遏止,同时要继续加快污水截流工程、污水收集系统工程、集约化污泥处理厂等建设,提高城市污水管道普及率,使污水处理率达到标准以上。

2. 大气环境治理

以烟尘、二氧化硫和机动车尾气污染防治为重点,实施大气污染总量控制。尽量使用清洁能源,大力推进绿色能源的引进与利用,车辆按照绿色环保要求进

行严格管理,同时推进公交车清洁能源替代,发展燃气汽车,以促使机动车尾气治理达标。

3. 重污染工业区环境整治

结合工业布局和产业结构调整,对城市高能耗、重污染企业实行综合治理。通过调整优化能源结构、工艺、产品结构,加强烟尘、粉尘、工艺废气治理,对不符合功能区定位、不符合工业区规划、影响环境质量和城市形象的工业企业进行全面整治,实施限期整改,努力实现全市工业企业全面达标排放。

4. 绿化建设

绿地是城市陆地生态系统中唯一能以自然更新的方式改造被污染的环境的因素,在国家园林城市的基础上,继续大规模推进中心城区绿化建设,继续加强大型公共绿地和楔型绿地建设,同步推进郊区城镇绿化建设,启动建设一批具有娱乐、体育、民俗功能的近郊公园,积极开展墙面绿化、屋顶绿化、阳台绿化等具有城市特点的立体绿化,增加景观和生态效应。提高城市人均公共绿地面积、绿化覆盖率和森林覆盖率。

9.2.2 促进生态经济协调发展,大力发展循环经济

循环经济是本世纪环境保护的战略选择,是实施可持续发展战略的重要载体。它要求按照生态规律组织整个生产、消费和废物处理过程,其本质是将传统经济的"资源—产品—废弃物排放"的开环式经济流程,转化为"资源—产品—再资源化"的闭环式经济流程,在经济过程中实现资源的减量化、产品的反复使用和废弃物的资源化。发展循环经济是建设生态型城市的必由之路。

1. 建立促进循环经济的法律法规

根据发达国家的经验,在进行循环经济和生态工业实践的基础上,必须加快制定必要的循环经济法规,通过法规对循环经济加以规范,做到有法可依,有章可循。必须认真贯彻落实已有相关法律法规和规定,如《节约能源法》《清洁生产促进法》、国务院《关于进一步开展资源综合利用的意见》,依法促进废物减量化、资源化、无害化等。同时可以充分借鉴日本等发达国家的经验,制定如《国家绿色消费法》和《资源循环再生利用法》等法规和规章制度,并建立起具体资源再生行业如家用电器、建筑材料、容器等的法律。

2. 积极采用清洁生产技术发展工业

推行清洁生产技术要与产业结构调整相结合,要依靠科技综合实力、产业配套齐全、教育资源集中和人力资源集聚的优势,开拓创新,构筑循环经济,构筑资源节约型社会,发展资源、能源投入少而产出较高的高新技术产业,采用无害或低害的新工艺、新技术,大力降低原材料和能源的消耗,实现少投入、高产出、低

污染,推进工业固体废弃物的减量化和资源化利用,尽可能把环境污染物的排放消除在生产过程之中,通过清洁生产实现"增产减污"。要把清洁生产的着眼点从目前的单个企业延伸到工业园区,建立一批生态工业示范园区,在已有工业区中开展生态型工业园区的试点,并逐步推广。

3. 积极开展循环回收和再生利用

循环回收利用是循环经济的一个起点。废物的回收和再利用,不仅是一种积极的环境保护行为,而且蕴含着巨大的经济效益。要建立以社区回收为基础的新型回收网络,可以选择与群众生活密切相关的产品如电池等,进行循环回收利用的试点。一方面可以取得经验,进行循环经济的技术、制度积累,同时,也有助于强化公众参与、推动绿色消费。与传统意义上的废物回收有所不同,产品回收具有更大的经济价值。大件家具、废旧家电、废弃电脑、废旧手机等进行收集和再生利用,可以创造相当可观的经济效益,相反如果处理不当,则造成巨大的浪费和污染。

4. 提高生活垃圾的资源化利用水平

要全面推进生活垃圾的分类收集和分类处置,完善生活垃圾收集处置系统,提高回收利用水平,实现垃圾处理方式从填埋、焚烧向多元化综合处理的转变,以达到城市垃圾减量化、资源化、无害化的目标,积极推进生活垃圾生物转化、能源转化利用,提升无害化水平。同时也要努力提高城市居民的循环经济意识和环境卫生意识,抓好生活垃圾分类回收利用产业化的政策配套等。

9.2.3　完善城市基础设施建设,更加重视城市管理

城市管理是指以城市基础设施和城市公共资源为主要对象,以发挥城市经济、社会、环境整体效益为特征的综合管理。各城市应该加大城市建设的力度,市政基础设施要能满足市民工作、生活的需要。住宅建设,居住物业管理水平要进一步提高,中小城市要进一步加快下水道的普及率和二级污水处理的规划和建设,要进一步增加城市供水的安全性,提高城乡供水的水质。要采用生态建筑技术,大力发展生态建筑,全方位创造良好的人居环境,要大力发展城市轨道交通,改善城市交通设施,从根本上解决交通拥挤和空气污染问题,通过以上种种途径来实现城市经济繁荣发达、市民生活舒适便利、城市环境整洁优美,实现经济、社会、环境协调发展的最终目标。

9.2.4　贯彻"科教兴市"战略,加快产业结构的优化升级

城市发展必须坚持"科教兴市"的战略和产业结构不断地调整优化升级,双管齐下,促进城市经济快速稳定的发展。"科教兴市"是城市发展的主战略,即把

经济发展从依靠大规模资源资本的拉动,转到依靠科技进步和人力资本提高的推动上来,在过去以要素驱动和资本驱动的基础上,转向知识、技术驱动。依托周边城市科技综合实力、产业配套齐全、教育资源集中和人力资源集聚的优势发展自身经济。全面实施"科教兴市"战略,一是要发展属于各城市自己的高新技术产业,同时要重视引进国外的先进技术,缩小与国际高技术水平的差距。进一步加快推进创新创业基地的建设,加速高科技成果的转化,使高新技术成为城市经济发展新的增长点。二是要重视人才,要处理好人才的培养、吸引和使用人才的关系,建造城市人才高地,为城市经济发展提供优秀的人才。只有全面贯彻事实"科教兴市",才能真正实现城市经济增长方式和城市发展模式的转变。城市经济发展历程表明,产业结构的调整优化升级是经济发展必然选择。经济发展目前已进入工业经济时代的城市,必须要继续调整产业结构,一是要加大力度发展第三产业,使第三产业的增长率持续保持高于第二产业的速度,使之服务于第二产业。二是要积极调整第二产业,发展高附加值的第二产业,促进第二产业转向技术密集型和资本密集型,将核心竞争力定位在高科技含量、高附加价值、高资本密集的现代制造业、先进制造业上。各城市要结合自身特点,大力发展以机械制造和旅游业为龙头,包括运输、物流、贸易等在内的现代服务业,不断提高服务型产业对经济增长的贡献率,充分发挥第三产业自身的特点和优势,以带动整个产业结构的升级。

9.3　可持续发展视角下的生态承载力导向措施

9.3.1　系统视角下的生态承载力导向

城市生态经济系统是一个复杂联系的巨系统,各子系统、成分、要素之间通过物质循环、能量流动,相互影响、相互制约、相互耦合形成一个完整统一的整体。从系统的角度,整合城市的各个子系统、内部核心城市和中小城市、各个要素的结构,使得统一服从于系统整体性能,一旦出现破坏整体性能的部分变化,给予限制或者禁止,使系统整体朝着最大功率化的平衡稳定的方向发展,以便使系统的高效功能具有一种持续的和不断加强的内在机制。

目前中国大多数城市的生态承载状况并不乐观,生态经济系统的规划管理依然存在漏洞和毛病,有不完善的地方,表现为:没有充分把生态与社会经济发展一起放在可持续发展的高度上,生态规律和社会经济规律紧密结合程度依然不够,社会经济发展规划没有完全服从于生态规律,有时处于一种就生态论生态,就环保论环保,出现了"头痛医头、脚痛医脚"的现象。还有各城市生态经济系统的管理涉及环保部门、林业部门、国土办、建设厅等多个系统和部门,给管理工作带来了很多困难和压力,要做到协调一致非常地不容易,从系统的角度整合各城市生态经济系统,提出改善各城市生态承载力的策略,实现各城市的可持续发展。

1. 建立持续发展的整合机制

树立整体意识,建立可持续发展的整合机制,促使生态经济系统高效运行,达到生态系统良性循环。

整合能值分析的生态承载力模型、基于能值改进的生态足迹模型和基于生态承载力的可持续发展指标体系,按照模型建设或优化各城市生态经济系统,使之成为可持续发展问题描述、系统评价、预测、控制、管理、监测、决策等研究和实践的基础和工具,为城市可持续发展提供建设性意见和建议:

① 以能值理念指导生态经济系统发展,进行生态经济系统规划。密切关注能值动态演绎,合理控制城市发展。统筹考虑自然、社会和经济子系统的能值演变动态,全面推进循环经济、低碳经济,降低经济发展的环境代价。减少不可更新资源的开发,加大可更新能源的利用,优化能值结构。增大对外开放力度,促使能值的合理流动。加快城市交通与通信一体化发展,保障能值高效流动。

② 整治、恢复生态环境,形成自然社会经济的良性循环,增加生态功能潜力。整合城市自然资源,明确城市功能区,保障生态经济系统的均衡与稳定。构建城市产业一体化模式,加速城市经济发展。加快产业结构调整,实行绿色低碳循环经济,减少生态足迹,提高生态承载力。

③ 尊重自然规律,提高生态环境质量,形成生态安全格局。严格土地管理,加强土地生态保护,调整土地利用结构,优化资源配置。开发可更新能源,加强生态环境综合治理,建设低碳生态型城市,保障可持续发展。协调生态与经济的发展,提高系统约束指数。大力提高生态弹性指数和环境容量指数。提高系统支撑力,减少系统压力,使得生态支撑力指数的水平加强。

④ 构建周边城市合作体制模式及其运行机制,提高城市整体竞争力。

⑤ 建立科学的生态足迹和生态承载力诊断系统,及时准确地掌握城市生态状况。

2. 建立可持续发展的检测机制

建立可持续发展的检测机制,把握市生态承载力演变态势,保障系统高效、可持续运转。这需要对各城市能值指标体系、基于能值改进生态足迹的指标体系和生态承载力的指标体系进行全方位的、动态的监测,把握各城市生态承载力的演变态势,判断各城市可持续发展状况,诊断各城市生态健康或者生态安全状况,准确及时地进行生态健康或者安全预警,为政府决策部门提出建议和意见。

这是一种渐进、有序的系统发育和功能完善过程,必须在时间的维度上,全面考虑生态经济系统的自然、社会和经济的各个要素和方面,以循环经济为核心,建立节约型资源利用体系,清洁卫生的生态环境体系、以人为本的社会保障体系和科学高效的能力调控体系,形成优良的系统结构,保障系统高效、可持续运转。

在城市生态经济系统这个复杂的巨系统中,要实现可持续发展不是一个维度上的问题,而是上述所有问题的有机整合,需要把上述各种方案和模型整合并优化才能构成可持续发展的系统发展方向。

9.3.2 规划视角下的生态承载力导向

城市生态经济系统作为一个复杂的巨系统,为了协调经济发展和生态环境的关系,不能仅仅进行经济发展规划、生态规划或者环保规划等,而要按照生态经济的运行规律,进行宏观、综合、全面的生态经济规划。

城市的生态经济规划,是对城市的生态经济复合系统所做的可持续发展调控的时空战略部署的动态过程,其中生态是基础,经济是主题,规划是手段。具体来说,就是在分析城市生态环境因素、社会经济因素和技术因素的基础上,根据生态经济学理论分析、评价和决策,以良好的生态经济效益为衡量标准,充分尊重社会经济发展规律,综合集成生态学、经济学、环境学等方法,规划城市复合生态经济系统,全面协调生态效益、经济效益和社会效益,以整体、综合、宏观的观念来研究城市的结构模式、总体布局和战略方向、重点、措施等。

为了保障各城市可持续发展,必须把生态承载设计思想深入贯彻到各城市生态经济规划之中。生态承载设计就是运用系统论方法,以可持续为发展目标,以生态承载原理为指导,以城市生态经济系统的承载机制为出发点,将现代生态经济规划方法和技术、环境工程技术等综合运用于各城市生态经济规划中,将生态承载原理和方法渗透到各城市生态经济规划的实践活动的各个方面,这是一个动态的过程和方法。生态承载设计还是一个有别于传统常规设计的集成设计模式,各要素配置方式择优、目标择优、优势互补、融合贯成、把系统各要素以最佳的方式配置在一起,寻求综合效益的最大化。

生态承载设计通过系统设计理念,引导传统城市规划走向科学,走向可持续发展。它的最大的特点就是系统性、整体性、有机性、创造性、优化性和共享性,具体表现为:① 生态承载设计要求整合生态学、环境学、林学、城市规划学等不同专业相关专家,共同合作,是一个多专业合作的优化结果;② 从时空的维度,要求参与对象的所有成员,比如设计方、施工方、管理方以及公众方系统的全程的思维方式和能力。

生态承载设计是在数据和模型分析的基础上,把各城市的生态承载能力,也就是可持续发展能力摆在一个至关重要的高度,强调各城市资源环境的生态弹性和环境约束力,节约自然资源与各种能源,提高资源与能源利用率,规划生态性、环保性、绿色性的产业空间体系,最大限度地以最合理的投入获得最适宜的综合效益,确定各城市的战略发展目标、方针和对策。

9.3.3　空间视角下的生态承载力导向

基于可持续发展的城市生态承载力的指标体系可以简单地分为资源环境的约束力指标、承载媒体的获得性支撑力指标和承载对象的压力指标三大类,而约束力指标和支撑力指标对系统起到支持作用,故支持层是由资源供给能力、环境治理和投资能力、社会进步和经济发展能力共同构成;而压力层由资源损耗、环境污染、人口压力和经济增长压力共同构成。而根据城市生态经济系统的承载机制,人类活动向城市生态环境索取必要的生存空间、载体以及物质供应,可持续发展要求产生与之相适应的空间结构,科学的城市格局才能促进城市可持续发展。把生态承载的理念贯穿到城市空间结构构建过程之中,充分重视城市区域空间结构的整体性特征,从而对空间结构进行优化。在进行空间资源配置时,应该遵从可持续发展的要求,调整空间格局,合理配置空间资源,促使空间要素最优配置,使空间结构成为一个具有高效、紧凑的城市空间,能流、物流、人流和信息流要高效便捷,形成一个优良的生态网络格局,使生态支撑力和约束力达到更高的水平,促进城市总资源环境消费与大自然自我恢复能力相互协调,从而推动城市的可持续发展。

1. 各城市空间结构整合

以资源环境的约束力指标、承载媒体的获得性支撑力指标为基础,进行生态和经济协调发展的空间整合。生态环境保护空间、产业集群载体空间、基础设施导向空间和城市开发建设空间"四大空间"应协调一致,注重集约化、生态型和开放式开发,进行生态和经济协调发展的空间整合,形成科学的空间结构。根据开放式、集约化、生态型的空间结构要求,对各城市的总体空间进行科学管治。突出城市的区域生态特色,进一步明确生态型城市的建设方向和发展定位。以打造城镇人文生态景观、保护城郊自然生态本底为重点,通过"三规合一"机制、联席会议机制的建立与完善,从城市总体规划修编和制定城市试验区地方性法规入手,加强各城市的规划编制、规划协调、部门协调、行业协调,严格建设立项和用地审批。

根据各城市生态承载力,放弃传统的"摊大饼"城市发展模式,注重生态承载力、生态经济系统的结构和活力,严格空间管制,禁止过度开发土地空间,避免城镇空间过度连绵,注重生态隔离,实施城市组团式发展,构成组团特色鲜明、空间布局紧凑、内在联系紧密的生态型大都市区,创建城市和谐与统筹发展的空间格局,提高生态安全保障,提升存量空间和创新增量空间,建立空间高效利用机制,统筹协调解决城市之间、城乡之间的矛盾和问题,实现区域的整体利益最大化和资源配置的最优化。

有效发挥城市功能圈的社会经济福射功能和生态保育圈的生态支持功能,促使生态支持与经济发展两大机制和谐,整合生态网络空间和经济网络空间。两种空间均按照城镇规模等级和景观格局等级,结合现状空间体系,实施点轴式发展模式,构建生态走廊和经济走廊,形成相互联系、相互影响的生态经济网络体系。各城市加强基础设施建设,优化系统结构,促进能值流动,提高系统活力。

主要措施包括加强各城市生态"绿心区"建设,打造各级各类生态园区,布局城市生态廊道,充分发挥城市的"绿肺"功能,提高城市的绿地率,建设"国家生态园林城市"和"具有国际品质现代化生态型城市",同时应该加强城市风光的建设,形成生态良性循环、景观环境优美的城市生态经济带和区域景观链接中轴线。

2. 各城市主体功能分区

根据城市的生态承载力,按照城市生态经济系统的物质流、能量流、信息流、人流和价值流协调有序的原则来规划城市的功能分区,确定开发利用强度,使得城市的扩张开发能够在资源环境承载的范围内,保障系统良性循环。从资源环境承载力、现有开发密度和发展潜力三方面,将各城市划分为优化开发、重点开发区、一般开发区、限制开发区、禁止开发区五类主体功能区。

9.3.4 响应视角的导向

从基于可持续发展的城市生态承载力指标体系可知:系统获得性支撑力中系统的响应占有非常重要的分量,而系统的响应最关键的就是生态经济管理,它是城市的管理者和决策者运用人力、物力、财力、技术、信息、时间等来调节与控制城市生态经济系统的发展和演化,使其达到人们预定的生态经济总体目标旳系统工程。生态经济管理根据不同的分类方法可以分为不同的类型,根据它的内容可以分为城市经济系统管理、城市生态系统管理以及城市经济系统和城市生态系统管理的协调;根据管理对象的尺度可以分为宏观管理、中观管理和微观管理。通过城市生态经济管理,调整城市经济系统、城市社会系统和城市自然生态系统各自的内部结构及其城市生态经济系统的总体结构,加强物质流、能量流、信息流、人流和价值流等生态流的流动,促进城市生态经济的良性循环,城市整体效益的优化,确保经济效益、社会效益和生态效益的同步提高。使生态经济系统要素择优配置,提高各城市的生态承载力。

各城市生态经济系统并不是独立的,应该和周边城市联系起来,合作共建,但是合作受现行管理体制和相关法规限制,在"市属"观念的影响下,各城市与周边城市缺乏统一规划、统一规则、统一监管,存在政策壁垒和商业壁垒,相邻城市间在资源配置、产业布局、基础设施共建共享等方面仍缺少根本性、关键性、全局性的合作,在资金、技术、人才等要素的流动上进展缓慢,市场分割严重,导致要素市场体系不健全,生产要素优化配置严重受阻,尚未发挥其区域联动力和竞争力。各城市经济管理体制面临的重重困难和危机迫使我们深思改革的途径,在新公共管理视野下创新区域经济管理体制,加强系统响应,提高系统支撑力。

(1) 建立多元的城市公共治理合作主体

各城市公共治理合作主体是多元的,应包括企业、政府、非政府组织。发挥地方政府的积极性,建立一个符合区域内各地方政府意愿、能获得普遍认同的、具有民主的治理结构的、跨行政区的多中心组织结构,才是区域政府合作机制能够真正建立的关键。

各城市区域治理的基本模式应该是"省统筹、市为主、市场化、社会协同、公众参与"五位一体,以各城市内公共问题和公共事务为基本价值导向,而不是以行政区划的分割为管理的出发点,奉行合作治理的理念,统一领导协调试验区的人事、规划、产业布局、财税体制,同一区域的城市可以组合建立联市制,共同建立区域公共产品供应的协调机制、区域财政税收政策的协调机制和快速高效的信息联通机制,促进区域经济的协调发展。制定和完善区域治理规则。建立起多城市共同遵守的激励和约束机制,建立互惠互利的利益调整机制,以统一的制度架构和实施细则统筹不同地区的政策行为,推进政治、经济和社会的协调发展,实现城市区域公共管理制度层面的创新。

建立起科学的地方政府官员绩效评价体系,设计一套科学合理、可操作性强、激励作用明显的干部绩效考核指标体系,其中不仅要有经济数量、增长速度指标,更要关注经济增长的质量指标、社会效益指标和环保指标,统筹经济社会和谐发展能力的指标,统筹区域间协商合作、共同发展能力的指标。政府职能转变与职能创新是实现跨区域制度整合和建立区域内合作机制的重要手段。

创新城市区域公共治理模式应鼓励公民积极参与区域公共事务的治理,建立公众参与制度,加强公民的环保意识,引导公民参与环境管理和环保活动。

(2) 促进市场经济,加强能值科学合理流动,降低生态足迹

从市场的角度看去看,要实现试验区的公共治理,应该在市场一体化基础上进行公共治理,让市场主体和市场要素的作用充分发挥出来,为试验区的发展建设提供优质的公共产品服务。"两型"社会的改革以市场化为取向,走出了阶段性的一步,创新了投融资机制体制等,但是仍需完善自身的财政、税收、金融等配

套政策立法,强化经济杠杆的约束和激励作用,引导生产、生活方式向资源节约和环境友好的方向转变。积极争取中央的财政、金融、税收、对外开放等政策支持,为各城市"两型"社会建设创造更加丰厚的政策基础和更加宽松的外部环境。建立无障碍的市场流转体制,全面清理阻碍生产要素和商品自由流动的各种不合理规定,推进各城市要素市场、商品市场的制度对接、统一互联,着力构建市场共同体。进一步培育区域产权市场,加快产权制度改革,形成有利于产权流转、资源配置和高效监管的新体制。

(3)建立统一的区域法律法规体系,加强降低生态足迹、提高生态承载力的法制约束

政府要为试验区改革建设提供法律和政策保障;编制高水准规划体系、标准体系,并细化和完善区域法律法规体系,依靠法律为各城市合作保驾护航。首先,以法制形式适当提高生态承载力、不断降低生态足迹、不断扩大方面经济成本等,加强法制约束,建立强制性的法制约束体系,加强一些限制型制度,如资源有偿使用制度、环境税收制度等的法律约束力度,利用法律,规范社会经济行为,禁止或者减少对环境的破坏,保护资源,充分发挥法律的威慑作用,达到生态承载力持续承载的目的。

(4)各城市区域经济管理创新环境建设,优化能值结构

合作城市经营与合作城市营销,其任务是在合作机制上创新,建立思路清晰、利益共享、沟通高效、决策迅速的合作经营与合作营销机制,促进城市协调发展,促使能值科学合理流动。

合作城市经营,就是指政府为突破城建瓶颈,运用公共设施建设、经济宏观调控和社会秩序保障职能,不断提高城市土地资本和地域空间的使用效益,完善经济功能,创造发展环境的运作过程。把经营意识贯穿到区域规划、发展、建设、管理的全过程,可以从整体上推动各城市经济持续快速健康发展。城市的合作经营要求城市诸多经营和管理主体的参与,形成一个以政府为主导,市场、企业、社会组织和城市居民为管理主体共同运作的区域管理局面,加强各个层面、各个系统的合作与协调,为城市的建设发展打下坚实的公共设施一体化、公共政策区域化的机制基础,将各个区域生态经济要素布局在适宜的地域空间,使各个要素具有合适的生态经济位,要素之间的空间关系上呈现立体网络格局型式。

各城市的合作城市营销战略规划类似于一般战略规划过程,要进行城市特点的分析,对城市的历史、文化等背景进行分析,在这个过程中识别城市形象,确定城市发展目标,进而通过市场调研和市场细分以衡量潜在目标市场,最终确定城市营销的市场对象,同时结合对城市发展趋势的分析,制定合理的城市发展战略、策略和可选措施,同时建立反馈机制。

　　因此,确定一个生态经济管理的综合的全面的框架,加强政府、非政府组织、企业和民众的多中心管理,建立统一的区域法律法规体系,进行各城市区域经济管理创新环境建设,才能够达到生态承载力持续承载目的,切实保证城市的可持续发展。

9.4　基于可持续发展城市生态承载力推进路径

9.4.1　走创新发展之路,加强顶层设计和系统调控

　　为推动城市的健康持续发展,在强调资源节约和环境友好的基础上,构建各城市可持续发展的框架体系,从宏观到微观控制生态经济系统,坚持国际视野、战略眼光、集思广益,着力创新理论体系、规划体系、管理体系和评价体系,加强宏观调控和顶层设计,提升生态承载力,努力实现社会稳定和经济繁荣。各城市建设要突出规划引领作用,加强顶层设计,构建包括个体综合配套改革总体方案、个体区域规划、个体专项改革方案、个体专项规划、个体示范片区规划等在内的全方位、多层次的建设规划体系。可能的话,可以进行强化规划管理,将区域规划上升为法定规划,以提高规划的法制保障。积极推进可持续发展的指标化、标准化建设。加强政策的引导作用,以财税、金融、投资等政策支持可持续发展建设。增强两型社会建设的科学化、规范化、标准化和可操作性。从城市宏观、中观和微观三个尺度加强规划的系统性和完整性,促使生态经济系统协调健康发展。

　　第一,从城市宏观尺度和战略层面上来说,进行城市主体功能区规划和国土规划,从资源环境承载力、现有开发密度和发展潜力把各城市划分为优化开发区、重点开发区、一般开发区、限制开发区、禁止开发区五类主体功能区,并提出各功能区的发展方向与建设策略。把主体功能区域,也就是把承载能力较强、资源环境禀赋较好的国土空间作为重点开发的区域,科学规划布局城市的规模和类型。

　　第二,从城市中观尺度上来说,以城市区域规划为指导,对城市进行城市总体规划和城镇体系规划,论证分析城市发展总体战略、发展目标、规模和潜力、城镇等级结构和数量,科学评估城市建设的可能性和规模大小,核算各个城市的生态承载力和生态足迹,明确资源环境所能承载的社会经济活动的强度和大小。

　　第三,从城市微观尺度上来说也就是进行各个专项规划,进行土地利用总体规划、环境保护规划,确定城市土地利用结构和潜力,严格控制建设用地的总量和增量规模,提高土地集约利用效率和效益,进行生态环境保护。

由于城市生态经济系统是由很多子系统和要素组成的复杂巨系统,健全和完善宏观管理、中观管理和微观管理的管理体系,协调各层次生态经济管理间关系,建立有利于各层次间生态经济管理相协调的现代化的信息系统,以便形成科学合理生态经济网络结构。从宏观管理来说,在服从城市统一管理的基础上,组成以城市为中心的综合功能区,然后对其进行宏观规划和管理,才有利于城市的生态经济良性循环;从中观管理来说,进行城市各个行业或各个区域的经济管理与生态环境管理的结合和统一;从微观管理来说,对企业进行低碳、循环经济管理,提高企业的效益和活力。

9.4.2　走集约发展之路,优化能值结构

各城市实现集约发展的基本途径就是加快推进产业集聚、人口集中、配置优化和资源节约。科学确定城镇产业定位,把相辅相成、互利共生的各个产业有机地组合起来,使得产业以最佳的方式配置在一起,实现产业部门之间的立体配置,优化能值结构。把生态化技术创新作为内生发展动力,把战略性新兴产业作为发展方向,把特色优势产业作为发展重点,改造提升传统产业,把传统优势产业作为基础的产业发展战略,推动产业转型发展,培育发展战略性新兴产业,大力促进生产性服务业、消费性服务业和文化旅游产业的发展,促进各城市生态化产业集群的发展。优化产业结构,合理运用产业立体配置与集聚效应,建立各城市生态产业体系,形成"两型产业集群",促进经济效益。推进传统优势产业高端化、高新化、科技化,着力培育壮大高新技术产业,加快推动现代服务业快速健康发展,提高农业产业化水平,实现资源共享、优势互补,形成特色鲜明、错位发展、良性互动的产业发展格局。

在各城市的"四化两型"发展过程中,坚决贯彻土地管理和耕地保护政策,严格控制建设用地,建立健全促进节约集约用地的激励和约束机制,建立节约利用土地的评价考核体系,探索节约集约用地的有效方式和政策。按照同地同价、合理补偿原则,积极推进征地制度改革,最大程度利用城市土地,努力走出一条土地得到集约使用的新型城市化发展路子,提高土地利用效率,促进系统活力。充分发挥区位、资源优势,扬长避短,突出特色,全面推进资源节约型城市、低碳城市和紧凑城市建设,大力推广资源节约观念、资源节约型主体、资源节约型制度、资源节约型体制、资源节约型机制、资源节约型体系等,培育节约型生产、生活方式和消费模式,以资源的高效和循环利用为核心,切实提高资源利用效率,全面提升生态承载力,促进经济社会可持续发展。

9.4.3 走融合发展之路,促进能值匹配

各城市经济一体化要迈出实质性步伐,完成交通、电力、金融、信息、环保五个网络专题规划。紧紧抓住国家扩大内需的机遇,实施一批重大基础设施项目,以期取得阶段性成果。现在各城市的区域经济发展不断加速,基础设施进一步完善,城市间联系日趋紧密。城市区域一体化进展顺利,但在城市一体化过程中仍存在一些深层次的矛盾,阻碍了城市区域一体化的发展。首先,区域经济整体实力不强,区域内部的发展很不平衡,行政管理协调不够,对区域一体化产生了重大的影响。除此之外,产业结构的同构化和低度化、环境污染日趋严重、空间发展不均衡等,制约着城市的进一步发展。各城市通过逻辑整合、融合的途径实现一体化,主要包括:有序合理的结构布局体系;科学规范的跨区管理体系;高效统一的基础设施体系;融合互动的城乡发展体系和统一开放的社会保障体系等。促进城乡二元结构一体化,大力推进城乡规划、基础设施、公共服务、产业发展、生态环境和管理体制一体化,创造以城带乡、以工促农、城乡互动、融合发展的一体化格局,建立衔接高速铁路、航空、高速公路、水运、城际轨道交通、地方公交的各城市综合交通网络体系,全力打造内外畅通、快速便捷的现代化交通枢纽,加强城镇电力和信息基础设施建设水平,提升城市的综合承载力,使其实现"精明增长"。

9.4.4 走绿色发展之路,提高生态承载力

根据各个城市的生态承载指标体系,与计算结果结合起来,我们可以得出这样一个结论,各个城市的环境负荷率已越来越高,绿色发展已成为可持续发展的必经途径。各城市应把握"两型"社会建设的重大机遇,利用生态文明、低碳经济的契机,突出绿色主题,推动绿色发展,对现有的各城市生态经济系统进行调节和控制,把系统的各要素以最佳的方式配置在一起,建设优良的充满活力的生态经济系统结构,实行良性健康的运行调控机制,采用高效率、低污染的生产生活方式,积极创建资源环境和社会经济协调发展的绿色城市,其主要方法表现在以下几个方面:一是建设好绿色政府,实行绿色政绩考核、推进政府绿色采购,建立健全绿色法律法规和政策体系、构建绿色标准体系、建立绿色GDP核算体系等。二是营造绿色空间,主要是优化空间布局,完善绿地系统,形成系统的优良结构,增加生态弹性。三是构建绿色产业体系。整合科技资源,大力推广节能环保技术,全面推行清洁生产,提升改造传统产业,大力发展高新技术产业、现代服务业和文化创意产业,构建资源节约、环境友好的生态企业、生态园区、生态社区、生态城镇和生态产业体系,提高系统活力。四是改善能源结构,建立安全可靠、清

洁高效的绿色能源体系,强化节能优先战略,提高能源生产效率,积极开发清洁新能源,提高城市可再生能源利用比重,完善能源管理与监控机制。五是大力推进绿色交通,构建科学合理的路网结构,建立以公共交通为主导的绿色交通体系,大力推广低碳、环保型的绿色交通工具。

参考文献

[1] 徐琳瑜.城市生态系统复合承载力研究[D].北京:北京师范大学,2003.

[2] 徐琳瑜,杨志峰.城市生态系统承载力[M].北京:北京师范大学出版社,2011.

[3] 黄欣荣.复杂性科学的方法论研究[D].北京:清华大学哲学系,2005.

[4] 邓波,洪绂曾,龙瑞军.区域生态承载力量化方法研究述评[J].甘肃农业大学学报,2003,38(3):281—289.

[5] 王如松,迟计,欧阳志云.中小城镇可持续发展的生态整合方法[J].北京:气象出版社,2001:6—7,36—37.

[6] Guevara J C, Cavagnaro J B, Estevez O R, et al. Productivity,Management and Development Problems in the Arid Rangelands of Central Mendoza Plains (Ar-gentina)[J]. Journal of Arid Environments,1997,35(40):575—600.

[7] 朱宝树.人口与经济——资源承载力区域匹配模式探讨[J].中国人口科学,1993(6):8—13.

[8] 谢红彬.关于资源环境承载容量问题的思考[J].新疆大学学报(自然科学版),1997,14(1):79—84.

[9] 李金海.区域生态承载力与可持续发展[J].中国人口.资源与环境,2001,11(3):76—78.

[10] 李猛.人口承载容量研究的回顾[J].地域研究与开发,1989,8(4):47—49.

[11] 周镇徐.土地承载力与人口承载力[J].自然资源,1992,(2):56—62.

[12] 徐琳瑜,杨志峰,李巍.城市生态系统承载力研究进展[J].城市环境与城市生态,2003,16(6):60—62.

[13] 《环境科学大辞典》编辑委员会.环境科学大辞典[M].北京:中国环境科学出版社,1991:280,306.

[14] 高吉喜.可持续发展理论探索——生态承载力理论、方法与应用[M].北京:中国环境科学出版社,2001.

[15] 卫晋晋,徐琳瑜.城市生态系统承载力的几种主要评价方法[J].环境科学与管理,2008,33(9):133—137.

[16] 薛小杰,惠映河,黄强,蒋晓辉.城市水资源承载力及其实证研究[J].西北农业大学学报,2000,28(6):135—139.

[17] 王宇峰.城市生态系统承载力综合评价与分析[D].浙江大学,2005.

[18] 赵淑芹,王殿茹.我国主要城市辖区土地综合承载指数及评价[J].中国国土资源经济,2006,19(12):24—27.

[19] 傅鸿源,胡焱.城市综合承载力研究综述[J].城市问题,2009(05):27—31.

[20] 田娟.富阳市水资源承载能力分析与研究[D].浙江大学,2006.

[21] 邓波.草原区域草业生态系统承载力与可持续发展的研究[D].甘肃农业大学,2004.

[22] 戴陆寿,陆建云,王平.中国中部省会城市综合竞争力研究[J].统计公报论坛,2007.

[23] 万本太,王文杰,崔书红,潘英姿,张建辉.城市生态环境质量评价方法[J].生态学报,2009,34(6):1068—1073.

[24] 杨建新,王如松.生命周期评价的回顾与展望[J].环境科学进展,1998,6(2):21—27.

[25] 王春兵,胡耽,吴千红.生命周期评价及其在环境管理中的应用[J].中国环境科学,1999,19(1):77—80.

[26] 郭鹏,薛惠锋,赵宁等.基于复杂适应系统理论与以模型的城市增长仿真[J].地理与地理信息科学,2004,20(06):69—72.

[27] 王寿兵,杨建新.生命周期评价方法及其进展[J].上海环境科学,1998(11):7—10.

[28] 王飞儿,陈英旭.生命周期评价研究进展[J].环境污染与防治,2001,23(5):249—252.

[29] 官冬杰,苏维词.城市生态系统健康评价方法及其应用研究[J].环境科学学报,2006,26(10):1716—1722.

[30] 孟爱云,濮励杰.城市生态系统承载能力初步研究——以江苏省吴江市为例[J].自然资源学报,2006,21(5):768—774.

[31] 毕东苏,郑广宏.城市生态系统承载理论探索与实证——以长江三角洲为例[J].长江流域资源与环境,2005,14(4):465—469.

[32] 张太海,赵江彬.承载力概念的演变分析[J].经济研究导刊,2012(14):11—14.

[33] 高鹭,张宏业.生态承载力的国内外研究进展[J].中国人口.资源与环境,2007,17(2):19—26.

[34] 王其藩.系统动力学理论与方法的新进展[J].系统工程理论方法应用,1995.4(2):6—12.

[35] 王如松,李锋.论城市生态管理[J].中国城市林业,2006,4(2):8—13.

[36] 刘华.我国城市化与城市生态环境问题的研究[J].五邑大学学报,2004.18(02):

68—72.

[37] 李秉承.中国城市生态环境问题及可持续发展[J].干旱区资源与环境,2006,20(02):1—6.

[38] 韩庆利,陈晓东,常文越.城市生态环境与可持续发展价指标体系研究[J].环境保护科学,2005,31(6):52—55.

[39] 鲁敏,张月华,胡彦成,李英杰.城市生态学与城市生态环境研究进展[J].沈阳农业大学学报,2002,33(01):76—81.

[40] 王孟本."生态环境"概念的起源与内涵[J].生态学报,2003,23(9):1910—1914.

[41] 李训贵.环境与可持续发展[M].北京:高等教育出版社,2004:32—35.

[42] 李月辉,胡志斌,肖笃宁等.城市生态环境质量评价系统的研究与开发[J].城市环境与城市生态,2003(2):53—55.

[43] 楚芳芳,蒋涤非.基于能值改进生态足迹的长株潭城市群可持续发展研究[J].长江流域资源与环境.2012,21(2):145—150.

[44] 王青云.资源型城市经济转型研究[M].北京:中国经济出版社,2003.

[45] 马传栋.可持续发展经济学[M].济南:山东人民出版社,2002.

[46] 齐建珍等著.资源型城市转型学[M].北京:人民出版社,2004

[47] 王必达,田淑萍.试论西北资源型城市的可持续发展[J].攀登(双月刊),2001,20(6):68—71.

[48] 朱明峰,洪天求,贾志海,潘国林.我国资源型城市可持续发展的问题与策略初探[J].华东经济管理,2004,18(3):27—29.

[49] 李秉仁.关于我国城市可持续发展若干问题的思考[J].城市发展研究,1999.(cs):5—10.

[50] 林广,张鸿雁.成功与代价——中外城市化比较新论喻[M].南京:东南大学出版社,2000.

[51] 王祥荣.生态与环境——城市可持续发展与生态环境调控新论喻[M].南京:东南大学出版社,2000

[52] 傅国伟,郭京菲.面向可持续发展的水资源管理问题的探讨[J].城市环境与城市生态,1997(1):6—9.

[53] 叶南客,李芸.战略与目标——城市管理系统与操作新论喻[M].南京:东南大学出版社,2000.

[54] 张坤民.可持续发展论[M].北京:中国环境科学出版社,1997.

[55] 陈立军等.区域经济发展与欠发达地区现代化[M].北京:中国经济出版社,2002.

[56] 马克,李军国.我国资源型城市可持续发展的实践与探索——国内资源枯竭型城市十年经济转型经验与展望[J].经济纵横,2012(8):1—7.

[57] 张敬淦.北京城市可持续发展[J].北京联合大学学报,2000(1):13—16.

[58] 桑燕鸿,陈新庚,吴仁海等.城市生态系统健康综合评价[J].应用生态学报,2006,17(7):1280—1285.

[59] 刘桂禄,冉有华.基于 GIS 的兰州市生态城市评价与城镇体系建设构想[J].遥感技术与应用,2003,18(5):301—305.

[60] 江振蓝,沙晋明,杨武年.基于 GIS 的福州市生态环境遥感综合评价模型[J].国土资源遥感.2004,3(61):46—50.

[61] 王兴中,等.中国城市生活空间结构研究[M].北京:科学出版社,2004.

[62] 邝奕轩,杨芳.对我国城市化进程引入生态环境质量评价的思考[J].国土与自然资源研究,2005(02):54—55.

[63] 鲁敏,张月华,胡彦成,等.城市生态学与城市环境研究进展[J].沈阳农业大学学报,2002,33(1):76—81.

[64] 王发曾.城市生态系统的综合评价与调控[J].城市环境与城市生态.1991,4(2):26—30.

[65] 李月辉,胡志斌,肖笃宁等.城市生态环境质量评价系统的研究与开发——以沈阳市为例[J].城市环境与城市生态,2003,16(3):53—55.

[66] 宋永昌,戚仁海,由文辉等.生态城市的指标体系与评价方法[J].城市环境与城市生态,1999,12(5):16—19.

[67] 吴琼,王如松,李宏卿,等.生态城市指标体系与评价方法[J].生态学报,2005,25(8):2090—2095.

[68] 叶文虎.环境质量评价学[M].北京:高等教育出版社,1994.

[69] 傅世杰,刘世梁,马克明.生态系统综合评价的内容与方法[J].生态学报,2001,21(11):1885—1892.

[70] Speak A F,Mizgajski A,Borysiak J,Mizgajski A,Borysiak J. Allotment gardens and Parks:Provision of Ecosystem Services with an Emphasis on Biodiversity[J].Urban Forestry & Urban Greening,2015.14(4):772—781.

[71] Windhager Steve,Steiner Frederick,Simmons M T,Heymann D. Toward Ecosystem Services as a Basis for Design[J].Landscape Journal,2010,29:(2):107—123.

[72] Ahern,Jack. Novel Urban Ecosystems:concepts,definitions and a strategy to support urban sustainability and resilience[J].Landscape Architecture Frontiers. 2016.4(1):10—21.

[73] 张庆彩,吴椒军.国外生态城市建设立法经验及其对中国的启示[J].环境科学与管理,2008,33(3):16—24.

[74] Holland J. H. Hidden Order. How Adaptation Builds Complexity [M]. Reading,MA:Addison-Wesley Publishing Company. 1995.

[75] Arthur W. Brian. Complexity and the Economy[J]. Science. 1999,284(5411):107.

[76] 申万万,曾建潮,谭瑛,姜旭.基于复杂适应系统的群体组织形成模型及其模拟[J].复杂系统与复杂性科学,2007,4(3):78—86.

[77] 苗东升.复杂性研究的现状与展望[J].系统科学学报,2001,9(4):3—9.

[78] 侯合银.复杂适应系统的特征及其可持续发展问题研究[J].系统科学学报,2008,

16(4):81—85.

[79] 郭鹏,薛惠锋,赵宁.基于复杂适应系统理论与 CA 模型的城市增长仿真[J].地理与地理信息科学,2004,20(6):69—72.

[80] 陈禹.复杂适应系统理论(CAS)及其应用——由来、内容与启示[J].系统辨证学学报,2001,9(4):35—39.

[81] 王志宪.我国小城镇可持续发展研究[M].北京:科学出版社,2012.

[82] 杨小波,吴庆书.城市生态学[M].北京:科学出版社,2014.

[83] 葛竟天.论生态城市建设[M].大连:东北财经大学出版社.2009.

[84] 梁彦兰,阎利.城市生态与城市环境保护[M].北京:北京大学出版社.2013.

[85] Rodney R. White. Building the Ecological City[M]. Woodhead,2002.

[86] 戴天兴,戴靓恬.城市环境生态学[M].北京:中国水利水电出版社,2013.

[87] 张雪花,张宏伟,郭怀成.生态城市建设规划与评估方法[M].天津:天津大学出版社,2014.

[88] 吴晓军.公众参与城市规划的角色和作用[J].天府新论,2011(6):98—100.

[89] 左停,鲁静芳.国外村镇建设与管理的经验及启示[J].城乡建设,2007(3):70—73.

[90] 李抒望.正确认识和把握生态文明建设[J].学理论,2008(4):34—35.

[91] 周广胜,王玉辉.全球生态学[M].北京:气象出版社,2003.

[92] 李博,杨持,林鹏.生态学[M].北京:高等教育出版社,2004.

[93] 姬振海.生态文明论[M].北京:人民出版社,2007.

[94] 潘岳.中国环境问题的思考[J].气象软科学,2007(4):166.

[95] 舒代宁.加强生态文明建设实现可持续发展[J].宜宾学院学报,2008,8(5):17—19.

[96] 崔向红.创建生态文明城市的理论及实践研究[D].东北林业大学,2005.

[97] 李秀艳.中国生态文明建设的问题与出路[J].西北民族大学学报(哲学社会科学版),2008(4):107—110.

[98] 王玉玲.生态文明的背景、内涵及实现途径[J].经济与社会发展,2008,6(9):36—39.

[99] 王晋辉.论生态文明建设[J].河南理工大学学报(社会科学版),2008,9(3):299—303.

[100] 王文杰,潘英姿,李雪.区域生态质量评价指标选择基础框架及其实现[J].中国环境监测,2001,17(5):17—20.

[101] 卢中正,邱少鹏,高会军.黄河上游及源头区生态环境质量综合评价[J].地球信息科学学报,2003,5(01):11—15.

[102] 李如忠.巢湖流域生态环境质量评价初步研究[J].合肥工业大学学报:自然科学版.2001,24(5):987—990.

[103] 孟波.滇池流域生态环境质量评价[J].环境科学导刊,1998(1):46—50.

[104] 宋永昌,由文辉,王祥荣.城市生态学[M].上海:华东师范大学出版社,2000.

[105] 周华荣.新疆生态环境质量评价指标体系研究[J].中国环境科学,2000,20(2):

150—153.

[106] 黄思铭. 生态综合评价考核指标体系研究[M]. 北京：科学出版社，1998.

[107] 杨华珂. 区域生态质量评价方法及应用研究[D]. 东北师范大学，2002.

[108] 张坤民，温宗国等. 生态城市评估与指标体系[M]. 北京：化学工业出版社，2003.

[109] 房艳刚，刘继生. 当代国外城市模型研究的进展与未来[J]. 人文地理. 2007(4)：6—11.

[110] 艾根等著，沈小峰，曾国屏译，超循环论[M]. 上海：上海译文出版社，1990.

[111] 郭亚军，潘德惠. 城市经济、社会、环境协调发展比例的探讨[J]. 东北大学学报(自然科学版)，1990(03)：266—271.

[112] 吴瑞明，周敏. 城市系统协调发展的综合评价方法研究[J]. 中国矿业大学学报，1993(3)：86—95.

[113] 李春晖，袁晓兰，李爱贞. 城市可持续发展指标体系的初步研究[J]. 山东师范大学学报(自然科学版)，1999(04)：414—418.

[114] 房艳刚，刘继生. 城市系统演化的复杂性研究[J]. 人文地理，2008，23(06)：37—60.

[115] 邵潇，柴立和. 城市生长的理论模型及应用[J]. 天津理工大学学报. 2009，25(6)：14—17.

[116] 孟庆松，韩文秀. 复合系统协调度模型研究[J]. 天津大学学报. 2000，33(4)：444—446.

[117] 戴淑燕，黄新建. 可持续发展协调度的评价方法分析[J]. 科学与管理. 2004，6(6)：22—23.

[118] 王晓婵. 基于可持续发展的城市生态管理研究[D]. 大连理工大学，2008.

[119] 于亚男. 特种设备全生命周期风险辨识技术研究[D]. 中国地质大学(北京)，2012.

[120] 王茜. 北方典型生态城市构建与环境管理研究——以北密云县为例[D]. 学术论文联合比对库，2012.

[121] 王昆婷. 环保部挂牌督办廊坊大气环境问题[N]. 中国环境报，2017-05-11.

[122] 王云霞，陆兆华. 北京市生态弹性力的评价[J]. 东北林业大学学报，2011，39(02)：97—100.

[123] 马眠璐. 我市造林绿化工作成绩斐然[N]. 廊坊日报，2016-01-07.

[124] 楚芳芳. 基于可持续发展的长株潭城市群生态承载力研究[D]. 中南大学，2014.

[125] 魏厦. 河北省生态系统承载能力研究[D]. 首都经济贸易大学，2013.

[126] 青岛概况[Z]，网络 http://blog.sina.com.

[127] 袁正锋. 常见环境质量评价数学模型讨论[J]. 生物技术世界，2012(2)：90—91.

[128] 刘伟. 兰州市城市生态系统可持续发展综合评价[D]. 西北师范大学，2013.

[129] 姜爱林. 论区域环境质量及其评价[N]. 经济评论，2000-09-25.

[130] 多锐. 城市生态环境问题及措施[N]. 内蒙古科技与经济，2001-10-25.

[131] 城市病[Z]，网络 http://www.hudong.com.

[132] 陈学军，刘宝臣，官志华. 矿山环境质量多层加权综合评价方法[J]. 桂林理工大学

学报,1997(gl):178—183.

[133] 刘清丽.基于数量方法的福州城市生态环境质量评价[D].福建师范大学,2005.

[134] 牛存孝.临沂市城市生态环境质量评价与可持续发展研究[D].辽宁师范大学,2008.

[135] 付爱梅.科技成果运用的生态化思考武汉[D].武汉科技人学文法学院,2004.

[136] 余丹林.区域承载力的理论方法与实证研究—以环渤海地区为例[D].中国科学院地理科学与资源研究所,2000.

[137] 史伟.西安市城市生态环境建设及可持续发展研究[D].成都理工大学,2013.

[138] 周彦国,车刚毅,周娟.浅谈城市生态环境的保护[J].山西建筑,2009,35(16):27—29.

[139] 李鸿奎.基于城市梯度模型的城市化与城市生态环境耦合研究——以大连市为例[D].辽宁师范大学,2014.

[140] 刘邦凡.社会系统及其生态性研究[J].重庆大学学报社会科学报,2003,9(02):162—165.

[141] 刘宗超.生态文明观与中国可持续发展走向[M].北京:中国科技出版社,1996.

[142] 周毅.城市生态环境[J].城市环境与城市生态.2003,1(4):46—48.

[143] 姜仁良.低碳经济视阀下天津城市生态环境治理路径研究[D].中国地质大学(北京),2012.

[144] 陶格斯,中国环境问题的历史变化[J].环境科学与管理,2009,(34)8:188—192.

[145] 刘媛.浅谈生态园林与城市环境保护[J].科学之友,2009(3):173.

[146] 薛丽欣.城市的本质[J].城市规划,2016,40(7):9—18.

[147] 陈郁.城市生态学理论下的历史街区保护与利用研究[D].东北师范大学,2011.

[148] 孙玲,朱泽生,刘羽,等.大丰市滩涂生态系统服务价值评估[J].生态与农村环境学报,2004,20(3):10—14.

[149] 王发曾.城市生态系统基本理论问题辨析[J].城市规划学刊,1997(1):15—20.

[150] 韩湖初,杨士弘.关于中国古代"海上丝绸之路"最早始发港研究述评[J].地理科学,2004,24(6):738—745.

[151] 白彦壮,张保银.基于复杂系统理论的循环经济研究[J].中国农机化学报,2006(3):27—30.

[152] 卢文刚.城市地铁突发公共事件应急管理研究——基于复杂系统理论的视角[J].城市发展研究,2011,18(4):119—124.

后　记

　　本书完成于 2017 年 7 月,是我国"十三五"规划开始的第二年,是生态文明建设地位在中国特色社会主义"五位一体"中提升为战略地位的关键时期。

　　尽管,本书作者深知国内外有关城市生态系统评价与可持续发展研究的著作硕果累累,众多学者在城市生态承载力评价指标体系、城市生态环境质量评价体系、城市生态系统可持续发展评价体系等方面都做了大量的研究工作,但面对我国经济高速发展背后的问题如:资源大量消耗、生态系统退化、环境污染加剧、城乡之间和区域之间差距不断加大等,作者仍深切感到,顺应国家政策和研究热点,对我国城市生态生态环境系统及相关理论进行研究,将有助于我们发现问题、探根究源,消除城镇化进行中的"大城市病",也有助于寻求并实现我国城市可持续发展的途径。

　　本书从最新发布的《中共中央关于制定国民经济和社会发展第十三个五年规划的建议》出发,以可持续发展为指导思想,借鉴国内外城市生态环境建设经验,结合我国具有代表性的城市进行案例分析,全面系统地介绍了城市生态系统评价与可持续发展研究的基本理论知识、各种理论评价模型、相关经验及建议。本书最大特色和亮点在于案例分析,书中选取了廊坊、青岛、济南、太原、攀枝花五个发展水平不同的案例城市,以它们为例分别进行了城市的生态系统的管理评价、生态承载力评价、生态环境质量评价、生态系统可持续评价、生态复杂系统可持续发展评价,力图通过案例城市的评价研究发现城市化进程中我国城市生态建设和发展的问题,把可持续发展战略落到实处。从评价结果可以看出,目前我国要实现城市的可持续发展任重而道远,但因时间有限以及数据资料不全(因为《2017 年中国城市年鉴》还没出版,故本书案例数据只更新到 2016 年)等因素,使得评价结果不能全面地衡量我国城市可持续发展的实际水平,希望在未来的可持续发展研究中能有更好的解决方法。

本书之所以重点介绍的是城市生态系统,主要是因为我国未来城镇化向"城市化"方向发展,另外乡镇部分内容及案例可在后期出版著作中着重体现。本书只是一个阶段性成果,在书稿完成之际,各城市正在不断推进自身的可持续发展,影响城市可持续发展的各种因素不会停下变化的脚步,毋庸置疑,资源与环境问题仍将是影响中国城市未来持续协调发展的限制因素,显然,城市可持续发展的研究之路是任重而道远。

在本书的出版过程中,北京大学地球与空间学院潘懋教授进行指导和审核,北京大学建筑设计研究院王宏昌先生提供了一些生态系统的资料,北京大学基建工程部莫元彬教授为本书的修正给出专业词汇,还有中国地质大学(北京)、北京交通大学石艳丽老师及研究生于克美、郎秋静、王延路协助搜集城市数据,校验与修改工作。北京大学出版社王树通编辑给予大力支持和帮助。本书是团队精诚合作,辛苦劳作的成果,大量相关理论知识的查阅,案例城市数据的搜集,评价模型的反复讨论等工作使作者体悟到研究工作的辛劳与创作的快乐。

本书在编写过程中引用了部分前人的研究观点,对本书的成书帮助甚大,在此一并表示诚挚的感谢!

历史上从来没有过一个十几亿人口的大国,在长达四十多年的时间里,经济保持高速增长,城镇化、城市化的脚步迈得如此之快,社会和资源环境发生如此天翻地覆的深刻变化,所以我期待有更多的专家学者加入这一研究领域,有更多相关研究成果不断涌现。

作 者

2017 年 7 月于北京